土木工程是一个历史悠久、生命力强、投入巨大、对国民经济具有拉动作用、专业覆盖面和行业涉及面极广的一级学科和大型综合性产业，为它编一套集新颖性、实用性和科学性为一体的“简明系列专辑”，既是社会的召唤和需求，也是我们的责任和义务。

新颖性——反映新标准、新规程、新规范、新理论、新技术、新材料、新工艺、新方法

实用性——深入浅出，让人一看就懂，一懂能用，不是手册，胜似手册

科学性——编写内容均有出处

——摘自《简明土木工程系列专辑》总序

Simplified Series of Civil Engineering

清华大学土木工程系组编

丛书主编　崔京浩

刘起霞　邹剑峰　编著

简明土木工程系列专辑

土力学与地基基础

中国水利水电出版社
www.waterpub.com.cn
知识产权出版社
www.cnipr.com

内容提要

本书系“简明土木工程系列专辑”中的一本。本书根据国家教委审定的“土力学与地基基础”大纲，系统地介绍了土力学与地基基础的基本原理、计算方法和设计原理，主要内容包括土的物理性质、力学性质、渗透性以及天然地基上浅基础和深基础的设计、地基处理方法简介等，各章后附有相应的思考题和习题。为读者今后从事地基基础工程的设计、施工工作打下基础。

本书可作为土木工程及相关专业的教学用书，也可供相关技术人员参考。

选题策划：阳　淼　张宝林　E-mail：yangsanshui@vip.sina.com；z_baolin@263.net

责任编辑：阳　淼　张宝林

图书在版编目（CIP）数据

土力学与地基基础/刘起霞，邹剑峰编著．—北京：中国水利水电出版社：知识产权出版社，2006（2008重印）

（简明土木工程系列专辑/崔京浩主编）

ISBN 978-7-5084-3566-4

Ⅰ．土…　Ⅱ．①刘…②邹…　Ⅲ．①土力学②地基—基础（工程）　Ⅳ．TU4

中国版本图书馆CIP数据核字（2006）第008234号

简明土木工程系列专辑

土力学与地基基础

刘起霞　邹剑峰　编著

中国水利水电出版社
知 识 产 权 出 版 社　出版发行（北京市西城区三里河路6号；电话：010-68367658
北京市海淀区马甸南村1号；电话：010-82005070）

北京科水图书销售中心零售（电话：010-88383994、63202643）

全国各地新华书店和相关出版物销售网点经售

中国水利水电出版社微机排版中心排版

北京市地矿印刷厂印刷

140mm×203mm　32开本　9.5印张　255千字

2006年2月第1版　2008年6月第2次印刷

印数：4001—7000册

定价：**20.00**元

清华大学土木工程系组编

简明土木工程系列专辑

总序

国务院学位委员会在学科简介中为土木工程所下的定义是："土木工程（Civil Engineering）是建造各类工程设施的科学技术的统称。它既指工程建设的对象，即建造在地上、地下、水中的各种工程设施，也指所应用的材料、设备和所进行的勘测、设计、施工、保养、维修等专业技术"。土木工程是一个专业覆盖面极广的一级学科。

英语中"Civil"一词的意义是民间的和民用的。"Civil Engineering"一词最初是对应于军事工程（Military Engineering）而诞生的，它是指除了服务于战争设施以外的一切为了生活和生产所需要的民用工程设施的总称，后来这个界定就不那么明确了。按照学科划分，地下防护工程、航天发射塔架等设施也都属于土木工程的范畴。

土木工程是国家的基础产业和支柱产业，是开发和吸纳我国劳动力资源的一个重要平台，由于它投入大、带动的行业多，对国民经济的消长具有举足轻重的作用。改革开放后，我国国民经济持续高涨，土建行业的贡献率达到1/3；近年来，我国固定资产的投入接近甚至超过GDP总量的50%，其中绝大多数都与土建行业有关。随着城市化的发展，这一趋势还将继续呈现增长的势头。

相对于机械工程等传统学科而言，土木工程诞生得更早，其发展及演变历史更为古老。同时，它又是一个生命力极强的学科，它强大的生命力源于人类生活乃至生存对它的依赖，甚至可以毫不夸张地说，只要有人类存在，土木工程就有着强大的社会需求和广阔的发展空间。

随着技术的进步和时代的发展，土木工程不断注入新鲜血液，呈现出勃勃生机。其中工程材料的变革和力学理论的发展起着最为重要的推动作用。现代土木工程早已不是传统意义上的砖瓦灰砂石，而是由新理论、新技术、新材料、新工艺、新方法武装起来的为众多领域和行业不可或缺的大型综合性学科，一个古老而又年轻的学科。

综上所述，土木工程是一个历史悠久、生命力强、投入巨大、对国民经济具有拉动作用、专业覆盖面和行业涉及面极广的一级学科和大型综合性产业，为它编写一套集新颖性、实用性和科学性为一体的“简明系列专辑”，既是社会的召唤和需求，也是我们的责任和义务。

清华大学土木工程系是清华大学建校后成立最早的科系之一，历史悠久，实力也比较雄厚，有较强的社会影响和较广泛的社会联系，组编一套“简明土木工程系列专辑”，既是应尽的责任也是一份贡献，但面对土木工程这样一个覆盖面极广的一级学科，我们组编实际起两个作用：其一是组织工作，组织广大兄弟院校及设计施工部门的专家和学者们编写；其二是保证质量的作用，我们有一个较为完善的专家库，必要时请专家审阅、定稿。

简明土木工程系列专辑包括以下几层含义：简明，就是避免不必要的理论证明和繁琐的公式推导，采用简洁明快的表述方法，图文并茂，深入浅出，浅显易懂；系列，指不是一本书而是一套书，这套书力争囊括土木工程涵盖的各个次级学科和专业；专辑，就是以某个特定内容编辑成册的图书，每本书的内容可以是某种结构的分析与计算，某个设计施工方法，一种安装工艺流程，某种监测判定手段，一个特定的行业标准等等，均可独立成册。

这套丛书不称其为“手册”而命名为“系列专辑”，原因之一是一些特定专题不易用手册的方法编写；原因之二是传统的手册往往“大而全”，书厚且涉及的技术领域多，而任何一个工程技术人员在某一个阶段所从事的具体工作又是针对性很强的，将几个专业甚至一个项目的某个阶段集中在一本“大而全”的手册势必造成携带、查阅上的不方便，加之图书的成本过高，编写人员臃肿，组织协调困难，出书及再版周期过长，以致很难反映现代技术飞速发展、标准规范规程更新速度太快的现实。考虑到这些弊端，这套系列专辑采用小开本，在选题上尽量划分得细一些，视专业、行业、工种甚至流程的不同，能独立成册的绝不合二为一，每本书原则上只讨论一个专题，根据专题的性质和特点有的书名仍冠以“手册”两字。

这套系列专辑的编写严格贯彻“新颖性、实用性、科学性”三大原则。

新颖性，就是充分反映有关新标准、新规程、新规范、新理论、新技术、新材料、新工艺、新方法，老的、过时的、已退出市场的一律不要。体现强劲的时代风貌。

实用性，就是避免不必要的说理和冗长的论述，尽可能从实用的角度用简洁的语言以及数据、表格、曲线图形来表述；深入浅出，让人一看就懂，一懂能用；不是手册，胜似手册。

科学性，就是编写内容均有出处，参考文献除国家标准、行业标准、地方标准必须列出以外，尚包括引用的论文、专著、手册及教科书。

这套系列专辑的读者对象是比较宽泛的，它包括大专院校师生，土木工程领域的管理、设计、施工人员，以及具有一定阅读能力的建筑工人。它既可作为土建技术人员随身携带及时查阅的手册，又可选作大专院校、高职高专的教材及专题性教辅材料。

崔京浩

2005年10月于清华园

崔京浩，男，山东淄博人。1960年清华大学土建系毕业，1964年清华大学结构力学研究生毕业，1986～1988年赴挪威皇家科学技术委员会做博士后，从事围岩应力分析的研究。先后发表论文150多篇，编著专业书4本，参加并组织编写巨著《中国土木工程指南》，任编辑办公室主任，并为该书撰写绪论；主持编写由清华大学土木工程系组编的“土木工程新技术丛书”和“简明土木工程系列专辑”，并任主编。曾任清华大学土木系副系主任，现为中国力学学会理事，《工程力学》学报主编，享受国务院特殊津贴。

前　言

本书是在土木工程专业调整与课程体系改革的基础上，根据面向21世纪土木工程类人才培养目标和专业指导委员会对课程设置及教学大纲的要求组织编写的。在编写过程中征求了有关学校对本课程教学的意见，吸收了近十年来本学科工程技术的发展成果，同时考虑了宽口径专业设置教学改革的需要。

土力学与地基基础是一门理论性和实践性都很强的课程，本书在基本原理和方法的选用上以工程实用为主，并兼顾反映国内外的先进技术水平。理论部分以讲解基本假定与概念为主；应用部分充分结合现行规范、标准的规定，但尽量以共性内容为主，避免其简单地成为规范的说明书，有利于培养读者工程实践的能力。本书的编写遵循高校土木工程专业培养方案，在教学改革和实践的基础上，对内容进行拓宽，包括建筑工程、公路与城市道路、桥梁工程、地下建筑工程等在内的专业知识。

全书采用简洁明快的表述方法，重点突出，深入浅出，浅显易懂，加强了各章之间的相互衔接，突出科学性、实用性、新颖性。同时，根据《全国注册土木工程师（岩土）执业资格考试大纲》，精选了相关题型，按章节给出了思考题及习题，这些题大多与实际工程相结合，能够有效地提高读者的学习效率，以及分析问题和解决问题的能力。

本书由常年从事土力学与基础工程教学工作的刘起霞副教授主编，具体编写人员分工如下：第1、2、3章由刘起霞编写，第9、10章由邹剑峰编写，第6、7、8章由刘建周编写。第4、5章由段永辉编写。

限于编者的水平，书中难免有欠妥之处，请读者不吝指正。

编　者

2005年11月　于郑州

目 录

第1章 绪论

第1节 土力学与地基基础的研究对象与目的

随着科学技术的进步，国内外高层建筑、大型桥梁等工程的大量兴建，土力学与地基基础学科得到了迅速的发展。土力学与地基基础是一门研究地基与基础等工程问题的学科，具体包括两大部分：第一部分是土力学；第二部分是地基基础。土力学是研究土的物理性质以及在荷载作用下土体内部的应力变形和强度规律，从而解决工程中土体变形和稳定问题的一门学科，而地基基础是研究基础或包含基础的地下结构设计与施工的一门学科。两部分内容紧密相关，地基基础设计是以土力学为基础，同时又相对独立，因此两部分内容可形成两门独立学科。

土是一种自然环境下生成的堆积物，在不同地区不同位置土的性质会存在差异，有的甚至差异很大。各类建筑物的地基是岩、土体，土石坝（堤）也是由土体筑成的。土是一种材料，具有强度，在荷载作用下产生应力变形甚至破坏。土的性质极为复杂，远不同于常用的钢材、木材或其他人工合成材料。

建造各类建筑物几乎都会涉及土力学与地基基础课题，从而保证建筑物施工期的安全、竣工后的安全和正常使用。土力学与地基基础学科需研究和解决工程中的两大类问题：一是土体稳定问题，这就要研究土体中的应力和强度，例如地基的稳定，当土体的强度不足时，将导致建筑物的失稳或破坏；二是土体变形问题，即使土体具有足够的强度能保证自身稳定，然而土体的变形尤其是沉降（竖向变形）或不均匀沉降不应超过建筑物的允许值，否则轻者导致建筑物的倾斜、开裂，降低或失去使用价值，重者将会酿成毁坏事故。此外，需要指出的是，对于土工建筑物（如土坝、土堤、岸坡）、水工建筑物地基，或其他挡土挡水结构，除了在荷载作用下土体要满足前述的稳定和变形要求外，还要研究渗流对土体变形和稳定的影响。为了解决上述工程问题，必须研究土的物理性质及应力变形性质、强度性质和渗透性质等，找到它们的内在规律，作为解决土体稳定和变形问题的基本依据。

土力学与地基基础是岩土工程学科的基础，是水利水电工程、土木工程、地质工程、环境工程、路桥及港口工程等专业的专业基础课程，是解决许多工程问题必要的工具。

第 2 节　土力学与地基基础的发展简介

土力学与地基基础是岩土工程学科的基础课程，是一门既古老而又年轻的应用学科。我国古代劳动人民创造了灿烂的文化，留下了令世人叹为观止的工程遗产，如恢宏的宫殿寺院、灵巧的水榭楼台、巍峨的高塔、蜿蜒万里的长城、大运河等，这些工程无不体现出能工巧匠的高超技艺和创新智慧。然而这些还仅局限于工程实践经验，受到当时生产力水平的限制，未能形成系统的土力学与地基基础理论。

土力学与地基基础逐渐形成理论始于 18 世纪兴起工业革命的欧洲，当时为满足资本主义工业化的发展和市场向外扩张的需要，工业厂房、城市建筑、铁路等大规模的兴建，提出了许多与土力学与地基基础相关的问题，例如铁路路基问题。1773 年，法国 C. A. 库仑（C. A. Coulomb）创立了著名的砂土抗剪强度公式，提出了计算挡土墙土压力的滑楔理论；1869 年，英国 W. J. M. 朗肯（W. J. M. Rankine）又依据强度理论从另一角度推导了土压力计算公式；1885 年，法国 J. 布辛内斯克（J. Boussinesq）求得了弹性半无限空间在竖向集中力作用下的应力与变形的理论解；1922年，瑞典W.费伦纽斯(W. Fellenius)提出了土坡稳定分析方法。这些古典的理论和方法影响着后人。许多学者前赴后继的努力，为本学科的系统发展做出了贡献。1925年，K.太沙基（K. Terzaghi）归纳了以往的研究成果，提出了一维固结理论，阐述了有效应力原理，发表了第一本《土力学》专著，标志着近代土力学学科的形成。1963年，罗斯科（Roscoe）等人创建发表了著名的剑桥弹塑性模型，标志着人们对土性质的认识和研究进入了一个崭新的阶段。

回顾新中国成立后的50多年，围绕着解决工程建设中提出的问题，土力学与地基基础学科在我国得到了广泛的传播和发展。尤其是改革开放以后，国家大规模的建设促进了本学科的发展。在土力学与地基基础理论和工程实践方面均取得了令世人瞩目的进步，为国民经济发展做出了巨大贡献，许多大型水利水电工程、延绵万里的高速公路、大型桥梁、林立的高楼大厦以及地下空间开发利用等都呈现了本学科理论和实践的巨大成就。工程建设需要学科理论，学科理论的发展更离不开工程建设。21世纪人类将面对资源和环境这一严酷生存问题的挑战，有各种各样岩土工程问题需要解决，这恰恰是岩土工程工作者所肩负的使命。

第3节 土力学与地基基础的学习方法和基本要求

土是由固态、液态、气态物质组成的三相体系。土不同于其他材料，与各种连续材料相比较，天然土体的物理力学性质十分复杂，受土的生成条件、环境变动因素影响很大。土力学已形成一定的理论体系，但现有的土力学理论还难以全面客观地概括天然土体的各种力学性能。一方面，要通过实践，尤其是通过室内实验及现场测试研究来揭示土的力学性能，丰富和完善土力学理论；另一方面，人们要应用土力学与地基基础理论指导实践。

读者在学习《土力学与地基基础》这本书时，要求掌握土力学与地基基础的基本理论，学会解决实际问题的基本方法和培养基本技能；掌握土的物理性质研究方法；掌握计算土体应力的计算方法，了解应力分布规律；掌握土的渗流理论、压缩理论、固结理论及有效应力原理的概念，能熟练地进行地基沉降和固结计算；掌握土的强度理论及其应用，进行土压力计算、土坡稳定验算、地基承载力的确定；掌握工程勘察的目的方法和成果应用；掌握地基和基础的基本概念和分类，掌握天然地基上浅基础以及深基础的设计方法；掌握地基处理常用的方法及其适用性。结合理论学习要培养进行各种物理力学试验的技能，通过试验深化理论学习，理解和掌握确定计算参数的方法。另外，通过一定量的思考题与习题的练习，了解相关的工程地质、建筑结构和施工等其他课程与本课程的联系。课程各章有相对独立性，但全课程内容的关联性和综合性很强。学习中要突出重点，兼顾全面，要做到融会贯通，培养抓住问题实质从而解决实际问题的能力。

第2章　土的物理性质和分类

第1节　土的组成

土是由岩石经过物理风化和化学风化作用后的产物，即岩石在大气中经受长期的风化作用后形成形状不同、大小不一的颗粒，这些颗粒在不同的自然环境条件下堆积（或经搬运沉积），即形成了土。因此，可以说土是松散颗粒的堆积物。

风化作用包括物理风化、化学风化以及生物风化。物理风化就是指岩石经受风、霜、雨、雪的侵蚀，或受波浪的冲击，以及地震等引起各种力的作用、温度的变化、冻胀等因素使整体岩石产生裂隙、崩解碎裂成岩块、岩屑的过程。化学风化是指岩体（或岩块、岩屑）与氧气、二氧化碳等气体、水和各种水溶液等物质相接触，经氧化、碳化和水化作用，使这些岩石或岩屑逐渐产生化学变化，分解为极细颗粒的过程。因此化学风化使岩石起了质的变化，不仅改变了颗粒的大小，也改变了原岩矿物的成分。在自然界中，物理和化学这两种风化作用是同时或交替进行的，所以，任何一种天然土通常既是物理风化的产物，又是化学风化的产物。

从结构上看，土是由固体颗粒和颗粒之间的孔隙所组成，而孔隙中通常又存在着水和空气两种物质，因此，土是固体颗粒、水和空气的混合物，常称土为三相系。其中土的颗粒称为固相，土体孔隙中的水称为液相，而孔隙中的空气则称为气相。土的颗粒与颗粒之间的互相联结或架叠构成土的骨架。当土骨架的孔隙全部被水占满时，这种土称为饱和土；当骨架的孔隙仅含空气时，称为干土。一般在地下水位以上地面以下一定深度内的土的孔隙中兼含空气和水，此时的土体属三相系，称为湿土。

根据研究，组成土的三个部分即固相、液相和气相所占的比例不同会对土的工程性质有着很大的影响。下面分别介绍三相的属性及其对土的工程性质的影响。

1.1　土的固相

1.1.1　土的矿物成分

形成土粒的矿物成分各不相同，主要取决于成土母岩的矿物成分及其风化作用。成土矿物分为两大类：一类为原生矿物，常见的有石英、长石、云母、角闪石与辉石等。由物理风化生成的土粒，通常由一种或几种原生矿物所构成，其颗粒一般较粗，多呈浑圆形、块状或板状，吸附水的能力弱，其属性与成土母岩相同，性质比较稳定，无塑性。另一类为次生矿物，它是由原生矿物经化学风化作用而形成的矿物，其属性与母岩完全不同。次生矿物主要是粘土矿物，常见的粘土矿物有高岭石、伊利石和蒙脱石三类。由于次生矿物构成的土粒极细，且多呈片状或针状，其性质较不稳定，有较强的吸附水能力（尤其是由蒙脱石构成的土粒），含水率的变化易引起体积胀缩，具塑性。

1.1.2　土的粒度成分

如上所述，土粒的大小与成土矿物之间存在着一定的相互关系，因此，土粒大小在某种程度上反映土粒性质上的差异。土是自然界的产物，是由无数大小不同的土粒组成，要逐个研究它们的大小是不可能的，也没有这种必要。工程上通常把工程性质相近的一定尺寸范围的土粒划分为一组，称为粒组，并冠以名称。对粒组的划分，各个国家，甚至各个部门都有不同的规定。表 2.1 为国家标准《土的分类标准》(GBJ 145—90)中规定的粒组划分情况。

土中某粒组的土粒含量定义为该粒组中土粒质量与干土总质量之比，以百分数表示。

土中各种大小的粒组中土粒的相对含量称为土的级配。土的级配好坏将直接影响到土的工程性质。只有级配良好的土，压实时能达到较高的密实度，因而，级配良好的土的透水性小、强度高、压缩性低；反之，级配不良的土，其压实密度小、强度低、

表 2.1　　土粒粒组的划分

粒组统称	粒组名称		粒径范围（mm）	一般特征
巨粒	漂石或块石颗粒		＞200	透水性很大，无粘性，无毛细水
	卵石或碎石颗粒		200～60	
粗粒	圆砾或角砾颗粒	粗	60～20	透水性大，无粘性，毛细水上升高度不超过粒径大小
		中	20～5	
		细	5～2	
	砂　粒	粗	2～0.5	易透水，当混入云母等杂质时透水性减小，而压缩性增加；无粘性，遇水不膨胀，干燥时松散；毛细水上升高度不大，随粒径变小而增大
		中	0.5～0.25	
		细	0.25～0.075	
细粒	粉　粒		0.075～0.005	透水性小，湿时稍有粘性，遇水膨胀小，干时稍有收缩；毛细水上升高度较大较快，极易出现冻胀现象
	粘　粒		＜0.005	透水性很小，湿时有粘性、可塑性，遇水膨胀大，干时收缩显著；毛细水上升高度大，但速度较慢

注　1. 漂石、卵石和圆砾颗粒均呈一定的磨圆状（圆形或亚圆形）；块石、碎石和角砾颗粒均呈棱角状。
2. 粉粒或称粉土粒，粉粒的粒径上限 0.075mm 相当于 200 号筛的孔径。
3. 粘粒或称粘土粒，粘粒的粒径上限也有采用 0.002mm 为标准的。

透水性强，而渗透稳定性差。

测定土中各粒组颗粒质量所占该土总质量的百分数，确定粒径分布范围的试验称为土的颗粒大小分析试验。该试验用以了解土的颗粒级配，供土的工程分类及判别土的工程性质和建材选料之用。常用的试验方法有筛分法和沉降分析法两种。筛分法适用于粒径大于 0.075mm 的土，沉降分析法适用于粒径小于 0.075mm 的土。当土内兼有大于和小于 0.075mm 的土粒时，两种分析方法可联合应用。

1. 筛分法

筛分法是利用一套孔径由大到小的筛子，如图 2.1 所示，将按规定方法取得的一定质量的干试样放入依次叠好的筛中，置振筛机上充分振摇后，称出留在各级筛上的土粒的质量，按下式算出小于某土粒粒径的土粒含量百分数 X(%)。

$$X=\frac{m_i}{m}\times 100 \tag{2.1}$$

式中：m_i、m 分别为小于某粒径的土粒质量及试样总质量，g。

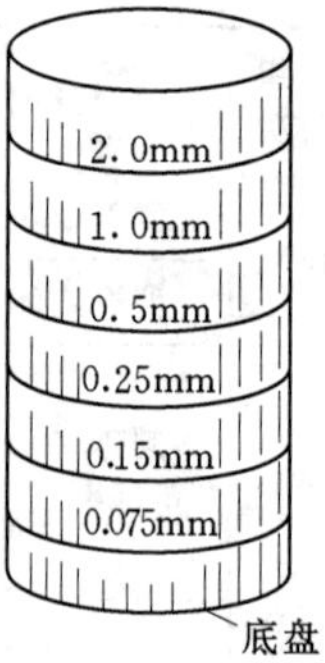

图 2.1　筛子示意图

【例 2.1】　从干砂样中称取质量 1000g 的试样，放入图 2.1 所示的标准筛中，经充分振摇后，称得各级筛上留存的土粒质量，见表 2.2 中的第二行，试求土内各粒组的土粒含量。

解：留在孔径 2mm 筛上的土粒质量为 100g，则小于该孔径的土粒含量为 900/1000＝90%。同样可算得小于其他孔径的土粒含量，见表 2.2 中的第三行。

由小于 2mm 和小于 1mm 孔径的土粒含量分别为 90% 和 80% 可得，2～1mm 粒组的土粒含量为 10%。同样可算得其他粒组的土粒含量，见表 2.2 中的第四行。

表 2.2　　筛分试验结果

筛孔径 (mm)	2.0	1.0	0.5	0.25	0.15	0.075	底盘
各级筛上的土粒质量 (g)	100	100	250	300	100	50	100
小于各级筛孔径的土粒含量 (%)	90	80	55	25	15	10	
各粒组的土粒含量 (%)	10	10	25	30	10	5	10

2. 沉降分析法

沉降分析法是利用不同大小的土粒在水中的沉降速度不同来确定小于某粒径的土粒含量的方法。沉降分析法又可分为密度计法（比重计法）、移液管法等。

沉降分析法的理论基础是土粒在水中的沉降原理，如图 2.2 所示，将定量的土样与水混合倾注量筒中，悬液经过搅拌，使各种粒径的土粒在悬液中均匀分布，此时悬液浓度（单位体积悬液内含有的土粒重量）在上下不同深度处是相等的。但静置后，土粒在悬液中下沉，较粗的颗粒沉降较快，图 2.2（*b*）中在深度 L_i 处只含有不大于 d_i 粒径的土粒，悬液浓度降低。如果在 L_i 深度处考虑一小区段 *mn*，则 *mn* 段悬液的浓度（t_i 时）与开始浓度（$t=0$）之比，即可求得不大于 d_i 的累计百分含量。

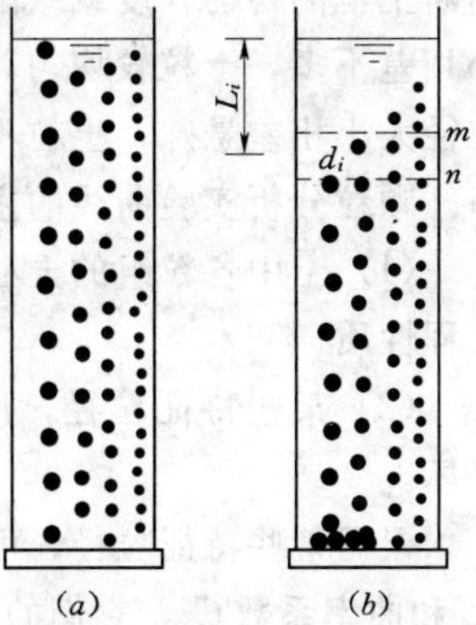

图 2.2　土粒在悬液中的沉降

3. 土的级配曲线

根据颗粒分析试验结果，常采用累计曲线法表示土的颗粒级配或粒度成分。累计曲线图的横坐标为粒径，由于土粒粒径的值域很宽，因此采用对数坐标表示；纵坐标为小于(或大于)某粒径的土重(累计百分)含量，见图 2.3。由累计曲线的坡度可以大致

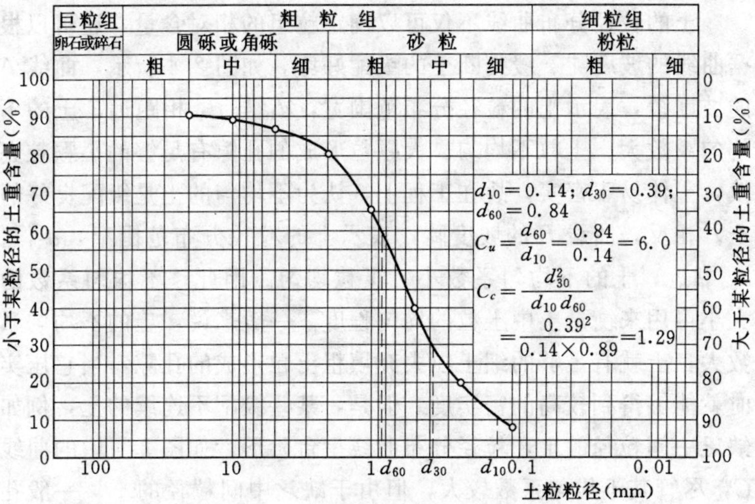

图 2.3　颗粒级配累计曲线

判断土粒的均匀程度或级配是否良好。若曲线较陡，表示粒径大小相差不多，土粒较均匀，级配不良；反之，曲线平缓，则表示粒径大小相差悬殊，土粒不均匀，即级配良好。

颗粒分析实验曲线的主要用途有以下两种：

(1) 土中各粒组的土粒含量，用于粗粒土的分类和初评土的工程性质。

(2) 某些特征粒径，用于建筑材料的选择和评价土级配的好坏。

根据某些特征粒径，可得到两个有用的指标，即不均匀系数 C_u 和曲率系数 C_c，它们的定义分别为

$$C_u=\frac{d_{60}}{d_{10}} \tag{2.2}$$

$$C_c=\frac{d_{30}^2}{d_{10}d_{60}} \tag{2.3}$$

式中：d_{10}、d_{30} 和 d_{60} 分别为粒径分布曲线上小于某粒径的土粒含量分别为 10%、30%和 60%时所对应的粒径，如图 2.3 所示。通常将 d_{10} 称为有效粒径，d_{60} 称为限制粒径。

土的粒径分布曲线不仅可以确定粒组的相对含量，还可以根据曲线的坡度陡、缓判断土的级配好坏。如图 2.4 所示，曲线 A 的坡度缓，表示土的粒径分布范围宽，d_{10} 与 d_{60} 相距远，土的不均匀系数大，土粒不均匀。大颗粒形成的孔隙有足够的小颗粒充填，土体易于密实，故在工程上，认为不均匀的土是级配良好的土。相反，曲线 B 的坡度陡，表示土的粒径分布范围窄，d_{10} 与 d_{60} 靠近，土的不均匀系数小，土粒均匀。因此，不均匀系数的大小可用来衡量土中土粒的均匀程度。一般来说，土的不均匀系数大，土就有足够的细土粒去充填粗土粒形成的孔隙，当它压实时就能够得到较高的密实度。但是，某些级配不连续的土，例如缺乏中间粒径的土，粒径分布曲线呈台阶形，如图 2.4 中的曲线 C，尽管其不均匀系数较大，但由于缺乏中间粒径的土，一般孔隙体积较大，当有水流动时，易将小颗粒带走，渗透稳定性差，

易于产生管涌。所以，土的不均匀系数大，未必表明土中粗细土粒的搭配一定就好。粒径分布曲线的形状可用曲率系数来反映：若曲率系数过大，表示粒径分布曲线的台阶出现在 d_{10} 与 d_{30} 之间。反之，若曲率系数过小，表示台阶出现在 d_{30} 与 d_{60} 之间。

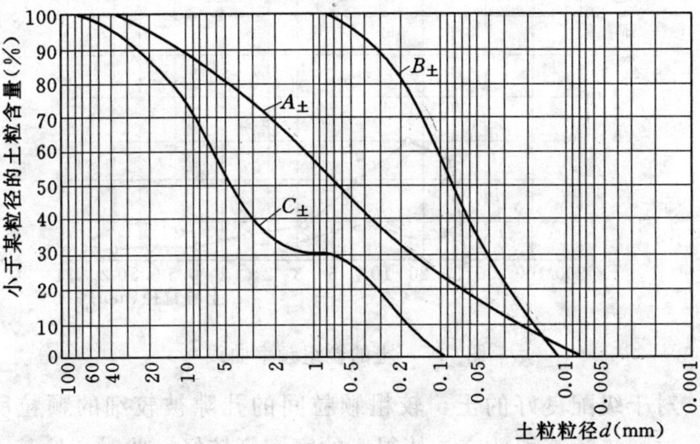

图 2.4　三种不同土的粒径分布曲线

所以土的级配的好坏可由土中的土粒均匀程度和粒径分布曲线的形状来决定，而土粒的均匀程度和曲线的形状又可用不均匀系数和曲率系数来衡量，因此，《土的分类标准》（GBJ 145—90）规定：对于纯净的砾、砂，当 $C_u \geqslant 5$，而且 $C_c = 1 \sim 3$ 时，它的级配是良好的；不能同时满足上述条件时，它的级配是不良的。

土的级配的连续性也可用粒组频率曲线来反映。若土的粒组频率曲线呈单峰，如图 2.5 中的曲线 a 所示，则土的级配是连续的；若粒组频率曲线呈双峰，如图 2.5 中曲线 b 所示，则土的级配既有可能是连续的，也有可能是不连续的。连续与不连续取决于双峰之间谷点对应粒组的土粒含量，当大于 3%时，是连续的；否则，是不连续的。缺乏中间粒径的土是级配不连续土的典型情况，这时，谷点对应粒组的土粒含量为零。

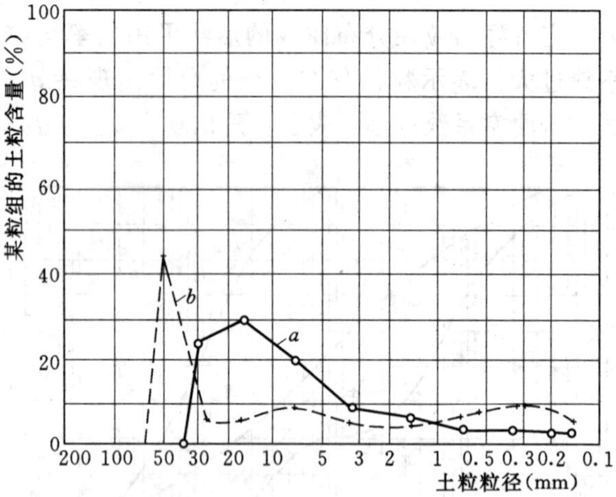

图 2.5　土的粒组频率曲线

对于级配良好的土，较粗颗粒间的孔隙被较细的颗粒所填充，这一连锁充填效应，使得土的密实度较好。此时，地基土的强度和稳定性较好，透水性和压缩性也较小；而作为填方工程的建筑材料，则比较容易获得较大的密实度，是堤坝或其他土建工程良好的填方用土。

1.2　土的液相

土中水即为土的液相，其类型和数量对土的状态和性质都有重大影响。土中水除了一部分以结晶水的形式紧紧吸附于固体颗粒的晶格内部外，还存在结合水和自由水两大类。工程上对土中水的分类如表 2.3 所示。

表 2.3　土中水的类型

水的类型		主要作用力
结合水		物理化学力
自由水	毛细管水	表面张力及重力
	重力水	重力

1.2.1　结合水

结合水是由土颗粒表面电分子力吸附在土粒表面的一层水。一般来说，细颗粒的表面都带有静负电荷，在其周围产生电场，使水分子极化，由带正电的氢原子和带负电的氧原子所组成的水分子定向排列于土颗粒周围。水溶液中的钠、钙、铝等阳离子也被土粒所吸引，因此，在土颗粒表面吸附了一层与自由水不同的水膜称为结合水。它比普通水有较大的粘滞性，较小的流动性和不同的密度。距土颗粒表面愈近电分子引力愈强、愈远，引力愈弱。远到一定距离时，水将不受电分子引力作用。因此，结合水又可分为强结合水和弱结合水。强结合水受到土颗粒的吸附力可高达几千个大气压，牢固地结合在土颗粒表面，其性质接近于固体。强结合水的冰点很低，沸点较高，－78℃才冻结，在温度达150℃以上时才可被蒸发，且不能传递压力。弱结合水也称为薄膜水，呈粘滞状态，不能传递压力，也不能在孔隙中自由流动，但它可以因电场引力的作用从水膜厚的地方向水膜薄的地方转移。弱结合水的存在，使土具有塑性、粘性，影响土的压缩性和强度，并使土的透水性变小。

1.2.2　自由水

离开土颗粒表面较远，不受土颗粒电分子引力作用，且可自由移动的水称为自由水。它的性质和普通水无异，能传递静水压力，冰点为0℃，有溶解能力。自由水又可分为毛细管水（也简称毛管水、毛细水）和重力水两种。

1. 毛细管水

土体内部存在着相互贯通的弯曲孔道，可以看成是许多形状不一、大小不同、彼此连通的毛细管。由于水分子和土粒分子之间的吸附力及水、气界面上的表面张力，地下水将沿着这些毛细管被吸引上来，而在地下水位以上形成一定高度的毛管水带，这一高度称为毛管水上升高度。它与土中孔隙的大小和形状、土粒的矿物成分以及水的性质有关。土颗粒愈细，毛管水上升愈高，粘性土的毛管水上升较高，可达1m乃至几米。而对于孔隙较大

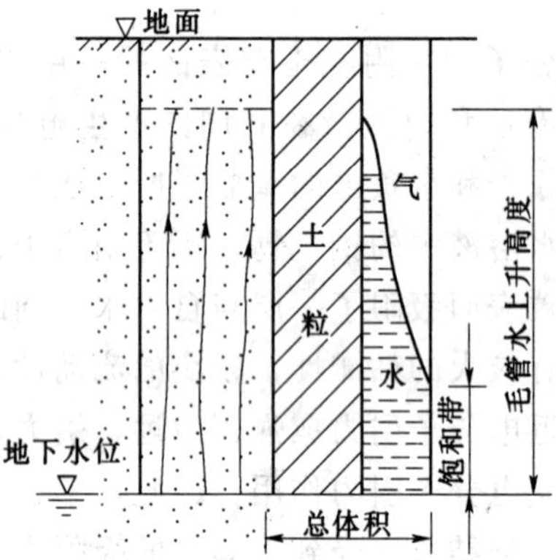

图 2.6 毛管水示意图

的粗粒土，毛管水几乎不存在。在毛管水带内，只有靠近地下水位的一部分土的孔隙才被认为是被水充满的，这一部分就称为毛管水饱和带，如图 2.6 所示。

在毛管水带内，由于水、气界面上弯液面和表面张力的存在，使水内的压力小于大气压力，即水压力为负值。

在潮湿的粉、细砂中孔隙水仅存在于土粒接触点周围，彼此是不连续的。这时，由于孔隙中的气与大气连通，因此，孔隙中的压力亦将小于大气压力。于是，将引起迫使相邻土粒相互挤紧的压力，这个压力称为毛管水压力，如图 2.7 所示。

2. 重力水

在重力或水位差作用下能在土中流动的自由水称为重力水。重力水具有溶解能力，能传递静水和动水压力，对土颗粒有浮力作用。它能溶蚀或析出土中的水溶盐，改变土的工程性质。当它在土孔隙中流动时，对所流经的土体施加渗流力（亦称动水压力、渗透力），计算中应考虑其影响。重力水是我们研究的重点内容。

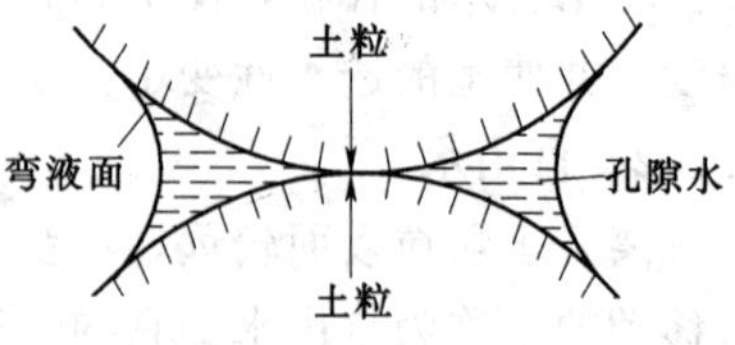

图 2.7 毛管水压力示意图

必须指出，水是三相土的重要组成部分，根据实用观点，一般认为它不能承受剪力，但能承受压力和一定的吸力；同时，水的压缩性很小，在通常所遇到的压力范围内，它的压缩量可忽略不计。

1.3 土的气相

在非饱和土的孔隙中，除水之外，还存在着气体。土中气体主要是空气，有时也可能存在二氧化碳、沼气及硫化氢等。存在于土中的气体可分为两种基本类型：一种是与大气连通的气体；另一种是与大气不连通的以气泡形式存在的封闭气体。

土的饱和度较低时，土中气体与大气相连通，当土受到外力作用时，气体很快就会从孔隙中排出，土的压缩稳定和强度提高都较快，对土的性质影响不大。但若土的饱和度较高，土中出现封闭气泡时，封闭气泡无法逸出，在外力作用下，气泡被压缩或溶解于水中，而一旦外力除去后，气泡就又膨胀复原，所以封闭的气泡对土的性质有较大的影响。土中封闭气泡的存在将增加土的弹性，它能阻塞土内的渗流通道使土的渗透性降低，并能延长土体受力后变形达到稳定的历时时间。含气体的土称为非饱和土，非饱和土的工程性质研究已成为土力学的一个新分支。

第 2 节　土的结构和构造

2.1　土的结构

土的结构是指土的物质组成（主要指土粒，也包括孔隙）在空间上的相互排列以及土粒间的联结特征的综合，土的结构通常有下列三种基本类型。

2.1.1　单粒结构

单粒结构是砂、砾等粗粒土在沉积过程中形成的代表性结构。这是由于砂、砾的颗粒较粗大，其比表面积小，在沉积过程中粒间力的影响与其重力相比可以忽略不计，即土粒在沉积过程中主要受重力控制。这种结构的特征是土粒之间以点与点的接触为主。根据其排列情况，又可分为紧密和疏松两种情况，分别如图 2.8 (*a*)、(*b*) 所示。一般来说，单粒结构比较稳定，孔隙所占的比例较小。但是对于疏松情况下的砂土，特别是饱和的粉细砂，当受到地震等动力荷载作用时，极易产生液化而丧失其承载能力，必须引起重视。

2.1.2　蜂窝状结构

蜂窝状结构主要是由粉粒或细砂粒组成的土体的结构形式。

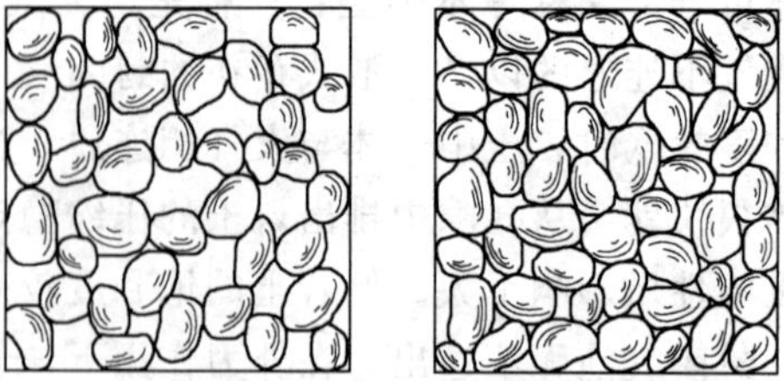

(a) (b)

图 2.8 土的单粒结构

据研究，粒径为 0.075～0.005mm 的细小颗粒在下沉过程中接触到已下沉的土粒时，由于颗粒间存在着分子引力，当这种引力大于下沉土颗粒本身重力时，该土颗粒就停留在粒间接触点处而不再下沉，如此形成孔隙较大的蜂窝状结构，如图 2.9 所示。蜂窝状结构较不稳定，在外力作用下会产生较大的变形。

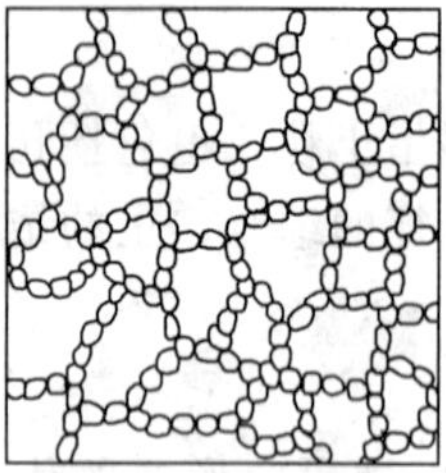

图 2.9 土的蜂窝状结构

图 2.10 土的絮状结构

2.1.3 絮状结构

絮状结构又称为絮凝结构，是粘性土常见的结构形式。由于极细小的土颗粒（粒径小于 0.005mm）在水中常处于悬浮状态，当悬浮液的介质发生变化，土粒在水中作杂乱无章的运动时一旦接触，粒间力表现为净引力，彼此容易结合在一起逐渐形成小链环状的土粒集合体，使质量增大而下沉。当一个小链环碰到另一个小链环时相互吸引，不断扩大形成大链环，称为絮状结构。由于土粒的角、边常带正电荷，面带负电荷，角、边与面接触时吸引力最大，因此絮状结构的特征是土粒之间以角、边与面的接触或边与边的搭接形式为主，如图 2.10 所示。这种结构的土粒呈任意排列，具有较大的孔隙，因此其强度低，压缩性高，对扰动比较敏感。但土粒间的联结强度会由于压密和胶结作用而逐渐得到增强。

天然沉积土的结构极为复杂。通常土粒总是成团存在，称为粒团。对于粒团及土粒的排列，既有粒团内土粒的任意或定向排列，又有粒团之间的任意或定向排列，如图 2.11 所示。

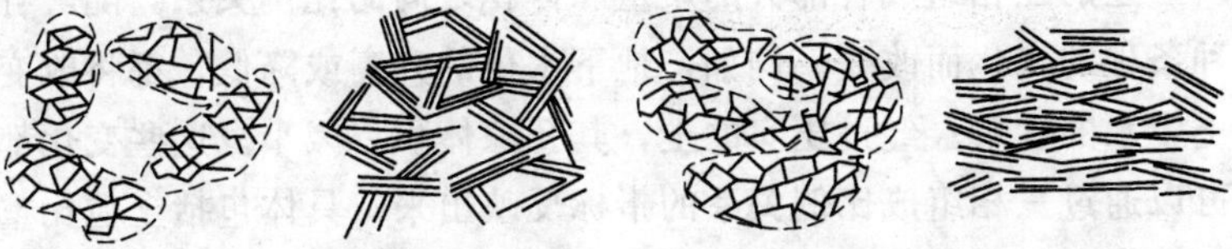

(*a*)　(*b*)　(*c*)　(*d*)

图 2.11　天然细粒沉积土的结构

(*a*) 完全各向同性；(*b*) 主体上各向同性；(*c*) 主体上各向异性；(*d*) 完全各向异性

当粒团及粒团内的土粒都任意排列时，则土体是完全各向同性的，如图 2.11 (*a*) 所示；当粒团任意排列，而粒团内的土粒是定向排列时，则土体在主体上是各向同性的，如图 2.11 (*b*) 所示；当粒团是定向排列，而粒团内的土粒是任意排列时，则土体在主体上是各向异性的，如图 2.11 (*c*) 所示；当粒团及粒团内的土粒都定向排列时，则土体是完全是各向异性的，如图 2.11 (*d*) 所示。

2.2　土的构造

在同一土层中的物质成分和颗粒大小等都相近的各部分之间的相互关系的特征称为土的构造。土的构造是土层的层理、裂隙及大孔隙等宏观特征，亦称为宏观结构。土的构造最主要特征就是成层性，即层理构造。它是在土的生成过程中，由于不同阶段沉积的物质成分、颗粒大小或颜色不同，而沿竖向呈现的成层特征，常见的有水平层理构造和交错层理构造（指具有夹层、尖灭或透镜体等产状）。土的构造的另一特征是土的裂隙性，如黄土的柱状裂隙。裂隙的存在大大降低土体的强度和稳定性，增大透水性，对工程不利。此外，也应注意到土中有无包裹物（如腐殖物、贝壳、结核体等）以及天然或人为的孔洞存在。这些构造特征都会造成土的不均匀性。

第3节　土的三相指标的定义及其换算

土的三相组成各部分的质量和体积之间的比例关系，随着各种条件的变化而改变。例如，地下水位的升高或降低，都将改变土中水的含量；经过压实的土，其孔隙体积将减小。这些变化都可以通过三相组成比例关系的指标反映出来。具体包括土粒比重（土粒相对密度），土的含水率（含水量）、密度、孔隙比、孔隙率和饱和度等。

土的一些物理性质主要决定于组成土的固体颗粒、孔隙中的水和气体这三相所占的体积和质量的比例关系，反映这种关系的指标称为土的物理性质指标。土的物理性质指标不仅可以描述土的物理性质和它所处的状态，而且在一定程度上反映土的力学性质。

土的物理性质指标可分为两类：一类是必须通过试验测定的，如土的含水率、密度和土粒比重，称为直接指标；另一类是根据直接指标换算的，如孔隙比、孔隙率、饱和度等，称为间接指标。

为便于说明这些物理性质指标的定义和它们之间的换算关系，常用三相图表示土体内三相的相对含量，如图 2.12 所示。

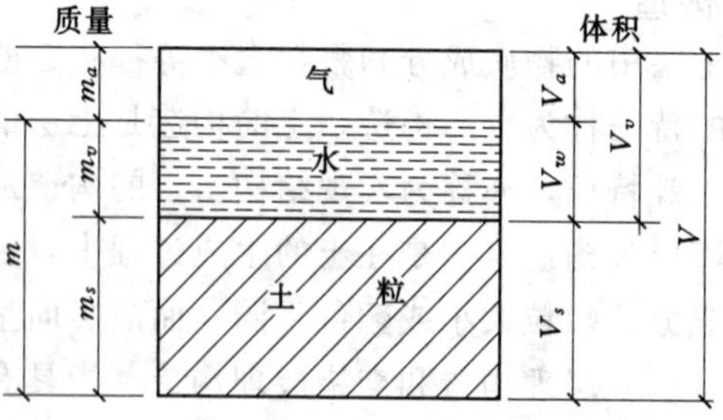

图 2.12　土的三相图

图中，m 表示质量；V 表示体积；下标 s、w、a 和 v 分别表示土粒、水、气体和孔隙，例如，m_s 表示土粒的质量，V_v 表示孔隙的体积等。

3.1　直接测定的物理性质指标

3.1.1　土的密度与重度

土的密度定义为单位体积土的质量，用 ρ 表示，单位为 g/cm^3，其表达式为

$$\rho = \frac{m}{V} = \frac{m_s + m_w + m_a}{V_s + V_w + V_a} \tag{2.4}$$

对于粘性土，土的密度常用环刀法测定。

土的重度亦称为容重，定义为单位体积土的重量，用 γ 表示（单位：kN/m^3），其表达式为

$$\gamma = \frac{W}{V} = \frac{mg}{V} = \rho g \tag{2.5}$$

式中：W 为土的重量，kN；g 为重力加速度。

3.1.2　土粒比重

土粒比重定义为土粒的质量（或重量）与同体积 4℃时纯水的质量（或重量）之比（无因次），用 G_s 表示，其表达式为

$$G_s = \frac{m_s}{V_s(\rho_w)_{4℃}} = \frac{\rho_s}{(\rho_w)_{4℃}} \tag{2.6}$$

或
$$G_s = \frac{m_s g}{V_s(\gamma_w)_{4℃}}$$

式中：ρ_s 为土粒的密度，即土粒单位体积的质量，g/cm^3；$(\rho_w)_{4℃}$ 为 4℃时纯水的密度，1.0g/cm^3；$(\gamma_w)_{4℃}$ 为 4℃时纯水的重度。

土粒比重常用比重瓶法测定，先将比重瓶注满纯水，称瓶加水的质量。然后把烘干土若干克装入该空比重瓶内，再加纯水至满，称瓶加土加水的质量，按下式计算土粒比重：

$$G_s = \frac{m_s}{m_s + m_1 - m_2} \tag{2.7}$$

式中：m_1 为瓶加水的质量，g；m_2 为瓶加土加水的质量，g；m_s

为烘干土的质量，g。

比重的大小取决于土粒的矿物成分。天然土含有不同矿物组成的土粒，它们的比重一般是不同的。由试验测定的比重值代表整个试样内所有土粒的平均值。例如，砂土的平均比重约为2.65；粘土的平均比重约为2.75。若土中含有有机质时，其比重会明显地减小。

3.1.3 土的含水率

土的含水率 w，也称为含水量，定义为土中水的质量与土粒的质量之比，以百分数表示，其表达式为

$$w=\frac{m_w}{m_s}\times 100\% \tag{2.8}$$

测定含水率常用的方法是烘干法，先称出天然湿土的质量，然后放在烘箱中，在加100～105℃常温下烘干，称得干土质量，按式（2.8）即可算得。

3.2 间接换算的物理性质指标

上述三个指标可以通过试验直接测定，利用上述三个基本指标可以换算出以下各个指标。

3.2.1 土的孔隙比

土的孔隙比（e）定义为土中孔隙的体积与土粒的体积之比，以小数表示，其表达式为

$$e=\frac{V_v}{V_s} \tag{2.9}$$

3.2.2 土的孔隙率

土的孔隙率（n）定义为土中孔隙的体积与土的总体积之比，或单位体积内孔隙的体积，以百分数表示，其表达式为

$$n=\frac{V_v}{V}\times 100\% \tag{2.10}$$

土的孔隙比与孔隙率都是反映土的密实程度的指标。对于同一种土，孔隙比或孔隙率愈大表明土愈疏松，反之愈密实。

3.2.3 土的饱和度

土的饱和度（S_r）定义为土中孔隙水的体积与孔隙体积之

比，以百分数表示，其表达式为

$$S_r = \frac{V_w}{V_v} \times 100\% \qquad (2.11)$$

饱和度是反映土孔隙被水充满程度的指标。干土的饱和度为0，饱和土的饱和度为100%。

3.2.4　干密度与干重度

土的干密度（ρ_d）是单位体积内的土粒的质量，其表达式为

$$\rho_d = \frac{m_s}{V} \qquad (2.12)$$

土的干重度（γ_d）是单位体积内土粒的重量，其表达式为

$$\gamma_d = \frac{W_s}{V} = \frac{m_s g}{V} = \rho_d g \qquad (2.13)$$

土烘干时，体积减小，因而，土的干密度不等于烘干土的密度。土的干密度或干重度也是评定土密实程度的指标，干密度或干重度愈大，表明土愈密实，反之愈疏松。常用它来控制填土工程的施工质量。

3.2.5　饱和密度和饱和重度

土的饱和密度ρ_{sat}是土中孔隙完全被水充满土处于饱和状态时单位体积土的质量，即

$$\rho_{sat} = \frac{m_s + V_v \rho_w}{V} \qquad (2.14)$$

在饱和状态下，单位体积土的重量称为饱和重度（γ_{sat}），其表达式为

$$\gamma_{sat} = \frac{W_s + V_v \gamma_w}{V} = \frac{m_s g + V_v \rho_w g}{V} = \rho_{sat} g \qquad (2.15)$$

3.2.6　浮密度与浮重度（有效重度）

土在水下，受到水的浮力作用，其有效重量减小，因此提出了浮重度（即有效重度，γ'）的概念。其表达式为

$$\gamma' = \frac{W_s - V_s \gamma_w}{V} = \frac{m_s g - V_s \rho_w g}{V} = \rho' g \qquad (2.16)$$

与其相应，提出了浮密度的概念，土的浮密度（ρ'）是单位

体积内的土粒质量与同体积水质量之差，其表达式为

$$\rho' = \frac{m_s - V_s\rho_w}{V} \tag{2.17}$$

或

$$\rho' = \rho_{sat} - \rho_w \tag{2.18}$$

从上述四种土的密度或重度的定义可知，同一土样各种密度或重度在数值上存在如下关系：

$$\rho_{sat} > \rho > \rho_d > \rho'$$

$$\gamma_{sat} > \gamma > \gamma_d > \gamma'$$

3.3　物理性质指标间的换算

常用的土的物理性质指标如上所述，为了应用方便，现将一些常用的物理性质指标之间的换算关系汇总于表 2.4 中，以备查考。

表 2.4　　土的三相比例指标换算公式

名称	符号	三相比例表达式	常用换算公式	单位	常见的数值范围
土粒比重	G_s	$G_s = \frac{m_s}{V_s\rho_{w1}}$	$G_s = \frac{S_r e}{w}$		粘性土：2.72～2.75 粉土：2.70～2.71 砂土：2.65～2.69
含水量	w	$w = \frac{m_w}{m_s} \times 100\%$	$w = \frac{S_r e}{G_s}$ $w = \frac{\rho}{\rho_d} - 1$		20%～60%
密度	ρ	$\rho = \frac{m}{V}$	$\rho = \rho_d(1+w)$ $\rho = \frac{G_s(1+w)}{1+e}\rho_w$	g/cm³	1.6～2.0
干密度	ρ_d	$\rho_d = \frac{m_s}{V}$	$\rho_d = \frac{\rho}{1+w}$ $\rho_d = \frac{G_s}{1+e}\rho_w$	g/cm³	1.3～1.8
饱和密度	ρ_{sat}	$\rho_{sat} = \frac{m_s + V_v\rho_w}{V}$	$\rho_{sat} = \frac{G_s + e}{1+e}\rho_w$	g/cm³	1.8～2.3

续表

名称	符号	三相比例表达式	常用换算公式	单位	常见的数值范围
浮密度	ρ'	$\rho' = \frac{m_s - V_s\rho_w}{V}$	$\rho' = \rho_{sat} - \rho_w$ $\rho' = \frac{G_s - 1}{1+e}\rho_w$	g/cm^3	0.8～1.3
重度	γ	$\gamma = \rho g$	$\gamma = \frac{G_s(1+w)}{1+e}\gamma_w$	kN/m^3	16～20
干重度	γ_d	$\gamma_d = \rho_d g$	$\gamma_d = \frac{G_s}{1+e}\gamma_w$	kN/m^3	13～18
饱和重度	γ_{sat}	$\gamma_{sat} = \rho_{sat} g$	$\gamma_{sat} = \frac{G_s + e}{1+e}\gamma_w$	kN/m^3	18～23
浮重度	γ'	$\gamma' = \rho' g$	$\gamma' = \frac{G_s - 1}{1+e}\gamma_w$	kN/m^3	8～13
孔隙比	e	$e = \frac{V_v}{V_s}$	$e = \frac{G_s\rho_w}{\rho_d} - 1$ $e = \frac{G_s(1+w)\rho_w}{\rho} - 1$		粘性土和粉土：0.40～1.20 砂土：0.30～0.90
孔隙率	n	$n = \frac{V_v}{V} \times 100\%$	$n = \frac{e}{1+e}$ $n = 1 - \frac{\rho_d}{G_s\rho_w}$		粘性土和粉土：30%～60% 砂土：25%～45%
饱和度	S_r	$S_r = \frac{V_w}{V_v} \times 100\%$	$S_r = \frac{wG_s}{e}$ $S_r = \frac{w\rho_d}{n\rho_w}$		$0 \leqslant S_r \leqslant 50\%$　稍湿 $50 < S_r \leqslant 80\%$　很湿 $80 < S_r \leqslant 100\%$　饱和

【例 2.2】 某试样在天然状态下的体积为 $60cm^3$，称得其质量为 108g，将其烘干后称得质量为 96.43g，根据试验得到的土粒比重 G_s 为 2.7。试求试样的湿密度、干密度、饱和密度、含水率、孔隙比、孔隙率和饱和度。

解：(1) 已知 $V=60cm^3$，$m=108g$，则

$$\rho = \frac{m}{V} = \frac{108}{60} = 1.8\ g/cm^3$$

(2) 已知 $m_s=96.43g$，则

$$m_w = m - m_s = 108 - 96.43 = 11.57 \text{ g}$$

$$w = \frac{m_w}{m_s} = \frac{11.57}{96.43} = 12\%$$

（3）已知 $G_s=2.7$，则

$$V_s = \frac{m_s}{\rho_s} = \frac{96.43}{2.7} = 35.7 \text{ cm}^3$$

$$V_v = V - V_s = 60 - 35.7 = 24.3 \text{ cm}^3$$

$$e = \frac{V_v}{V_s} = \frac{24.3}{35.7} = 0.68$$

（4）孔隙率为

$$n = \frac{V_v}{V} = \frac{24.3}{60} = 40.5\%$$

（5）根据 ρ_w 的定义，则

$$V_w = \frac{m_w}{\rho_w} = \frac{11.57}{1} = 11.57 \text{ cm}^3$$

$$S_r = \frac{V_w}{V_v} = \frac{11.57}{24.3} = 48\%$$

第 4 节　无粘性土的密实度

无粘性土一般分为砂（类）土和碎石（类）土。这两大类土中一般粘粒含量甚少，不具有可塑性，呈单粒结构。这两类土的物理状态主要决定于土的密实程度。无粘性土呈密实状态时，强度较大，是良好的天然地基；呈松散状态时则是一种软弱地基，尤其是饱和的粉细砂，稳定性很差，在振动荷载作用下，可能发生液化现象。

4.1　砂土的相对密（实）度

砂土的密实度状态对其工程性质具有重要的影响。密实的砂土具有较高的强度和较低的压缩性，是良好的建筑物地基；但松散的砂土，尤其是饱和的松散砂土，不仅强度低，且水稳定性很差，容易产生流沙、液化等工程事故。对砂土评价的主要问题是

正确地划分其密实度。

当砂土处于最密实状态时，其孔隙比称为最小孔隙比；而砂土处于最疏松状态时的孔隙比则称为最大孔隙比。有关试验标准中规定了一定的方法测定砂土的最小孔隙比和最大孔隙比，然后可按下式计算砂土的相对密实度：

$$D_r = \frac{e_{\max} - e}{e_{\max} - e_{\min}} \tag{2.19}$$

式中：$e_{\max}$为砂土在最松软的状态时的孔隙比，即最大孔隙比；$e_{\min}$为砂土在最密实的状态时的孔隙比，即最小孔隙比；e 为砂土在天然状态时的孔隙比。

从上式可以看出，当砂土的天然孔隙比接近于最小孔隙比时，相对密实度 D_r 接近于 1，表明砂土接近于最密实的状态；而当天然孔隙比接近于最大孔隙比时，则表明砂土处于最松散的状态，其相对密实度接近于 0。根据砂土的相对密实度可以按表 2.5 将砂土划分为密实、中密和松散三种密实度。

表 2.5　砂土密实度划分标准

密实度	密　实	中　密	松　散
相对密度	1.0～0.67	0.67～0.33	0.33～0

4.2　土的击实试验

土的压实性是指在一定的含水率下，以人工或机械的方法，使土能够压实到某种密实程度的性质。

土工建筑物，如土坝、土堤及道路填方等都是用土作为建筑材料填筑而成的。为了保证填土有足够的强度，较小的压缩性和透水性，在施工中常常需要压实填料，以提高土的密实度和均匀性。填土的密实度常以其干密度 ρ_d 来表示。

土的压实性在室内是通过击实试验来研究的。击实试验分为轻型和重型两种类型。《土工试验方法》（GBJ 145—90）规定轻型击实试验适用于粒径小于 5mm 的土，重型击实试验适用于粒径小于 40mm 的土。轻型击实试验的击实筒容积为 947cm^3，击锤的质量为 2.5kg，如图 2.13 所示。试验时把制备成某一含水率的土样分三层装入击实筒，每装入一层均用击锤依次锤击 25 下，击锤落高为 30.5cm，由导筒加以控制。重型击实试验的击实筒容积为 2104cm^3，击锤的质量为 4.5kg，落高为 45.7cm，分五层击实，每层锤击 56 下。击实后，测出土样的含水率和密度，再由 $\rho_d = \rho/(1+w)$ 算出相应的干密度。

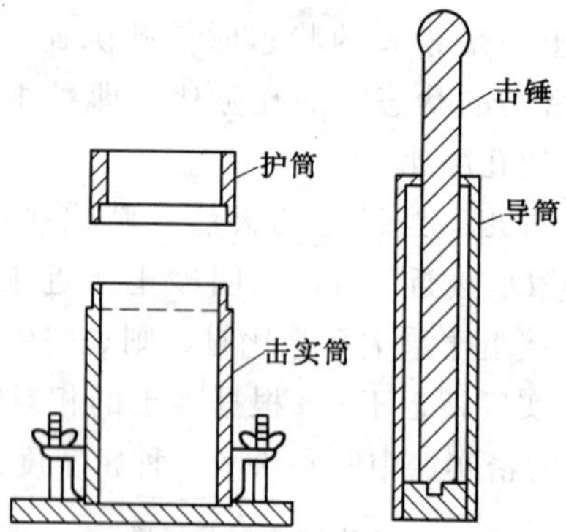

图 2.13　击实仪示意图

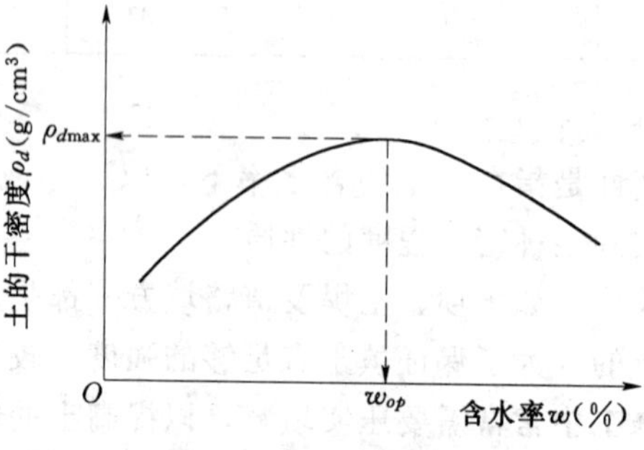

图 2.14　击实曲线

影响土压实性的因素很多，主要有含水率、击实功能、土的种类和级配以及粗粒含量等。对同一种土料，分别在不同的含水率下，用同一击数将它们分层击实，测定土样的含水率和密度，再算出相应的干密度，然后以含水率为横坐标，干密度为纵坐标，点绘成图 2.14 所示的压实试验曲线。从图中可以看出，当含水率较小时，土的干密度随着含水率的增加而增大，而当干密度随着含水率的增加达到某一值后，含水率的继续增加反而使干密度减小。干密度的这一最大值称为该击数下的最大干密度 $\rho_{d\max}$，此时相应的含水率称为最优含水率 w_{op}。

4.3 标准贯入试验

在工程实践中通常用标准贯入锤击数来划分砂土的密实度。标准贯入试验是用规定的锤重（63.5kg）和落高（76cm）把标准贯入器（带有刃口的对开管，外径 50mm，内径 35mm）打入土中，记录贯入一定深度（30cm）所需的锤击数 N 值的原位测试方法。标准贯入试验的贯入锤击数反映了土层的松密和软硬程度，是一种简便的测试手段。《岩土工程勘察规范》(GB 50021—2001)规定，砂土的密实度应根据标准贯入锤击数按表 2.6 的规定划分为密实、中密、稍密和松散四种状态。

表 2.6　按标准贯入锤击数 N 值确定砂土密实度

N 值	$N\leqslant 10$	$10<N\leqslant 15$	$15<N\leqslant 30$	$N>30$
密实度	松 散	稍 密	中 密	密 实

第 5 节　粘性土的物理特征

5.1 粘性土的稠度

粘性土根据其含水率的大小可以处于不同的状态。稠度是指粘性土的干湿程度或在某一含水率下抵抗外力作用而变形或破坏的能力，是粘性土最主要的物理状态指标。当粘性土含水率很大时，如刚沉积的粘土如同液体泥浆那样，不能保持其形状，极易流动，称其处于流动状态。随着粘土含水率逐渐减小，泥浆变稠，体积收缩，其流动能力减弱，逐渐进入可塑状态。这时土在外力作用下可改变形状但不显著改变其体积也不开裂，外力卸除后仍能保持已有的形状，粘性土的这种性质称为可塑性。当含水率继续减小时，粘性土将丧失其可塑性，在外力作用下不产生较大的变形而容易碎裂，土进入半固体状态。若使粘性土的含水率进一步减小，它的体积也不再收缩，这时，空气进入土体，使土的颜色变淡，土就进入了固体状态。土从流动状态逐渐进入到可塑、半固体、固体状态的过程如图 2.15 所示。

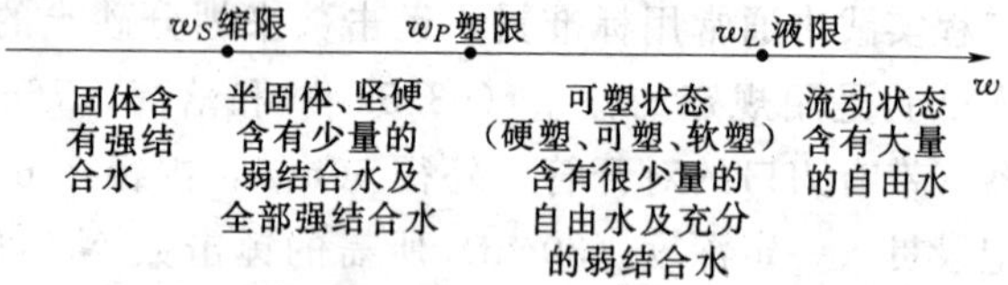

图 2.15 粘性土的含水量及物理状态

5.2 界限含水率及其测定

5.2.1 界限含水率

粘性土从一种状态过渡到另一种状态，可用某一界限含水率来区分，这种界限含水率称为稠度界限。工程上常用的稠度界限有以下三种：

(1) 液限（w_L），即从流动状态转变为可塑状态的界限含水率，也就是可塑状态的上限含水率。

(2) 塑限（w_P），即从可塑状态转变为半固体状态的界限含水率，也就是可塑状态的下限含水率。

(3) 缩限（w_S），即从半固体状态转变为固体状态的界限含水率，也就是粘性土随着含水率的减小而体积开始不变时的含水率。

必须指出，粘性土从一种状态转变为另一种状态是逐渐过渡的，并无明确的界限。目前，工程上只是根据某些通用的试验方法测定这些界限含水率。

5.2.2 液、塑限的测定

测定塑限的方法有搓滚法和液、塑限联合测定法。搓滚法是将土先调匀成硬塑状态，然后在毛玻璃板上用手掌搓滚成细条，当土条搓成直径恰好为 3mm 时，产生横向裂缝并开始断裂，此时土条的含水率就是塑限。液、塑限联合测定法试验取代表性试样，加不同数量的纯水，调制成三种不同稠度的试样，用电磁落锥法分别测定圆锥在自重下经 5s 后沉入试样的深度。以含水率为横坐标，圆锥入土深度为纵坐标，在双对数坐标纸上绘制关系曲线，三点应在一直线上，如图 2.16 所示。入土深度为 2mm 所对应的含水率为塑限。

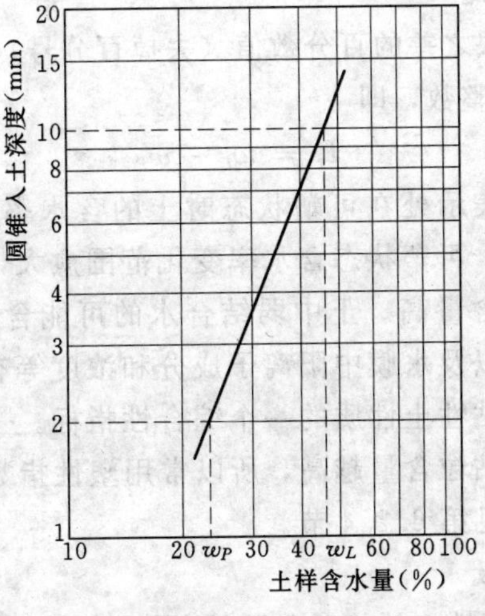

图 2.16　圆锥体入土深度与含水量的关系

测定液限的方法有液、塑限联合测定法和碟式仪法。液塑限联合测定法的试验方法同前述，《土工试验方法标准》（GB/T 50123—1999）规定，在含水率与圆锥下沉深度的关系图上入土深度恰好为 17mm 时所对应的含水率为 17mm 液限，入土深度恰好为 10mm 所对应的含水率为 10mm 液限。在国外液限的测定多用碟式仪，把调制均匀的湿土样平铺在铜碟前半部内，用调土刀将铜碟前沿试样刮成水平，使试样中心厚度为 10mm，用开槽器经蜗形轮的中心沿铜碟直径把碟内试样分成两半，形成 V

形槽。然后，以每秒两转的速度转动摇柄，使铜碟反复起落，坠击于底座上，直至槽底两边试样的合拢长度为 13mm 时，记录击数，取槽两边的土样测其含水率。将加不同水量的试样，重复上述步骤测定槽底两边试样合拢长度为 13mm 所需要的击数及相应的含水率。以击次为横坐标，含水率为纵坐标，在半对数纸上绘制击次与含水率关系曲线，取曲线上击次为 25 击所对应的整数含水率即为土的液限。

5.2.3 塑性指数和液性指数

1. 塑性指数

液限和塑限之差的百分数值（去掉百分号）称为塑性指数，用 I_P 表示，取整数，即

$$I_P = w_L - w_P \tag{2.20}$$

塑性指数表示处在可塑状态时土的含水率可变化的幅度。塑性指数愈大，可塑状态含水率变化范围愈大，说明土中的弱结合水的可能含量高。土中弱结合水的可能含量与土粒大小、土粒矿物成分以及水膜中阳离子成分和浓度等有关。因此，塑性指数是反映粘性土性质的一个综合性指标。一般地，塑性指数越高，土的粘粒含量越高，所以常用塑性指数作为粘性土的分类指标，详见第 6.2.4 节。

2. 液性指数

含水率对粘性土的状态有很大的影响，但对于不同的土，即使具有相同的含水率，也未必处于同样的状态。粘性土的状态可用液性指数来判别，其定义为

$$I_L = \frac{w - w_P}{w_L - w_P} = \frac{w - w_P}{I_P} \tag{2.21}$$

式中：I_L 为液性指数，以小数表示；w 为土的天然含水率；其他符号意义同前。

液性指数表征了土的天然含水率与界限含水率之间的相对关系，表达了天然土所处的状态。《建筑地基基础设计规范》（GB 50007—2002）对粘性土按液性指数划分软硬状态的标准如表

2.7 所示。

表 2.7　　粘性土状态的划分

状　态	坚　硬	硬　塑	可　塑	软　塑	流　塑
液性指数	$I_L \leqslant 0$	$0 < I_L \leqslant 0.25$	$0.25 < I_L \leqslant 0.75$	$0.75 < I_L \leqslant 1.0$	$I_L > 1.0$

第 6 节　地基土的分类方法

天然土的分类体系是将工程性质相近的土归为一类，以便对土做出合理的评价和选择恰当的方法对土的工程特性进行研究。因此，必须选用对土的工程性质最有影响、最能反映土的基本属性，又便于测定的指标作为土的分类依据。我国的分类方法迄今尚未统一，不同的部门也有各自的分类标准，目前国内应用于对土进行分类的标准、规程、规范主要有《土的分类标准》(GBJ 145—90)、《建筑地基基础设计规范》(GB 50007—2002)、《公路土工试验规程》(JTJ 051—93)、《土工试验规程》(SL 237—1999)等。

6.1 《土的分类标准》(GBJ 145 —90)中土的分类

- 土
  - 无机土
    - 巨粒土
      - 巨粒土
        - 漂石
        - 卵石
      - 混合巨粒土
        - 混合土漂石
        - 混合土卵石
    - 含巨粒土
      - 漂石混合土
      - 卵石混合土
    - 粗粒土
      - 砾类土
      - 砂类土
    - 细粒土
      - 粉土
      - 粘土
  - 有机土

对土进行分类时，应先判别该土属于有机土还是无机土。若土的全部或大部分是有机质时，该土就属于有机土，含少量有机质时为有机质土，否则就属于无机土。有机质呈黑色、青黑色或暗色，有臭味，有弹性和海绵感，可采用目测、手摸或臭感判别。当不能判别时，可由试验测定。若属于无机土，则可根据土内各粒组的相对含量把土分为巨粒土、含巨粒土、粗粒土和细粒土四大类后再进一步细分。

土的粒组应根据表2.8规定的土颗粒粒径范围划分。

表2.8 粒组划分

粒组统称	粒组名称	粒组粒径 d 的范围（mm）
巨粒	漂石（块石）粒	$d>200$
	卵石（碎石）粒	$200\geqslant d>60$
粗粒	砾粒 粗砾	$60\geqslant d>20$
	砾粒 细砾	$20\geqslant d>2$
	砂粒	$2\geqslant d>0.075$
细粒	粉粒	$0.075\geqslant d>0.005$
	粘粒	$0.005\geqslant d$

6.1.1 巨粒土和含巨粒土的分类

巨粒土和含巨粒土应按试样中所含粒径大于60mm的巨粒组含量来划分。试样中含巨粒质量多于总质量的50%的土称为巨粒土；土样中巨粒组质量为总质量的15%～50%的土称为巨粒混合土；土样中巨粒组质量少于总质量的15%的土，可扣除巨粒，按粗粒土或细粒土的相应规定分类定名。

巨粒土和含巨粒土再结合漂石粒含量进一步按表2.9细分。

6.1.2 粗粒土的分类

试样中粒径大于0.075mm的粗粒组质量多于总质量50%的土称为粗粒土。粗粒土又分为砾类土和砂类土两类。试样中粒径大于2mm的砾粒组质量多于总质量50%的土称为砾类土；试样中粒径大于2mm的砾粒组质量少于或等于总质量的50%的土称为砂类土。

表 2.9　巨粒土和含巨粒土的分类

土　类	粒　组　含　量		土代号	土名称
巨粒土	巨粒含量 100%～75%	漂石粒含量>50%	B	漂石
		漂石粒含量≤50%	Cb	卵石
混合巨粒土	50%<巨粒含量<75%	漂石粒含量>50%	BSI	混合土漂石
		漂石粒含量≤50%	CbSI	混合土卵石
巨粒混合土	15%≤巨粒含量≤50%	漂石含量>卵石含量	SIB	漂石混合土
		漂石含量≤卵石含量	SICb	卵石混合土

砾类土或砂类土按试样中粒径小于 0.075mm 的细粒含量，液、塑限和土的级配可进一步细分。现以砾类土为例说明如下：

（1）若砾类土的细粒含量少于 5%，则该土属（纯）砾。当土的不均匀系数大于或等于 5，且曲率系数在 1～3 之间，则属级配良好砾（GW）；不能同时满足不均匀系数和曲率系数的上述规定，则属级配不良砾（GP）。

（2）若细粒含量占 5%～15%，则该砾类土属含细粒土砾(GF)。

（3）若细粒含量多于 15%，少于或等于 50%，则砾类土属细粒土质砾。再根据粒径小于 0.5mm 的土的液、塑限按塑性图（参见细粒土分类）分类属粘土时，则该土属粘土质砾（GC）；按塑性图分类属粉土时，则该土属粉土质砾（GM）。

砾类土根据其中的细粒含量及类别、粗粒组的级配具体分类如表 2.10 所示。

表 2.10　砾 类 土 的 分 类

土　类		粒　组　含　量		土代号	土名称
砾类土	砾	细粒含量 <5%	级配：$C_u \geqslant 5$　$C_c = 1 \sim 3$	GW	级配良好砾
			级配：不能同时满足上述要求	GP	级配不良砾
	含细粒土砾	细粒含量 5%～15%		GF	含细粒土砾
	细粒土质砾	细粒含量 >15%， 同时≤50%	细粒为粘粒	GC	粘土质砾
			细粒为粉粒	GM	粉土质砾

若粗粒土属砂类土，它的进一步细分同砾类土，只需要将砾改为砂，代号 G 改为 S。砂类土根据其中的细粒含量及类别、粗粒组的级配具体分类如表 2.11 所示。

表 2.11　　砂类土的分类

土类		粒组含量		土代号	土名称
砂类土	砂	细粒含量<5%	级配：$C_u \geqslant 5$　$C_c = 1 \sim 3$	SW	级配良好砂
			级配：不能同时满足上述要求	SP	级配不良砂
	含细粒土砂	细粒含量 5%～15%		SF	含细粒土砂
	细粒土质砂	细粒含量>15%，同时≤50%	细粒为粘粒	SC	粘土质砂
			细粒为粉粒	SM	粉土质砂

6.1.3　细粒土的分类

试样中粒径小于 0.075mm 的细粒组质量多于或等于总质量的 50%的土称为细粒土。细粒土应按下列规定划分：

（1）试样中粗粒组质量少于总质量的 25%的土称为细粒土。

（2）试样中粗粒组质量为总质量的 25%～50%的土称含粗粒的细粒土。

（3）试样中含部分有机质的土称有机质土。

细粒土可按塑性图进一步细分，塑性图的横坐标为土的液限（w_L），纵坐标为塑性指数（I_P）。该标准规定有两种塑性图，可根据所采用不同液限的标准进行选用。当取质量为 76g、锥角为 30°时的液限仪锥尖入土深度为 17mm 对应的含水率为液限时，应按塑性图 2.17 进行分类；当取质量为 76g、锥角为 30°的液限仪锥尖入土深度为 10mm 对应的含水率为液限时，应按塑性图 2.18 进行分类。请注意：目前国内不同的行业选用的液限标准不同。

若土的液限和塑性指数落在图中 A 线以上，且 $I_P \geqslant 10$，表示土的塑性高，属粘土或有机质粘土；若土的液限和塑性指数落

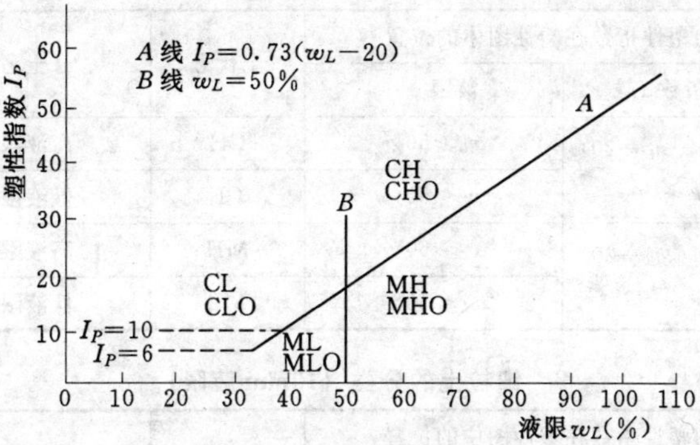

图 2.17　17mm 液限所对应的塑性图

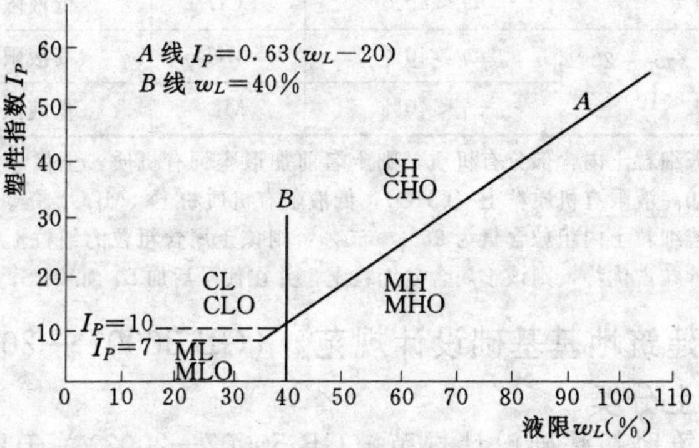

图 2.18　10mm 液限所对应的塑性图

在 A 线以下，且 $I_P<10$，表示土的塑性低，属粉土或有机质粉土。由于土的液限的高低可间接反映土的压缩性高低，即土的液限高，它的压缩性也高；反之，液限低，压缩性也低。因此该分类方法又用一条竖线 B 把粘土和粉土各细分为两类。当采用图 2.17 所示的塑性图确定细粒土的类别时，土的具体定名和代号见表 2.12；当采用图 2.18 所示的塑性图确定细粒土的类别时，土的具体定名和代号见表 2.13。

表 2.12 细粒土的分类（17mm 液限）

土的塑性指数在塑性图中的位置		土代号	土名称
塑性指数 I_P	液限 w_L		
$I_P \geqslant 0.73(w_L-20)$ 和 $I_P \geqslant 10$	$w_L \geqslant 50\%$	CH	高液限粘土
	$w_L < 50\%$	CL	低液限粘土
$I_P < 0.73(w_L-20)$ 和 $I_P < 10$	$w_L \geqslant 50\%$	MH	高液限粉土
	$w_L < 50\%$	ML	低液限粉土

表 2.13 细粒土的分类（10mm 液限）

土的塑性指数在塑性图中的位置		土代号	土名称
塑性指数 I_P	液限 w_L		
$I_P \geqslant 0.63(w_L-20)$ 和 $I_P \geqslant 10$	$w_L \geqslant 40\%$	CH	高液限粘土
	$w_L < 40\%$	CL	低液限粘土
$I_P < 0.63(w_L-20)$ 和 $I_P < 10$	$w_L \geqslant 40\%$	MH	高液限粉土
	$w_L < 40\%$	ML	低液限粉土

注 1. 若细粒土内含部分有机质，则土名前加形容词有机质，土代号后加 O，例如高液限有机质粘土（CHO），低液限有机质粉土（MLO）等。
2. 若细粒土内粗粒含量为 25%～50%，则该土属含粗粒的细粒土；当粗粒中砂粒占优势，则该土属含砂细粒土，并在代号后加 S，如 CLS，MHS 等。

6.2 《建筑地基基础设计规范》(GB 50007—2002) 中的地基土分类

《建筑地基基础设计规范》(GB 50007—2002)关于地基土分类较简单。它按土粒大小、粒组的土粒含量或土的塑性指数把地基土分为碎石土、砂土、粉土和粘性土四大类,然后再进一步细分。

6.2.1 碎石土的分类

若土中粒径大于 2mm 的颗粒含量超过全重的 50%，则该土属于碎石土。碎石土根据粒组的土粒含量按表 2.14 进一步细分。

6.2.2 砂土的分类

若土中粒径大于 2mm 的颗粒含量不超过全重的 50%、粒径大于 0.075mm 的颗粒超过全重 50%，则该土属于砂土。砂土根据粒组的土粒含量按表 2.15 进一步细分。

表 2.14　碎石土的分类

土的名称	颗粒形状	粒组含量
漂石	圆形及亚圆形为主	粒径大于 200mm 的颗粒超过全重 50%
块石	棱角形为主	
卵石	圆形及亚圆形为主	粒径大于 20mm 的颗粒超过全重 50%
碎石	棱角形为主	
圆砾	圆形及亚圆形为主	粒径大于 2mm 的颗粒超过全重 50%
角砾	棱角形为主	

注　分类时应根据粒组含量由大到小以最先符合者确定。

表 2.15　砂土的分类

土的名称	粒组含量
砾砂	粒径大于 2mm 的颗粒占全重 25%～50%
粗砂	粒径大于 0.5mm 的颗粒超过全重 50%
中砂	粒径大于 0.25mm 的颗粒超过全重 50%
细砂	粒径大于 0.075mm 的颗粒超过全重 85%
粉砂	粒径大于 0.075mm 的颗粒超过全重 50%

注　分类时应根据粒组含量由大到小以最先符合者确定。

6.2.3　粉土的分类

若土的塑性指数小于或等于 10，粒径大于 0.075mm 的颗粒含量超过总量的 50%，则该土属于粉土。

6.2.4　粘性土的分类

若土的塑性指数大于 10，且粒径大于 0.075mm 的颗粒含量不超过总量的 50%，则该土属于粘性土。粘性土根据塑性指数按表 2.16 细分。进一步地，将在静水或缓慢的流水环境中沉积，经生物化学形成，其天然含水率大于液限、天然孔隙比大于或等于 1.5 的粘性土称为淤泥。天然孔隙比小于 1.5，但大于或等于 1.0 的粘性土称为淤泥质土。

表 2.16 粘性土分类

土的名称	塑性指数（I_P）范围
粘　土	$I_P>17$
粉质粘土	$10<I_P\leqslant 17$

注　塑性指数为对应圆锥人土深度 10mm 时测定的液限。

思考题与习题

一、选择题

1. 土的粒度成分是指什么？

（A）土颗粒的大小　　（B）土颗粒大小的级配

（C）土颗粒的性质

2. 土颗粒的大小及其级配，通常是用颗粒累计级配曲线来表示的。级配曲线越平缓表示下列哪种情况？

（A）土粒大小较均匀，级配良好

（B）土粒大小不均匀，级配不良

（C）土粒大小不均匀，级配良好

3. 土的颗粒级配，也可用不均匀系数来表示，不均匀系数 C_u 是用小于某粒径的土粒质量累计百分数的两个限定粒径之比来表示的，表达式为哪一个？

（A）$C_u=d_{60}/d_{10}$　　（B）$C_u=d_{50}/d_{10}$

（C）$C_u=d_{60}/d_{30}$

4. 土粒不均匀系数 C_u 越大，关于土的级配，下列哪种情况正确？

（A）土粒大小不均匀，级配不良

（B）土粒大小均匀，级配良好

（C）土粒大小不均匀，级配良好

5. 作为填方工程的土料，压实效果与不均匀系数 C_u 的关系，下列哪种情况正确？

(A) C_u 大比 C_u 小好　　(B) C_u 小比 C_u 大好

(C) C_u 与压实效果无关

6. 土的三相比例指标包括：土粒比重、含水率、重度、孔隙比、孔隙率和饱和度，其中哪些为直接试验指标？

(A) 含水率、孔隙比、饱和度

(B) 重度、含水率、孔隙比

(C) 土粒比重、含水率、重度

7. 所谓土的含水率，主要是指什么？

(A) 水的质量与土体总质量比

(B) 水的体积与孔隙的体积之比

(C) 水的质量与土体中固体部分质量之比

8. 已知一土样，土粒比重为2.70，含水率为30%，干重度为13kN/m^3，天然重度为17kN/m^3，饱和重度为18.2kN/m^3，则该土样的孔隙比 e 是多少？

(A) $e=1.70$　(B) $e=1.06$　(C) $e=0.93$

9. 已知某填土工程填料的天然重度17kN/m^3，干重度14.5kN/m^3，饱和重度18kN/m^3，塑性指数 $I_P=14$，液限 $w_L=33\%$，最优含水率等于塑限，试问下述何种施工方法是正确的？

(A) 土料湿度适宜可直接碾压施工

(B) 土料太湿，需翻晒，降低含水率至最优含水率，再施工

(C) 土料太干，需加水至最优含水率，再施工

10. 下列三个公式中，哪一个可以用来计算土的孔隙比（γ_{sat}、γ、γ_d、γ_s 分别表示饱和重度、天然重度、干重度和土粒重度）？

(A) $(\gamma_{sat}/\gamma_d-1)\gamma_s/\gamma_w$　　(B) $(\gamma/\gamma_d-1)\gamma_s/\gamma_w$

(C) $(\gamma_s/\gamma_d-1)\gamma_s/\gamma_w$

11. 在地下水位以下有塑性指数相同的三个土层，分别测得其天然重度 γ 和干重度 γ_d 如下所示，试问哪一种土的压缩性最低？

（A）$\gamma=19.0\text{kN/m}^3$，$\gamma_d=13.5\text{kN/m}^3$

（B）$\gamma=18.5\text{kN/m}^3$，$\gamma_d=14.0\text{kN/m}^3$

（C）$\gamma=18.0\text{kN/m}^3$，$\gamma_d=14.5\text{kN/m}^3$

12. 有三个土样，测得液性指数 I_L 均为 0.25，其天然含水率 w 和塑限 w_P 如下，试问哪个土样属于粘土？

（A）$w=35\%$，$w_P=30\%$

（B）$w=30\%$，$w_P=26.5\%$

（C）$w=25\%$，$w_P=22\%$

13. 评价砂土的物理特性，应采用下列哪组指标来描述？

（A）塑性指数 I_P、液性指数 I_L 和含水率 w

（B）孔隙比 e、相对密实度 D_r 和标准贯入试验击数 N

（C）最大干重度 $\gamma_{d\max}$、压实系数 λ_c 和最优含水率 w_{op}

14. 评价粘性土的物理特征指标主要有哪些？

（A）天然孔隙比 e、最大孔隙比 $e_{\max}$、最小孔隙比 $e_{\min}$

（B）最大干重度 $\gamma_{d\max}$、最优含水率 w_{op}、压实系数 λ_c

（C）天然含水率 w、塑限 w_P、液限 w_L

15. 有三个同一种类土样，它们的含水率 w 都相同，但饱和度 S_r 不同，饱和度 S_r 越大的土，其压缩性有何规律？

（A）压缩性越大　　（B）压缩性越小

（C）压缩性不变

16. 有三个同一种类土样，它们的天然重度 γ 都相同，但含水率 w 不同，含水率的大小对土的压缩性有何影响？

（A）含水率大，压缩性大

（B）含水率小，压缩性大

（C）含水率对压缩性无影响

17. 有一非饱和土样，在荷载作用下，饱和度由 80%增加至 95%。试问土的重度 γ 和含水率 w 怎样改变？

（A）γ 增加，w 减小　　（B）γ 不变，w 不变

（C）γ 增加，w 不变

18. 已知一饱和粘性土试样，土粒比重 $G_s=2.70$，孔隙比 e

=1.2，重度 γ=18.0kN/m³，经烘干法测得含水率分别如下，试问哪个数据是正确的？

(A) 48.2%　(B) 43.3%　(C) 46.7%

19. 测定土的液限的标准是把具有 30°锥角、质量为 76g 的平衡锥自由沉入土体，沉入多少深度时的含水率为液限？

(A) 10mm　(B) 12mm　(C) 15mm

20. 土的液限是指土进入流动状态时的含水率，下述说法哪种是正确的？

(A) 天然土的含水率最大不超过液限

(B) 液限一定是天然土的饱和含水率

(C) 天然土的含水率可超过液限，所以液限不一定是天然土的饱和含水率

21. 有三种土样，它们的体积与含水率都相同，下述说法哪种是正确的？

(A) 三种土样的孔隙比必相同

(B) 三种土样的重度必相同

(C) 三种土样的重度和孔隙比可以不相同

22. 有三个土样，它们的重度和含水率相同，下述说法哪种是正确的？

(A) 三个土样的孔隙比必相同

(B) 三个土样的饱和度必相同

(C) 三个土样的干重度也必相同

23. 有下列三个土样，试判断哪一个是粘土？

(A) 含水率 w=35%，塑限 w_P=22%，液性指数 I_L=0.90

(B) 含水率 w=35%，塑限 w_P=22%，液性指数 I_L=0.85

(C) 含水率 w=35%，塑限 w_P=22%，液性指数 I_L=0.75

24. 有下列三个土样，试判断哪一个是粉质粘土？

(A) 含水率 w=42%，液限 w_L=50%，液性指数 I_L=0.4

(B) 含水率 w=35%，液限 w_L=45%，液性指数 I_L=0.5

(C) 含水率 w=30%，液限 w_L=40%，液性指数 I_L=0.3

25. 有三个土样，它们的孔隙率和含水率相同，下述三种情况哪种是正确的？

(A) 三种土的重度必相同

(B) 三个土样的孔隙比必相同

(C) 三个土样的饱和度必相同

26. 有一个土样，孔隙率 $n=50\%$，土粒比重 $G_s=2.7$，含水率 $w=37\%$，则该土样处于以下哪种状态？

(A) 可塑状态　　(B) 饱和状态

(C) 不饱和状态

27. 在砂垫层施工时，为使垫层密实，最好应在下述哪一种情况下夯实？

(A) 含水率等于最优含水率时，进行夯实

(B) 在干砂情况下夯实

(C) 在浸水情况下夯实

28. 用粘性土进行回填时，在下述哪种情况下压实效果最好？

(A) 土的含水率接近液限时最好

(B) 土的含水率接近塑限时最好

(C) 土干的时候最好

29. 在下述地层中，哪一种地层容易发生流砂现象？

(A) 粘土地层　　(B) 粉细砂地层

(C) 卵石地层

30. 已知 A 和 B 两种土的有关数据如下：

指标 土样	w_L	w_P	w	G_s	S_r
A	30%	12%	15%	2.74	100%
B	9%	6%	6%	2.68	100%

下述哪种组合说法是对的？

(A) A 土含的粘粒比 B 土多，A 土的干重度比 B 土大

(B) A 土的重度比 B 土大，A 土的干重度比 B 土大

(C) A 土含的粘粒比 B 土多，A 土的孔隙比比 B 土大

二、判断题

1. 粘性土的软硬程度取决于含水率的大小，无粘性土的松密程度取决于孔隙比的大小。（　）

2. 若甲土的饱和度大于乙土的饱和度，则甲土的含水率一定高于乙土的含水率。（　）

3. 颗粒级配曲线的曲率系数越大，说明土中所含的粘粒越多，土越不均匀。（　）

4. 粘性土的物理状态是用含水率表示的，现有甲、乙两种土，测得它们的含水率 $w_{甲}>w_{乙}$，则可断定甲土比乙土软。

（　）

5. 土的液性指数 I_L 会出现 $I_L>0$ 或 $I_L<0$ 的情况。（　）

6. 土的相对密实度 D_r 会出现 $D_r>1$ 或 $D_r<1$ 的情况。

（　）

7. 土的天然重度越大，则土的密实性越好。（　）

8. 甲土的孔隙比大于乙土的孔隙比，则甲土的干重度应小于乙土的干重度。（　）

三、问答题

1. 什么叫土？土是怎样形成的？粗粒土和细粒土的组成有何不同？

2. 什么叫残积土？什么叫运积土？它们各有何特征？

3. 土由哪部分组成？土中三相比例的变化对土的性质有什么影响？

4. 何谓土的级配？土的级配曲线是怎样绘制的？为什么级配曲线用半对数坐标？

5. 何谓土的结构？土的结构有哪几种类型？它们各有何特征？

6. 何谓土的不均匀系数？如何从颗粒级配曲线的陡或平缓来评价土的工程性质？

7. 土中水具有哪些形态？每种形态的水其本身具有哪些特征？这些特征对土的性质又有何影响？

8. 何谓土的结构？试分析土的各种结构的稳定性。

9. 何谓土的构造？试分析土的各种构造对建筑工程的影响。

10. 土中的气体以哪几种形式存在？它们对土的工程性质有何影响？

11. 什么叫土的物理性质指标？土的物理性质指标是怎样定义的？其中哪三个是直接指标？

12. 什么叫砂土的相对密实度？有何用途？

13. 何谓粘性土的稠度？粘性土随着含水率的不同可分为几种状态？各有何特性？

14. 何谓塑性指数和液性指数？各有何用途？

四、计算题

1. 已知一土样天然重度 $17kN/m^3$，干重度 $13kN/m^3$，饱和重度 $18.2kN/m^3$。求该土样的饱和度 S_r，孔隙比 e，孔隙率 n，天然含水率 w；并求出 $100m^3$ 土中，孔隙的体积有多少？

2. 已知一土样天然重度 $18kN/m^3$，干重度 $13kN/m^3$，饱和重度 $20kN/m^3$，试问在 $100m^3$ 天然状态土中，水和干土的重量分别为多少？若使这些土改变成饱和状态，则需加多少水？

3. 已知一土样天然重度 $18kN/m^3$，干重度 $13kN/m^3$，液性指数 $I_L=1.0$。试问该土的液限为多少？

4. 已知某土样的天然重度 $17kN/m^3$，干重度 $14.5kN/m^3$，饱和重度 $18kN/m^3$，液性指数 $I_L=0$，试问该土的塑限为多少？

5. 已知填土料的天然重度 $17kN/m^3$，干重度 $14kN/m^3$，土粒比重 2.68，含水率 21.4%，塑性指数 $I_P=14$，液限 $w_L=33\%$。若要求填土干重度达到 $15kN/m^3$，最优含水率达到塑限，则填土的孔隙比应为多少？

6. 已知一粘性土试样，土粒比重 $G_s=2.70$，天然重度 $\gamma=17.5kN/m^3$，含水率为 35%。试问该土样是否饱和，饱和度多少？

7. 已知一土样，土粒比重 $G_s=2.70$，含水率为 35%，饱和度 S_r 为 94.5%。求该土样孔隙率。

8. 已知一土样，土粒比重 $G_s=2.70$，含水率为 35%，饱和度 S_r 为 90%。求该土样的天然重度、干重度各为多少？并求在 $85m^3$ 的天然土中的干土重量。

9. 已知土样的孔隙率 $n=50\%$，土粒比重 $G_s=2.70$，则该土样的干重度为多少？当含水率 $w=30\%$，则该土样的天然重度是多少？

10. 已知土样的孔隙率 $n=50\%$，土粒比重 $G_s=2.70$，含水率 $w=30\%$，则 $2m^3$ 的土重量为多少？其中干土重量为多少？

11. 已知土样的土粒比重 $G_s=2.70$，含水率 $w=30\%$，则 10kN 的土重中干土和水的重量各为多少？若土样的孔隙率 $n=50\%$，则此时孔隙的体积为多少？

12. 用于配制 $1.5m^3$ 土样，要求土样的重度 $\gamma=17.5kN/m^3$，含水率为 30%，若土粒比重 $G_s=2.70$，则所需干土体积是多少？要加多少重量的水？

13. 某土样的孔隙体积等于土粒体积的 1.2 倍，则土样的干重度是多少？若为 1.1 倍且孔隙为水充满时，土样的含水率是多少？(若土粒比重 $G_s=2.70$)

14. 已知土样的孔隙率 $n=40\%$，土粒比重 $G_s=2.65$，试问土的饱和重度是多少？当含水率 $w=20\%$时，土的重度又为多少？(水的重度 $\gamma_w=10kN/m^3$)

15. 已知土样含水率 $w=15\%$，干重度 $\gamma_d=16kN/m^3$，孔隙率 $n=35\%$，水的重度 $\gamma_w=10kN/m^3$，试求该土样的饱和度及空气所占总体积百分率。当土样体积为 $1000cm^3$，试求土样中水的体积。

16. 用干土（土粒比重 $G_s=2.67$）和水制备一个直径 50mm、长 100mm 的圆柱形压实土样，要求土样的含水率为 16%，空气占总体积含量 18%。试求制备土样所需干土和水的体积、土样的重度、干重度、孔隙比和饱和度（水的重度 $\gamma_w=$

$10kN/m^3$）。

17. 某土样，颗粒分析结果如下表所示。试确定该土样的名称。

粒径(mm)	2～0.5	0.5～0.25	0.25～0.075	0.075～0.005	0.005～0.001	<0.001
粒组含量(%)	5.6	17.5	27.4	24.0	15.5	10.0

18. 某土样，其筛分结果如下表所示。试确定该土样的名称。

粒径（mm）	10	2	0.5	0.25	0.075	底盘
筛上质量（g）	0	0.2	14.8	23	30	32

19. 某地基土样数据如下：环刀体积 $60cm^3$，湿土质量 0.1204kg，干土质量 0.0992kg，土粒比重为 2.71。试求天然含水率 w、天然重度 γ、干重度 γ_d、孔隙比 e。

20. 某土样天然重度 $\gamma=21kN/m^3$，含水率 $w=15\%$，颗粒比重 $G_s=2.71$。试求其孔隙比 e。

21. 测得砂土的天然重度 $\gamma=17.6kN/m^3$，含水率 $w=8.6\%$，比重 $G_s=2.66$，最小孔隙比 $e_{min}=0.462$，最大孔隙比 $e_{max}=0.710$，试求砂土的相对密实度 D_r。

22. 已知某地基土试样有关数据如下：①天然重度 $\gamma=18.4kN/m^3$，干重度 $\gamma_d=13.2kN/m^3$；②液限试验，取湿土 14.5g，烘干后质量为 10.3g；③搓条试验，取湿土条 5.2g，烘干后质量为 4.1g，求：(1) 土的天然含水率，塑性指数和液性指数；(2) 土的名称和状态。

23. 某土样干重度 $\gamma_d=15.4kN/m^3$，含水率 $w=19.3\%$，土粒比重 $G_s=2.73$。试求饱和度 S_r。

24. 某地基开挖中，取原状土样送至实验室中进行试验。测得天然重度 $\gamma=19.2kN/m^3$，天然含水率 $w=20\%$，比重 $G_s=2.72$；液限 $w_L=32\%$，塑限 $w_P=18\%$，试问这些数据合理吗？

为什么？如果合理，请定出此土的名称和状态。

25. 现有两种土，其性质指标如下表所示。试通过计算，判断“土样 B 的密度比土样 A 的大”的正确性。

指　　标	A	B
含水率 w	18%	7%
土粒比重 G_s	2.74	2.67
饱和度 S_r	52%	31%

26. 下表列出了 A、B 两种土的试验结果。试给出与下列各项相适应的试样的名称。

(1) 粘土成分较多的；(2) 单位重量较大的；(3) 干密度较大的；(4) 孔隙比较大的。

指　　标	A	B
塑性指数 I_P	25	11
含水率 w	53%	26%
土粒比重 G_s	2.76	2.69
饱和度 S_r	100%	100%

27. 从 A、B 两地土层中各取粘性土样进行试验，两种土样的液、塑限分别相同，液限 $w_L=45\%$，塑限 $w_P=30\%$，但 A 地的天然含水率为 45%，而 B 地的天然含水率为 25%，试求：A、B 两地地基土的液性指数，并通过判断土的状态，确定哪个地基土比较好。

28. 试证明以下关系式：

(1) $\gamma_d=\dfrac{\gamma_s}{1+e}$；　(2) $S_r=\dfrac{w\gamma_s(1-n)}{\gamma_w n}$

29. 从地下水位以下某粘土层中取出一土样做试验，测得其质量为 15.3g，烘干后质量为 10.6g，土粒比重为 2.70。求试样的含水率、孔隙比、孔隙率、饱和密度、浮密度、干密度及其相应的重度。

30. 某砂土层，测得其天然密度为 1.77g/cm^3，天然含水率为 9.8%，土的比重为 2.70，烘干后测得最小孔隙比为 0.46，最大孔隙比为 0.94。试求天然孔隙比 e、饱和含水率和相对密实度 D_r，并判别该砂土层处于何种密实状态。

第3章　土的渗透性与渗流

第1节　土的渗透性

土是具有连续孔隙的介质，当它作为建筑物的地基或直接把它作为建筑材料使用时，水就会在水位差作用下，从水位较高的一侧透过土体的孔隙流向水位较低的一侧。图 3.1（*a*）所示为水闸挡水后上游透过地基土的孔隙流向下游，图 3.1（*b*）所示为水坝蓄水后水从上游透过坝身填土孔隙流向下游。

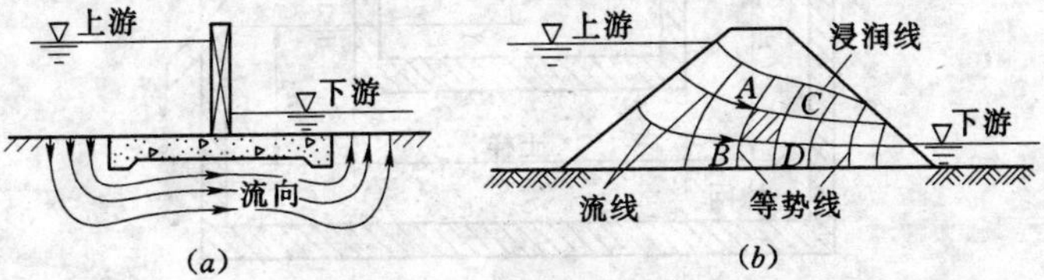

图 3.1　渗透实例

（*a*）闸下渗流；（*b*）坝内渗流

在水位差的作用下，水透过土体孔隙的现象称为渗透。土具有被水透过的性能称为土的渗透性。

作为土木、水利工程对象的地基或土工建筑物内一般都存在着各种形态的水分，而土本身又具有渗透性，所以会产生各种各样由水引起的工程问题。例如基坑、隧道等开挖工程中普遍存在地下水的渗出而出现需要排水的问题；在坡面、挡土墙等结构物中常常会由于水的渗透而造成内部应力状态的变化而失稳；土坝、堤防、基坑等结构物会由于管涌逐渐改变地基土内的结构而酿成破坏事故；地下水开采造成的地面下沉等问题。因此，我们必须对土的渗透性、水在土中渗透规律进行研究，从而为地基基础设计提供必要的参数。

第2节　土中的渗流

2.1　达西定律

土体中孔隙的形状和大小是极不规则的，因而水在土体孔隙中的渗透是一种十分复杂的水流现象。然而，由于土体中的孔隙一般非常微小，水在土体中流动时的粘滞阻力很大、流速缓慢，因此，其流动状态大多属于层流。

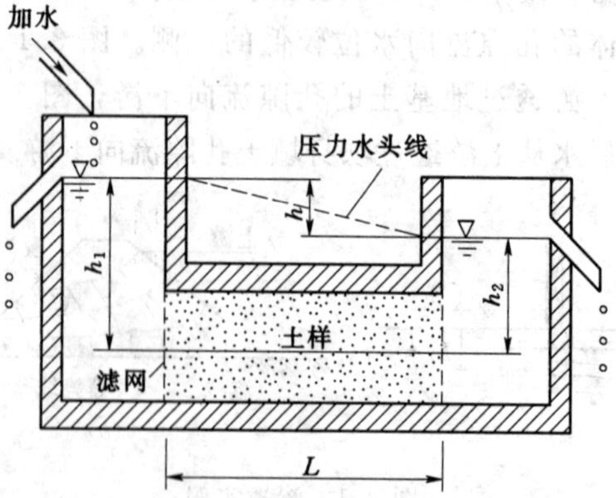

图 3.2　达西渗透试验装置示意图

1856 年，法国工程师达西（Darcy）利用图 3.2 所示的试验装置，对砂土的渗透性进行了研究，发现水在土中的渗透速度与试样两端水面间的水位差成正比，而与渗径长度成反比，即

$$v = k\frac{h}{L} = ki \tag{3.1}$$

或渗流量为

$$q = vA = kiA \tag{3.2}$$

这就是著名的达西渗透定律。

其中 $$i = h/L$$

式中：v 为渗透速度，cm/s；q 为渗流量，cm^3/s；i 为水力梯

度，它是沿渗流方向单位距离的水头损失，无因次；h 为试样两端的水位差，即水头损失，$h=h_1-h_2$（h_1 和 h_2 分别为土样上游和下游面的水头），cm；L 为渗径长度，cm；k 为渗透系数，其物理意义是当水力梯度 $i=1$ 时的渗透速度，cm/s；A 为试样截面积，cm^2。

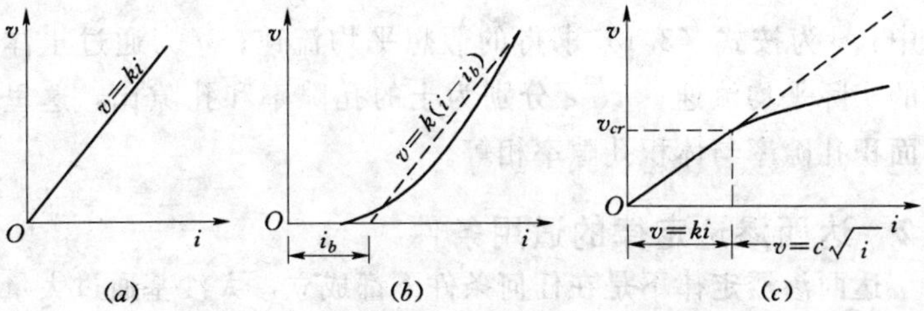

图 3.3　砂土的渗透速度与水力梯度的关系

（a）砂土；（b）密实粘土；（c）砾土

从式（3.1）可知，砂土的渗透速度与水力梯度呈线性关系，如图 3.3（a）所示。但是，对于密实的粘土，由于结合水具有较大的粘滞阻力，因此，只有当水力梯度达到某一数值时，克服了结合水的粘滞阻力以后，才能发生渗透。我们将这一开始发生渗透时的水力梯度称为粘性土的起始水力梯度。试验资料表明，粘性土不但存在起始水力梯度，而且当水力梯度超过起始水力梯度后，渗透速度与水力梯度的规律还偏离达西渗透定律而呈非线性关系，如图 3.3（b）中的实线所示。但是，为了实用方便，常用图 3.3（b）中的虚直线来描述密实粘土的渗透速度与水力梯度的关系，用以下形式表示

$$v = k(i - i_b) \tag{3.3}$$

式中：i_b 为密实粘土的起始水力梯度；其他符号意义同前。

试验还表明，在粗粒土中（如砾、卵石等），只有在小的水力梯度下，渗透速度与水力梯度才呈线性关系，而在较大的水力梯度下，水在土中的流动即进入紊流状态，渗透速度与水力梯度呈非线性关系，此时达西渗透定律也不能适用，如图 3.3（c）所示。

必须指出，由式（3.1）求出的渗透速度是一种假想的平均

流速，因为它假定水在土中的渗透是通过整个土体截面来进行的。而实际上，渗透水仅仅通过土体中的孔隙流动。因此，水在土体中的实际平均流速要比由式（3.1）所求得的数值大得多，它们之间的关系为

$$v = v'n = v'\frac{e}{1+e} \tag{3.4}$$

式中：v 为按式（3.1）求得的假想平均流速；v' 为通过土体孔隙的实际平均流速；n、e 分别为土的孔隙率和孔隙比，这里假定面积孔隙率与体积孔隙率相等。

2.2　达西渗透定律的适用条件

达西渗透定律不是在任何条件下都成立，太沙基通过大量实验证明从砂土到粘土达西渗透定律在很大的范围内都能适用，其适用范围是由雷诺数（Re）来决定的，也就是说只有当渗流为层流的时候才能适用，从层流转换为紊流时的 Re 一般为 0.1～7.5 的范围，而一般认为在土的孔隙内水流只要 $Re\leqslant 1.0$，达西渗透定律就可以满足。因此，达西渗透定律的适用界限可以考虑为

$$Re = \rho v R/\mu \leqslant 1.0 \tag{3.5}$$

式中：ρ 为液体的密度，g/cm^3；v 为渗流速度，m/s；R 为水力半径，m；μ 为液体的动力粘度。

也就是说，对于比粗砂更细的土来说，达西渗透定律一般是适用的，而对粗粒土来讲，只有在水力坡降很小的情况下才能适用。

第 3 节　渗透系数的测定

渗透系数是当水力梯度等于 1 时的渗透速度。因此，渗透系数的大小是直接衡量土的透水性强弱的一个重要的力学性质指标。渗透系数的测定可以分为现场试验和室内试验两大类。

3.1　实验室内测定渗透系数

室内测定土的渗透系数的仪器和方法可分为常水头试验和变

水头试验两种。前者适用于透水性强的无粘性土，后者适用于透水性弱的粘性土。

3.1.1 常水头法

常水头法是在整个试验过程中，水头保持不变，其试验装置如图 3.4 所示。

假设试样的厚度即渗径长度为 L，截面积为 A，试验时的水位差为 h，这三者在试验前可以直接量出或控制。试验中我们只要用量筒和秒表测出在某一时刻 t 内流经试样的水量 V，即可求出该时段内通过土体的流量为

$$q=\frac{V}{t} \tag{3.6}$$

将上式代入式（3.2）中，便可得到土的渗透系数

$$k=\frac{VL}{Aht} \tag{3.7}$$

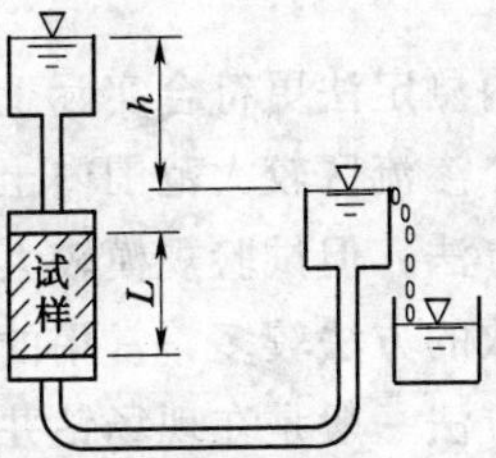

图 3.4 常水头试验装置图

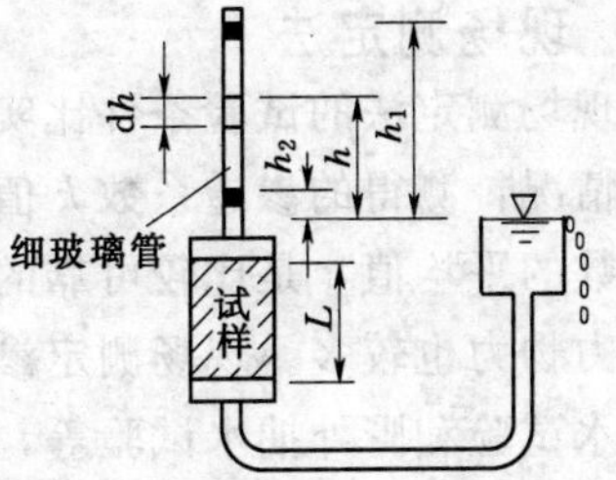

图 3.5 变水头试验装置图

3.1.2 变水头法

变水头法在整个试验过程中，水头是随着时间而变化的，其试验装置如图 3.5 所示。试样的一端与细玻璃管相接，在试验过程中测出某一时段内细玻璃管中水位的变化，就可根据达西渗透定律，求出土的渗透系数 k。

$$k=2.3\frac{aL}{A(t_2-t_1)}\lg\frac{h_1}{h_2} \tag{3.8}$$

式中：A 为细玻璃管的内截面积；t_1、t_2 分别为试验开始以后任

意两个时刻；h_1、h_2 分别为对应于时刻 t_1、t_2 的水位。

影响渗透系数的因素很多，如土的种类、级配、孔隙比以及水的温度等。因此，为了准确地测定土的渗透系数，必须尽力保持土的原始状态并消除人为因素的影响。几种土的渗透系数参考值见表 3.1。

表 3.1　土的渗透系数参考值

土的类别	渗透系数 k (cm/s)	土的类别	渗透系数 k (cm/s)
粘　土	$<10^{-7}$	中　砂	10^{-2}
粉质粘土	$10^{-5}\sim10^{-6}$	粗　砂	10^{-2}
粉　土	$10^{-4}\sim10^{-5}$	砾　砂	10^{-1}
粉　砂	$10^{-3}\sim10^{-4}$	砾　石	$>10^{-1}$
细　砂	10^{-3}		

3.2　现场测定法

现场测定法的试验条件比实验室内测定法更符合实际土层的渗透情况，测得的渗透系数 k 值为整个渗流区较大范围内土体渗透系数的平均值，是比较可靠的测定方法，但试验规模较大，所需人力物力也较多。现场测定渗透系数的方法较多，常用的有野外注水试验和野外抽水试验等，这种方法一般是在现场钻井孔或挖试坑，在往地基中注水或抽水时，量测地基中的水头高度和渗流量，再根据相应的理论公式求出渗透系数 k 值。下面将主要介绍野外抽水试验。

抽水试验开始前，先在现场钻一中心抽水井，根据井底土层情况可分为两种类型：井底钻至不透水层时称为完整井；井底未钻至不透水层时称非完整井，如图 3.6 所示。在抽水井四周设若干个观测孔，以观测周围地下水位的变化。试验抽水后，地基中将形成降水漏斗。当地下水进入抽水井的流量与抽水量相等且维持稳定时，测读此时的单位时间抽水量 q，同时在两个距离抽水井分别为 r_1 和 r_2 的观测孔处量测出水位 h_1 和 h_2。对非完整井需量测抽水井中的水深 h_0，并确定其降水影响半径。渗透系数 k 值可由下列各式确定。

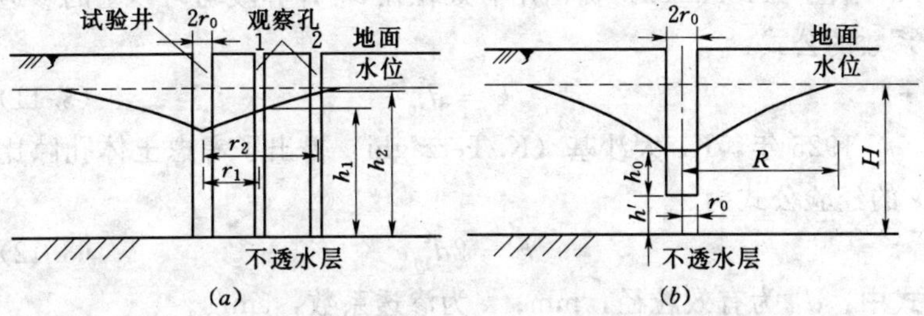

图 3.6　无压完整井和无压非完整井抽水试验

(*a*) 无压完整井抽水试验；(*b*) 无压非完整井抽水试验

对于无压完整井，有

$$k=\frac{q\ln\left(\frac{r_2}{r_1}\right)}{\pi(h_2^2-h_1^2)} \tag{3.9a}$$

上式求得的 k 值为 $r_1<r<r_2$ 范围内的平均值。若在试验中不设观测井，则需测定抽水井的水深 h_0，并确定其降水影响半径 R，此时降水影响半径范围内的平均渗透系数为

$$k=\frac{q\ln\left(\frac{R}{r_0}\right)}{\pi(H^2-h_0^2)} \tag{3.9b}$$

对于无压非完整井，有

$$k=\frac{q\ln\left(\frac{R}{r_0}\right)}{2\pi M(H^2-h_0^2)} \tag{3.10}$$

式中：M 为含水层厚度，m。

R 的取值对 k 值的影响不大，在无实测资料时可采用经验值计算。通常强透水土层（如卵石、砾石层等）的影响半径 R 值很大，一般为 200～500m，而中等透水土层（如中、细砂等）的影响半径 R 值较小，一般为 100～200m。

3.3 经验估算法

渗透系数 k 值还可以用一些经验公式来估算，例如 1911 年 A. 哈臣（A. Hazen）提出用有效粒径 d_{10} 计算较均匀砂土的渗透系数的公式：

$$k = d_{10}^2 \tag{3.11}$$

1925 年，K. 太沙基（K. Terzaghi）提出了考虑土体孔隙比 e 的经验公式为

$$k = 2d_{10}^2 e^2 \tag{3.12}$$

式中：d_{10} 为有效粒径，mm；k 为渗透系数，cm/s。

3.4 成层土的渗透系数

天然沉积土往往由渗透性不同的土层所组成。对于与土层层面平行和垂直的简单渗流情况，当各土层的渗透系数和厚度为已知时，我们可求出整个土层与层面平行和垂直的平均渗透系数，作为进行渗流计算的依据。

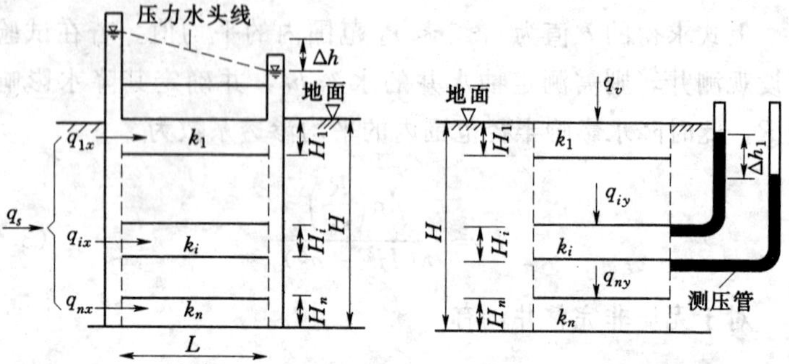

图 3.7　成层土渗流情况

当渗流与层面平行时，如图 3.7（a）所示，平均渗透系数为

$$k_x = \frac{1}{H}\sum_{i=1}^{n} k_i H_i \tag{3.13}$$

式中：k_x 为与层面平行的土层平均渗透系数；k_i 为各土层的渗

透系数；H_i 为各土层的厚度。

当渗流与层面垂直时，如图 3.7（b）所示，平均渗透系数为

$$k_y = \frac{H}{\frac{H_1}{k_1} + \frac{H_2}{k_2} + \cdots + \frac{H_n}{k_n}} = \frac{H}{\sum_{i=1}^{n}\left(\frac{H_i}{k_i}\right)} \tag{3.14}$$

显然，成层土与层面平行的平均渗透系数总大于与层面垂直的平均渗透系数。

第 4 节　流网的特征

前面所述渗流属简单边界条件下的单向渗流，只要渗透介质的渗透系数和厚度以及两端的水位或水位差为已知，介质内的流动特性，例如测压管水头、渗透速度和水力梯度等均可根据达西渗透定律确定。然而，在工程上遇到的渗流问题，边界条件要复杂得多，水流形态往往是二向或三向的。例如，常见的闸坝地基的渗流和土坝的渗流，如图 3.8 所示。这时，介质内的流动特性逐点不同，并且只能以微分方程的形式表示，然后根据边界条件进行求解。

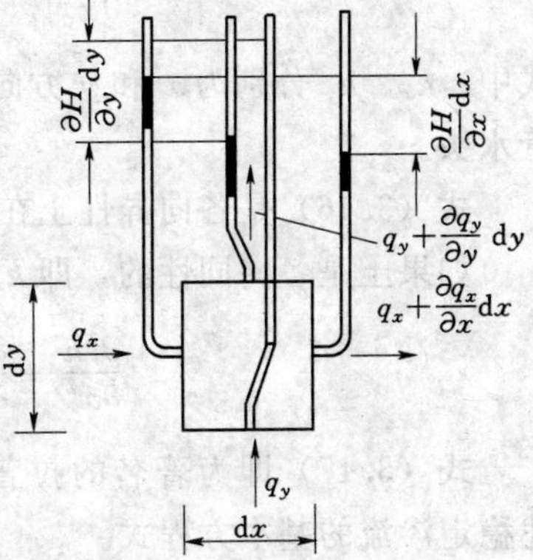

图 3.8　稳定渗流场中的单元体

4.1　稳定渗流场中的拉普拉斯方程

设从稳定渗流场中任取一微小的土单元体，其面积为 $\mathrm{d}x\mathrm{d}y$，如图 3.8 所示。若单位时间内在 x 方向流入单元体的水量为 q_x，流出的水量为 $q_x + \frac{\partial q_x}{\partial x}\mathrm{d}x$；在 y 方向流入的水量为 q_y，流出的水量为

$q_y + \frac{\partial q_y}{\partial y}\mathrm{d}y$。假定在渗流作用下单元体的体积保持不变，水又是不可压缩的，则单位时间内流入单元体的总水量必等于流出的总水量，即

$$q_x + q_y = \left(q_x + \frac{\partial q_x}{\partial x}\mathrm{d}x\right) + \left(q_y + \frac{\partial q_y}{\partial y}\mathrm{d}y\right)$$

或

$$\frac{\partial q_x}{\partial x}\mathrm{d}x + \frac{\partial q_y}{\partial y}\mathrm{d}y = 0 \tag{3.15}$$

根据达西渗透定律，$q_x = k_i i_x \mathrm{d}y$，$q_y = k_i i_y \mathrm{d}x$，其中 x 和 y 方向的水力梯度分别为 $i_x = \partial h/\partial x$，$i_y = \partial h/\partial y$。将上列关系式代入式（3.13）中简化后可得

$$k_x \frac{\partial^2 h}{\partial x^2} + k_y \frac{\partial^2 h}{\partial y^2} = 0 \tag{3.16}$$

式中：k_x、k_y 分别为 x 和 y 方向的渗透系数；h 为总水头或测压管水头。

式（3.16）是各向异性土在稳定渗流时的连续方程。

如果土是各向同性的，即 $k_x = k_y$，则式（3.16）可改写成

$$\frac{\partial^2 h}{\partial x^2} + \frac{\partial^2 h}{\partial y^2} = 0 \tag{3.17}$$

式（3.17）即为著名的拉普拉斯（Laplace）方程，它是描述稳定渗流的基本方程式。

4.2　流网的特征

众所周知，满足拉普拉斯方程的将是两组彼此正交的曲线。就渗流问题来说，一组曲线称为等势线，在任意一条等势线上各点的总水头是相等的，或者说，在同一条等势线上的测压管水位都是同高的；另一组曲线称为流线，它们代表渗流的方向。等势线和流线交织在一起形成的网格称为流网。然而，必须指出，只有满足边界条件的那一种流线和等势线的组合形式才是方程式

(3.17) 的正确解答。

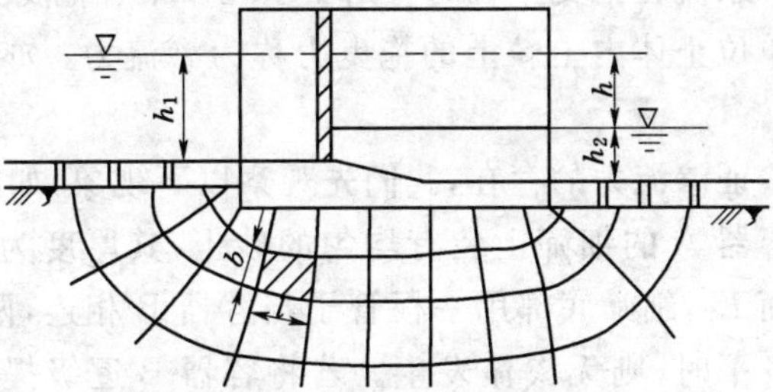

图 3.9　坝基渗流流网图

图 3.9 为无限深坝基中的流网，对于各向同性的渗透介质，流网具有下列特征：

(1) 流线与等势线彼此正交。

(2) 每个网格的长度比为常数，为了方便常取 1，这时的网格就为正四边形。

(3) 相邻等势线间的水头损失相等。

(4) 各流槽的渗流量相等。

显然，从流网图形上可直观地获得流动特性的总轮廓。如图 3.9 所示愈接近坝底，流线愈密集，表明该处的水力梯度愈大，渗透速度也愈大；而离坝底愈远，流线愈稀疏，则水力梯度愈小。

第 5 节　渗透变形与控制

渗透将引起土体内部应力状态的变化，从而改变水工建筑物基础或土坝的稳定条件。因此，如何确保在有渗流作用时的稳定性是非常重要的。渗流所引起的稳定问题一般可归结为局部稳定问题和整体稳定问题。

5.1　渗流力

水在土体中流动时，将会引起水头的损失。而这种水头损失是由于水在土体孔隙中流动时，试图拖曳土粒而消耗能量的结果。显然，水流在拖曳土粒时将给予土粒以某种拖曳力，将渗透水流施于单位土体内土粒上的拖曳力称为渗流力，亦即渗透力、动水压力。

为了验证渗流力的存在,我们先观察以下现象,如图 3.10(*a*)中圆筒形容器 A 的细筛上装有均匀的砂土,其厚度为 L,容器顶缘高出砂面 L_1,细筛底部用一根管子与容器 B 相连,两个容器的水面保持齐平时,则无渗流发生。若将容器 B 逐级提升,则由于水位差的存在,容器 B 内的水就从底部透过砂层从容器 A 的顶缘不断溢出,渗透水流的速度也愈来愈快。当容器 B 提升到某一高度时,可以看到砂面出现沸腾那样的现象,这种现象称为流土(或流砂)。

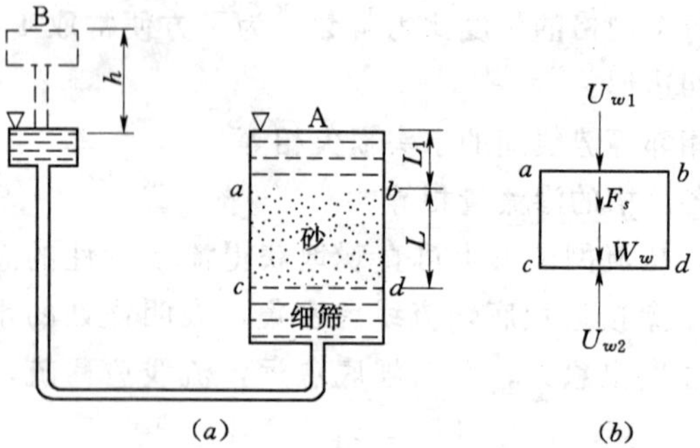

图 3.10 饱和土体中的渗透力计算

(*a*) 渗透破坏试验；(*b*) 单元体

上述现象的发生，足以说明水在土体孔隙中流动时确有促使土粒沿水流方向移动的渗流力存在。按照牛顿第三定律，土粒将以大小相等、方向相反的反作用力施于水流上。

渗流力的大小等于单位土体内水流所受的阻力，且方向相反，所以渗流力为

$$j = f_s = \gamma_w i \tag{3.18}$$

从上式可知，渗流力的大小与水力梯度成正比，其作用方向

与渗流（或流线）方向一致，是一种体积力，单位为 kN/m^3。

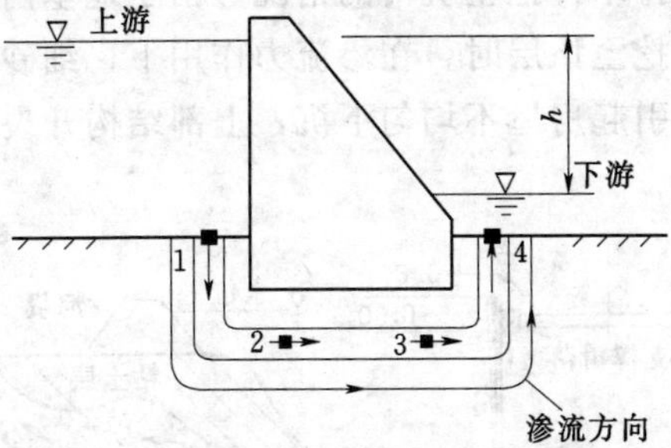

图 3.11　坝下渗流

在有渗流的情况下，由于渗流力的存在，将使土体内部受力情况（包括大小和方向）发生变化。一般地说，这种变化对土体的整体稳定是不利的，但是对于渗流中的具体部位应作具体分析。例如，对于图 3.11 中的 1 点，由于渗流力方向与重力一致，渗流力促使土体压密、强度提高，对稳定起着有利的作用；2、3 两点的渗流力方向与重力近乎正交，使土粒有向下游方向移动的趋势，对稳定是不利的；4 点的渗流力方向与重力相反，对稳定最为不利，特别当向上的渗流力大于土体的有效重量时，土粒将被水流冲出，造成流土破坏，如不及时加以防治，将会引起整个建（构）筑物的失稳。

5.2　渗透变形

5.2.1　渗透变形的形式

按照渗透水流所引起的局部破坏的特征，渗透变形可分为流土和管涌两种基本形式。

流土是指在渗流作用下局部土体表面隆起，或土粒群同时起动而流失的现象。它主要发生在地基或土坝下游渗流逸出处。基坑或渠道开挖时所出现的流砂现象是流土的一种常见形式，如图 3.12（*a*）所示。图 3.12（*b*）为河堤下相对不透水覆盖层下面有一层强透水砂层。由于堤外水位高涨，局部覆盖层被水流冲蚀，砂土大量涌出，危及堤防的安全。图 3.12（*c*）表示在已建房屋附近进行排水开挖基坑时的情况。由于地基内埋藏着一细砂层，当基坑开挖至该层时，在渗流力作用下，细砂向上涌出，造成大量流土，引起房屋不均匀下沉，上部结构开裂，影响了正常使用。

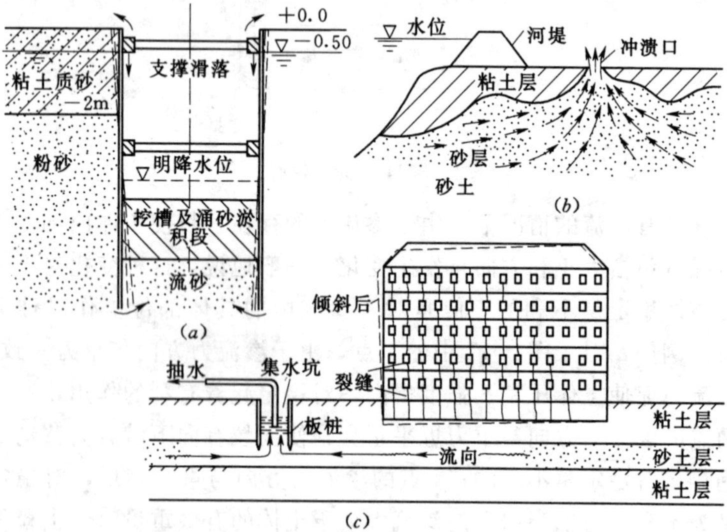

图 3.12 流砂现象引起破坏实例

管涌是渗透变形的另一种形式。它是指在渗流作用下土体中的细土粒在粗土粒形成的孔隙通道中发生移动并被带出的现象。

关于渗透变形的形式，就一般粘性土来说，只有流土而无管涌，但分散性土例外。而对于无粘性土来说，其渗透变形的形式则与土的颗粒组成、级配和密度等因素相关。对过渡型土，其渗透变形的形式因密度的不同而不同，在较大密度下可能会出现流土，而在小密度下又可能变为管涌。无粘性土的渗透变形形式可以根据土的不均匀系数、级配的连续性、级配中细料的含量以及土孔隙的平均直径等因素，按下列图示的标准进行判别：

天然无粘性土
- 较均匀的土 —— 流土型（$C_u \leqslant 5$）
- 不均匀的土（$C_u > 5$）
  - 级配不连续
    - $P > 35\%$ —— 流土型
    - $P > 25\%$ —— 管涌型
    - $P = 25\% \sim 35\%$ —— 过渡型
  - 级配连续（二法并存）
    - 孔隙直径法（mm）
      - $D_0 < d_3$ —— 流土型
      - $D_0 > d_5$ —— 管涌型
      - $D_0 = d_3 \sim d_5$ —— 过渡型
    - 细料含量法（%）
      - $P \leqslant 1.1P_{op}$ —— 流土型
      - $P < 0.9P_{op}$ —— 管涌型
      - $P = (0.9 \sim 1.1)P_{op}$ —— 过渡型

其中，P 为细料含量，对于级配不连续的土是指小于粒组频率曲线中谷点对应粒径的土料含量，对于级配连续的土是指小于几何平均粒径 $d = \sqrt{d_{70}d_{10}}$ 的土粒含量（d_{70}、d_{10} 为小于该粒径的土粒含量分别为 70% 和 10%）；d_3、d_5 为小于该粒径的土粒含量分别为 3%和 5%；D_0 为土孔隙的平均直径，按 $D_0 = 0.63nd_{20}$ 估算（n 为土的孔隙率），d_{20} 指小于该粒径的土粒含量为 20%；P_{op} 为最优细料含量，$P_{op} =（0.3-n+3n^2）/（1-n）$（$n$ 为土的孔隙率）。

5.2.2　土的临界水力梯度

土体抵抗渗透破坏的能力，称为抗渗强度。通常以濒临渗透破坏时的水力梯度表示，一般称为临界水力梯度或抗渗梯度。

1. 流土型土的临界水力梯度

前面已提到，渗流力的方向与渗流方向相一致。如果堤坝下游渗流逸出面为一水平面，则那里的渗流力方向是竖直向上的。在这种情况下，一旦竖向渗流力足够大，逸出面将会隆起或土粒群同时起动流失，而导致土体流土破坏。临界状态可按下列方式确定。

当竖向渗流力等于土体的有效重量时，土体就处于流土的临界状态。若假设这时的水力梯度为 i_{cr}，则根据上述条件可得

$$i_{cr} = (G_s - 1)(1 - n) \tag{3.19}$$

式中：i_{cr} 即流土的临界水力梯度。

从式（3.19）可知，流土的临界水力梯度决定于土的物理性质。当土粒比重 d_s 和孔隙率 n 已知时，则土的临界水力梯度是一定值，一般在 0.8～1.2 之间。

流土一般发生在渗流的逸出处。因此，只要我们将渗流逸出处的水力梯度，即逸出梯度 i_e 求出，就可判别流土的可能性：

当 $i_e < i_{cr}$，则土处于稳定状态；

当 $i_e = i_{cr}$，则土处于临界状态；

当 $i_e > i_{cr}$，则土处于流土状态。

渗流逸出处的水力梯度 i_e 实际上是不可能求出的，通常是把渗流逸出处的流网网格的平均水力梯度作为逸出梯度。若渗流逸出处的网格水头损失为 Δh，网格在流线方向的平均长度为 ΔL，则逸出梯度为

$$i_e = \frac{\Delta h}{\Delta L}$$

在设计时，为保证建筑物安全，通常要求将逸出梯度 i_e 限制在容许梯度 $[i]$ 之内，即

$$i_e \leqslant [i] = \frac{i_{cr}}{F_s} \tag{3.20}$$

式中：F_s 为安全系数，按式（3.19）确定 i_{cr} 时取 2.0～2.5，按式（3.20）确定 i_{cr} 时取 2.5～3.5。

2. 管涌型土的临界水力梯度

如前所述，流土是土的整体遭受破坏，而管涌则是单个土粒在土体中移动和带出。根据渗流场中单个土粒受到渗流力、浮力以及自重作用时的极限平衡条件，并结合试验资料分析的结果，提出了管涌土临界水力梯度的计算公式为

$$i_{cr} = 2.2(G_s - 1)(1-n)^2 \frac{d_5}{d_{20}} \tag{3.21}$$

式中：符号意义同前。

思考题与习题

一、选择题

1. 不透水岩基上有水平分布的三层土，厚度均为1m，渗透系数分别为 $k_1=1\text{m/d}$，$k_2=2\text{m/d}$，$k_3=10\text{m/d}$，则等效土层水平渗透系数 k_x 为多少？

(A) 12m/d　(B) 4.33m/d　(C) 1.87m/d

2. 已知土粒比重 $G_s=2.7$，孔隙比 $e=1$，则该土的临界水力坡降为多少？

(A) 1.70　(B) 1.35　(C) 0.85

3. 在常水头试验测定渗透系数 k 中，饱和土样截面面积为 A，长度为 L，水流经土样，水头差 Δh，渗流量 Q，稳定后，量测经过时间 t 后流经试样的水量 V，则土样的渗透系数 k 为多少？

(A) $VL/(A\Delta h)t$　(B) $\Delta hV/(LAt)$　(C) $VL/(\Delta hAt)$

4. 下列关于影响土体渗透系数的因素中描述正确的为：①粒径大小和级配；②结构与孔隙比；③饱和度；④矿物成分；⑤渗透水的性质。

(A) ①②对渗透系数有影响

(B) ④⑤对渗透系数无影响

(C) ①②③④⑤对渗透系数均有影响

5. 下述关于渗透力的描述正确的为：①其方向与渗透方向一致；②其数值与水头梯度成正比；③是一种体积力。

(A) ①②正确　(B) ①③正确　(C) ①②③都正确

6. 在9m厚的粘性土层上进行开挖，下面为砂层，砂层顶面具有7.5m高的水头。问：开挖深度为6m时，基坑中水深 h 至少多大才能防止发生流土现象？

(A) 3.12m　(B) 4.38m　(C) 1.38m

7. 管涌形成的条件中，除具有一定的水力条件外，还与土粒几何条件有关，下列叙述正确的是哪一种情况？

（A）不均匀系数 $C_u<10$ 的土比不均匀系数 $C_u>10$ 的土更容易发生管涌

（B）不均匀系数 $C_u>10$ 的土比不均匀系数 $C_u<10$ 的土更容易发生管涌

（C）与不均匀系数 C_u 没有关系

8. 下列哪一种土样更容易发生流砂？

（A）粗砂或砾砂　（B）细砂或粉砂　（C）粉土

二、判断题

1. 粘土中自由水的渗流受到结合水的粘滞作用会产生很大的阻力，只有克服结合水和自由水的抗剪强度后才能开始渗流。（　）

2. 由于达西渗透定律只适用于层流情况，对粗砂、砾石、卵石等粗颗粒不适合。（　）

3. 管涌现象发生于土体表面渗流逸出处，流砂现象发生于土体内部。（　）

4. 土发生冻胀的原因是因为冻结时土中的水向冻结区迁移和积聚的结果。（　）

5. 渗透系数 k 是综合反映土体渗透能力的一个指数，渗透系数可在试验室或现场试验测定。（　）

三、问答题

1. 何谓达西渗透定律，达西渗透定律成立的条件有哪些？

2. 实验室内测定渗透系数的方法有几种？它们之间有什么不同？

3. 流网有什么特征？

4. 渗透变形有几种形式？它们各自具有什么特征？

5. 什么是临界水力梯度？如何对其进行计算？

四、计算题

1. 图 3.13 为一简单的常水头渗透试验装置，试样的截面面积为 $120cm^2$，若经过 10 秒钟，由量筒测得流经试样的水量为

$150cm^3$，试问试样的渗透系数多少？

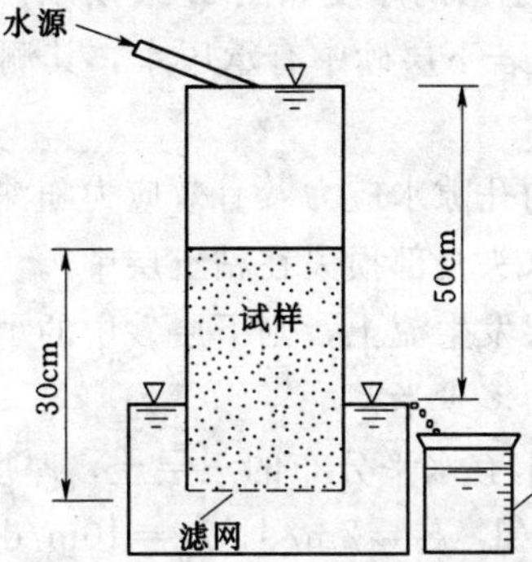

图 3.13　计算题 1 附图

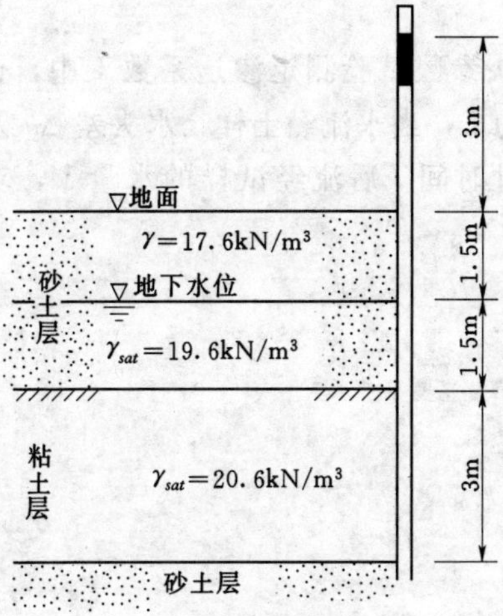

图 3.14　计算题 3 附图

2. 某无粘性土的粒径分布曲线如图 2.4 中的曲线 A 所示。若该土的孔隙率 n 为 38%，土粒的比重 G_s 为 2.65，试问当发生渗透变形时，该土应属何种类型的土？其临界水力梯度为多少(用细料含量法判别)？

3. 有一粘土层位于两砂层之间，其中砂层的湿重度 γ 为

17.6kN/m³，饱和重度 γ_{sat} 为 19.6kN/m³，粘土层的饱和重度 γ_{sat} 为 20.6kN/m³，土层的厚度如图 3.14 所示。地下水位保持在地面以下 1.5m 处，若下层砂中有承压水，其测压管水位高出地面 3m，试计算：

（1）粘土层内的孔隙水应力及有效应力随深度的变化并绘出分布图（假定承压水头全部损失在粘土层中）。

（2）要使粘土层发生流土，则下层砂中的承压水引起的测压管水位应当高出地面多少米？

4. 不透水岩基上有水平分布的三层土，厚度均为 1m，渗透系数分别为 $k_1=1$m/d，$k_2=2$m/d，$k_3=10$m/d，则等效土层的竖向渗透系数 k_z 为多少？

5. 已知土粒比重 $G_s=2.7$，孔隙比 $e=1$，求该土的临界水力坡降。

6. 在常水头参数试验测定渗透系数 k 中，饱和土样截面面积为 A，长度为 L，当水流经土样，水头差 Δh 及渗出流量 Q 稳定后，量测经过时间 t 后流经试样的水量 V，求土样的渗透系数 k。

第 4 章　地基的应力和变形

土体在自身重力、建筑物荷载、交通荷载或其他因素（如地下水渗流、地震等）的作用下，均可产生土中应力。土中应力将引起土体或地基的变形，使土工建筑物（如路堤、土坝等）或建筑物（如房屋、桥梁、涵洞等）发生沉降、倾斜以及水平位移。土体或地基的变形过大时，往往会影响路堤、房屋和桥梁等的正常使用。土中应力过大时，又会导致土体的强度破坏，使土工建筑物发生土坡失稳或使建筑物地基的承载力不足而发生失稳。因此在研究土的变形、强度及稳定性问题时，都必须掌握土中应力状态。土中应力的计算和分布规律是土力学的基本内容之一。

土中应力按其形成原因可分为自重应力和附加应力两类。土中自重应力是指土体受到自身重力作用而产生的应力，又可分为两种情况：一种是成土年代长久，土体在自重作用下已经完成压缩固结，这种自重应力不再引起土体或地基的变形；另一种是成土年代不久，例如新近沉积土（第四纪全新世近期沉积的土）、近期人工填土（包括路堤、土坝、填土垫层等），土体在自身重力作用下尚未完成固结，因而它将引起土体或地基的变形。此外，地下水的升降，将会引起土中自重应力大小的变化，使土体发生变形（如压缩、膨胀或湿陷等）。土中附加应力是指土体受外荷载（包括建筑物荷载、交通荷载、堤坝荷载）以及地下水渗流、地震等作用下附加产生的应力增量，它是引起土体变形或地基变形的主要原因，也是导致土体强度破坏和失稳的重要原因。土中自重应力和附加应力的产生原因不同，因而两者计算方法不同，分布规律及对工程的影响也不同。土中竖向自重应力和竖向附加应力也称为土中自重压力和附加压力。土中某点的自重应力与附加应力之和为土体受外荷载作用时总的应力。

土中应力按其作用原理或传递方式可分为有效应力和孔隙应力两种。土中有效应力是指土粒所传递的粒间应力，它是控制土的体积（或变形）和强度两者变化的土中应力。土中孔隙应力是指土中水和土中气所传递的应力，土中水传递的孔隙水应力，即孔隙水压力；土中气传递的孔隙气应力，即孔隙气压力。对于饱和土体由于孔隙应力是通过土中孔隙水来传递的，因而它不会使土体产生变形，土体的强度也不会改变。孔隙应力还可分为静孔隙应力和超静孔隙应力。孔隙应力与有效应力之和称为总应力，保持总应力不变有效应力和孔隙应力可以互相转化。在研究土体或地基变形以及土的抗剪强度问题时，在理论计算地基沉降（地基表面或基础底面的竖向变形）和承载力时，都必须掌握反映土中应力传递方式的有效应力原理。

第1节　土的自重应力

假定地基为具有水平表面的半无限土体。由半无限体的边界条件可知地基内部任一点水平面上和竖直面上仅作用有竖向的自重应力 σ_{cz} 和水平向的侧向应力 $\sigma_{cx}=\sigma_{cy}$，而剪应力 $\tau_{xy}=\tau_{yz}=\tau_{zx}=0$。

土体自重应力可由该点单位面积上土柱的有效重量来计算，如图 4.1（*b*）所示。对于均质土，自重应力为

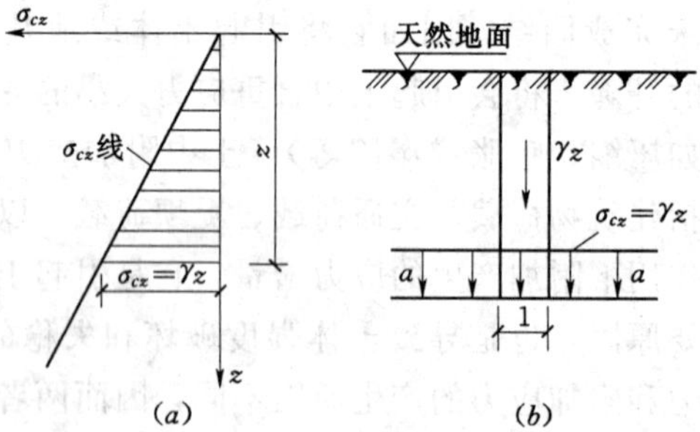

图 4.1　均质土中竖向自重压力

（*a*）沿深度的分布；（*b*）任意水平面上的分布

$$\sigma_{cz} = \gamma z \tag{4.1}$$

式中：γ 为土的重度，kN/m^3；z 为计算点距地表的深度，m。

如果存在地下水，且水位与地表齐平或高于地表，则自重应力为

$$\sigma_{cz} = \gamma' z \tag{4.2}$$

式中：γ'为土的浮重度（有效重度），kN/m^3。

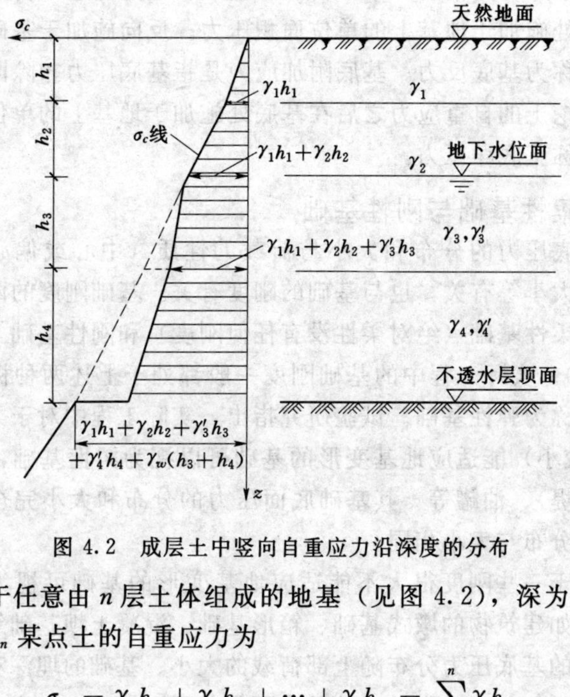

图 4.2　成层土中竖向自重应力沿深度的分布

对于任意由 n 层土体组成的地基（见图 4.2），深为 $h_1 + h_2 + \cdots + h_n$ 某点土的自重应力为

$$\sigma_{cz} = \gamma_1 h_1 + \gamma_2 h_2 + \cdots + \gamma_n h_n = \sum_{i=1}^{n} \gamma_i h_i \tag{4.3}$$

对于地下水位以下的土层，上式中的 γ_i 一律采用 γ'_i，而 h_i 为每层土的厚度。

在土体自重作用下，土体在水平向具有侧向应力，在半无限体中，土体不发生侧向变形。任一点水平向侧向应力在环向相等，用 σ_{ch} 表示，可按下式计算：

$$\sigma_{ch} = \sigma_{cx} = \sigma_{cy} = K_0 \sigma_{cz} \tag{4.4}$$

式中：K_0 为静止侧压力系数，它是土体在无侧向变形条件下有效小主应力 σ'_3 与有效大主应力 σ'_1 之比，即侧向（水平向）有效应力与自重应力（竖向有效应力）之比，其值一般由试验确定。

第 2 节　基底压力与基底附加应力

基底压力是指上部结构荷载和基础自重通过基础传递，在基础底面处施加于地基上的单位面积压力。反向施加于基础底面上的压力称为基底反力。基底附加应力是指基底压力扣除因基础埋深所开挖土的自重应力之后在基底处施加于地基上的单位面积压力，亦称基底净压力。

2.1　柔性基础与刚性基础

基底压力的分布和大小与荷载的性质（中心或偏心、倾斜等）和大小等有关，也与基础的刚度有关。基础刚度的两种极端情况是柔性基础（绝对柔性没有任何刚度）和刚性基础（刚度为无穷大）。实际工程中的基础刚度一般都处于上述两种极端情况之间，称为弹性基础。试验研究指出，实际工程中对于柔性较大（刚度较小）能适应地基变形的基础可以视为柔性基础，例如土坝（土堤）、油罐等。其基础底面压力的分布和大小完全与其上的荷载分布与大小相同。

对于一些刚度很大不能适应地基变形的基础可视为刚性基础，例如建筑物的墩式基础、箱形基础、混凝土坝基础等。刚性基础下的基底压力分布随上部荷载的大小、基础的埋深和土的性质而异。例如建造在砂土地基表面的条形刚性基础，当受中心荷载作用时，由于砂土颗粒之间没有粘聚力，其基底压力是中间大而边缘等于零，类似于抛物线分布，如图 4.3（*a*）所示；建造在粘性土地基表面的条形刚性基础，如图 4.3（*b*）所示，当受到中心荷载作用时，由于粘性土具有粘聚力，基础边缘能承受一定的压力，因此当荷载较小时，基底压力分布呈边缘大中间小，类似马鞍形分布；而当荷载逐渐增大并超过粒间的连接强度（粘聚力）后基底压力将重分布，向中间集中，当荷载达到使地基产生破坏的极限荷载时，基底压力将类似于抛物线分布。

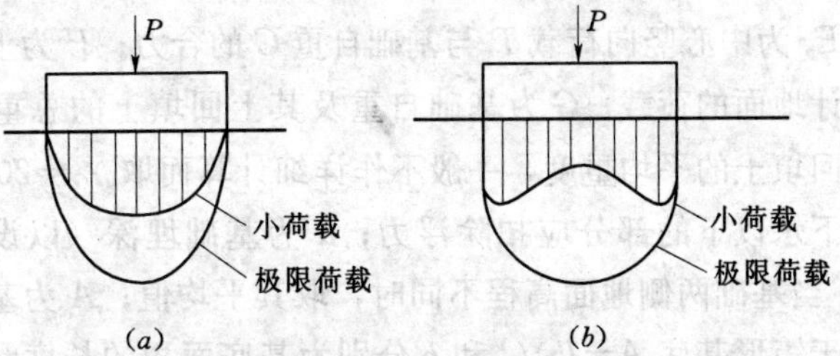

图 4.3　刚性基础基底压力分布示意图
(a) 砂土地基；(b) 粘性土地基

根据经验，当基础尺寸不太大，荷载也较小时，基底压力的分布可近似地按直线变化假定，对沉降计算所引起的误差是允许的。这种基底压力直线变化的假定是工程中经常采用的简化计算方法。下面将应用这一假定计算基底压力。

2.2　刚性基础下基底压力分布

2.2.1　中心荷载

中心荷载作用下的基础，上部结构荷载 P 与基础自重 G 的合力 F_v，通过基底形心，基底压力为均匀分布如图 4.4 所示。平均基底压力为

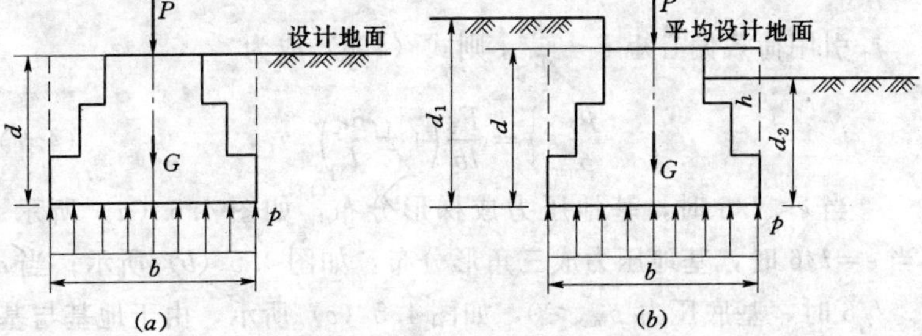

图 4.4　中心荷载下基底压力分布
(a) 基础两侧地面同高程；(b) 基础两侧地面不同高程

$$p = \frac{P + G}{lb} = \frac{F_v}{A} \tag{4.5}$$

其中
$$G = \gamma_G A d$$

式中：F_v 为中心竖向荷载 P 与基础自重 G 的合力；P 为上部结构传至设计地面的荷载；G 为基础自重及其上回填土的总重；γ_G 为基础与回填土的平均重度，一般不作详细计算而取 $\gamma_G = 20\text{kN/m}^3$，但在地下水以下的部分应扣除浮力；$d$ 为基础埋深（以设计地面起算），当基础两侧地面高程不同时，取其平均值；A 为基础底面积，对于矩形基底 $A=lb$（l 和 b 分别为基底面积的长度和宽度），对于荷载沿长度方向均布的条形基础，则应视为平面问题，沿长度方向截取一单位长度（1 延米）计算平均基底压力。

2.2.2 偏心荷载

对于单向偏心荷载作用下的矩形面积基底的刚性基础如图 4.5 所示。为增加基础抗倾稳定，常将基地长边取与偏心方向一致。两端边缘最大压力 p_{max} 与最小压力 p_{min} 可按材料力学偏心受压公式计算：

$$\left.\begin{matrix} p_{max} \\ p_{min} \end{matrix}\right\} = \frac{F_v}{lb} \pm \frac{M}{W} \tag{4.6}$$

其中
$$W = \frac{bl^2}{6}$$

式中：M 为作用于矩形基底的力矩；W 为矩形基底表面的抗弯截面系数。

引用荷载偏心矩 $e = \dfrac{M}{F_v}$，则式（4.6）成为

$$\left.\begin{matrix} p_{max} \\ p_{min} \end{matrix}\right\} = \frac{F_v}{lb}\left(1 \pm \frac{6e}{l}\right) \tag{4.7}$$

当 $e < l/6$ 时，基地压力成梯形分布，如图 4.5（a）所示；当 $e = l/6$ 时，基地压力成三角形分布，如图 4.5（b）所示；当 $e > l/6$ 时，基底压力 $p_{min} < 0$，如图 4.5（c）所示，由于地基与基础之间不能承受拉力，此时基底与地基局部脱离而使基底压力重新分布。根据基地压力与偏心荷载相平衡的条件，三角形反力分

布图如图 4.5（c）中的实线所示的形心应在 $P+G$ 的合力 F_v 作用线上，由此可计算基础边缘的最大压力 p_{max} 为

$$p_{max}=\frac{2F_v}{3kb} \tag{4.8}$$

其中　$k=\left(\frac{l}{2}-e\right)$

式中：k 为单向偏心荷载作用点至具有最大压力的基底边缘的距离。

对于荷载沿长度方向均布的条形基础，P 和 G 对应均取单位长度内的相应值，基础宽度取为 b，则基底压力为

$$\left.\begin{array}{l}p_{max}\\p_{min}\end{array}\right\}=\frac{F_v}{b}\left(1\pm\frac{6e}{b}\right) \tag{4.9}$$

值得指出的是，当计算得到的 $p_{min}<0$，即偏心距 $e>l/6$（矩形基底）或 $e>b/6$（条形基底）时，一般应调整结构设计和基础尺寸设计，以避免 $p_{min}\leqslant 0$ 情况的出现。

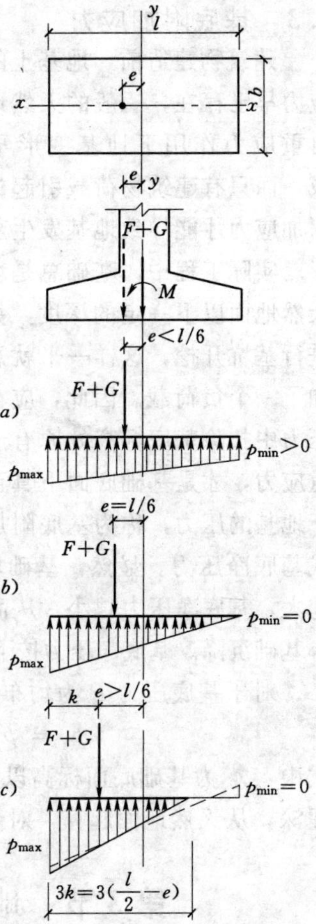

图 4.5　单向偏心荷载下的矩形基底压力分布图

对于双向偏心荷载作用的矩形基底的基础，如图 4.6 所示。如果基底最小压力 $p_{min}\geqslant 0$，则基底下四个角点处的压力 p_{max}、p_{min} 及次大的 p_1、p_2 可按材料力学双向偏心受压公式计算。即

$$\left.\begin{array}{l}p_{max}\\p_{min}\end{array}\right\}=\frac{F_v}{lb}\pm\frac{M_x}{W_x}\pm\frac{M_y}{W_y} \tag{4.10}$$

$$\left.\begin{array}{l}p_1\\p_2\end{array}\right\}=\frac{F_v}{lb}\mp\frac{M_x}{W_x}\pm\frac{M_y}{W_y} \tag{4.11}$$

2.3 基底附加应力

建筑物建造前，地基土的自重应力早已存在，一般的天然地基在自重应力作用下地基变形早已完成，而只有建筑物荷载引起的地基附加应力才能导致地基发生新的变形。实际工程中，基础总是埋置在天然地面以下一定的深度，势必要进行基坑开挖，这样一来就意味着加了一个负荷载。因此，应在基底压力中扣除基底标高处原有土的自重应力，才是基础底面下真正施加于地基的压力，称为基底附加应力或基底净压力。显然，基础埋深 d 越大，基底净压力越小，从而地基中附加应力将越小，有利于减小基础沉降。基底净压力按下式计算：

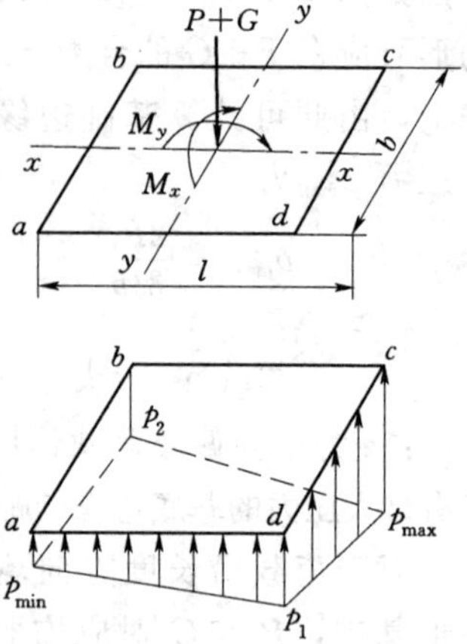

图 4.6 双向偏心荷载下矩形基础基底压力分布

对于基底压力 P 为均布情况，有

$$p_n = p - \sigma_c = p - \gamma_0 d \tag{4.12}$$

式中：γ_0 为基础底面标高以上天然土层平均加权重度；d 为基础埋深，从天然地面起算，对新填土场地则应从原天然地面起算。

第 3 节 地基中的附加应力

由静动荷载引起的土中应力称为附加应力。地基附加应力计算方法假定地基土是各向同性的、均质的、线性变形体，而且在深度和水平方向上都是无限的。由于地表是临空的，这样就将地基看成为均质各向同性的线形变形半空间体，从而可以直接应用弹性力学中关于弹性半空间体的理论解答。另外，根据问题的性质，应力计算可分为空间问题和平面问题两大类型。若地基中的应力是三维坐标（x，y，z）的函数，称为空间问题，例如矩形基础（$l/b<10$）圆形基础下附加应力计算即属于空间问题；若地基中的应力仅是 x（y）z 的函数，则称为平面问题，例如条形基础（$l/b\geqslant10$）下附加应力计算即属于平面问题。

3.1　竖向集中力作用下均基附加应力

如图 4.7 所示，当半无限地基表面作用集中力 F 时，地基

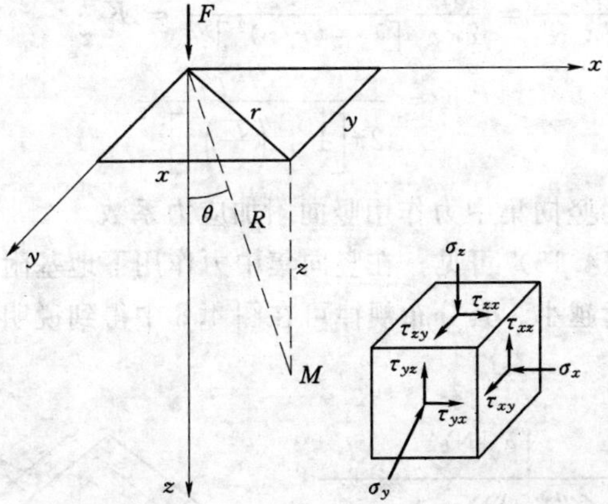

图 4.7　竖向集中力作用下地基中一点附加应力状态

内部任意一点 M（x，y，z）将产生六个附加应力分量。弹性理论的解答为

$$
\left.\begin{aligned}
\sigma_x &= \frac{3F}{2\pi}\left\{\frac{x^2 z}{R^5}+\frac{1-2\mu}{3}\left[\frac{1}{R(R+z)}-\frac{(2R+z)x^2}{(R+z)R^5}-\frac{z}{R^3}\right]\right\}\\
\sigma_y &= \frac{3F}{2\pi}\left\{\frac{\gamma^2 z}{R^5}+\frac{1-2\mu}{3}\left[\frac{1}{R(R+z)}-\frac{(2R+z)y^2}{(R+z)R^5}-\frac{z}{R^3}\right]\right\}\\
\sigma_z &= \frac{3F}{2\pi R^2}\cos^3\theta = \frac{3Fz^3}{2\pi R^5}\\
\tau_{xy} &= \tau_{yx} = \frac{3F}{2\pi}\left[\frac{xyz}{R^5}-\frac{1-2\mu}{3}\frac{(2R+z)}{(R+z)^2}\frac{xy}{R^3}\right]\\
\tau_{xz} &= \tau_{zx} = \frac{3F}{2\pi}\frac{xz^2}{R^5}\\
\tau_{yz} &= \tau_{zy} = \frac{3F}{2\pi}\frac{yz^2}{R^5}
\end{aligned}\right\}
\tag{4.13}
$$

式中：μ 为土的泊松比。

式（4.13）是著名的布辛内斯克解答，它是求地基中附加应力的基本公式。对于土力学中的课题，地基中竖向附加应力分量 σ_z 有着特别重要的适用意义，因为 σ_z 是引起地基压缩变形导致建筑物沉降的主要原因，经整理得

$$\sigma_z=\frac{3F}{2\pi}\frac{z^3}{R^5}=\frac{3F}{2\pi z^2}\frac{1}{[1+(r/z)^2]^{5/2}}=K\frac{F}{z^2} \tag{4.14}$$

其中

$$K=\frac{3}{2\pi\left[1+\left(\frac{r}{z}\right)^2\right]^{5/2}} \tag{4.15}$$

式中：K 为竖向集中力作用竖向附加应力系数。

由式（4.15）可见，在竖向集中力作用下地基附加应力越深越小，越远越小。其分布规律可在图 4.8 中得到说明。

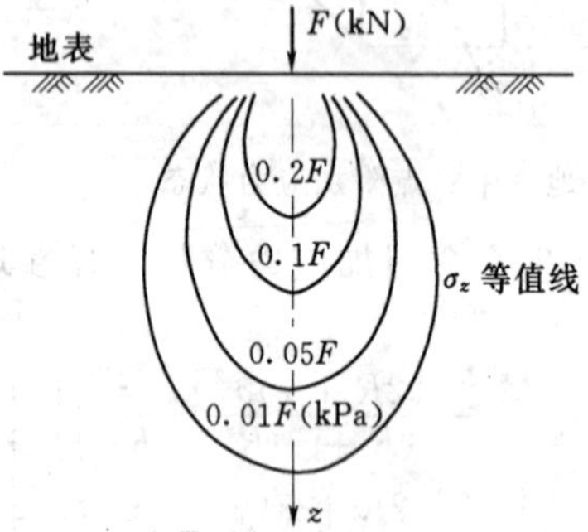

图 4.8 竖向集中力作用下附加应力的分布

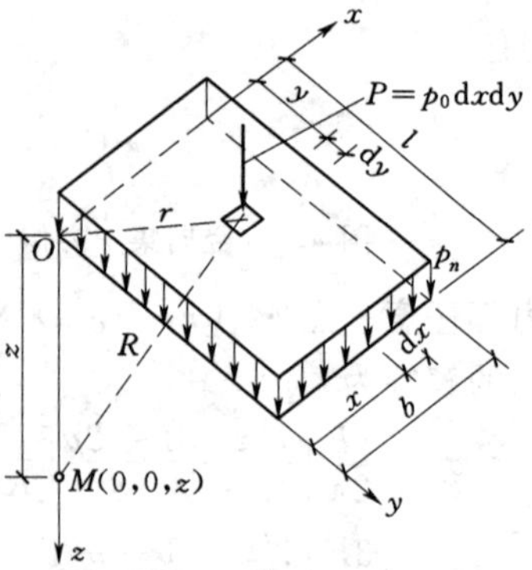

图 4.9 均布矩形荷载角点下的附加应力

3.2 空间问题条件下地基附加应力

3.2.1 竖直均布压力作用矩形基底角点下的附加应力

当基底面积划为无限多块，每块面积趋于无穷小时，竖直均布压力作用矩形基底角点 O 下 z 深度处所引起的附加应力（见图 4.9）为

$$\sigma_z = \int_0^b \int_0^l \frac{3z^3 p_n \mathrm{d}x\mathrm{d}y}{2\pi(\sqrt{x^2+y^2+z^2})^5}$$

$$= \frac{p_n}{2\pi}\left[\frac{mn}{\sqrt{1+m^2+n^2}}\left(\frac{1}{m^2+n^2}+\frac{1}{1+n^2}\right) + \mathrm{arctg}\left(\frac{m}{n\sqrt{1+m^2+n^2}}\right)\right]$$

$$= K_s p_n \tag{4.16}$$

其中　$m = l/b, n = z/b$

式中：K_s 为竖直均布压力矩形基底角点下的附加应力系数，它是 m 和 n 的函数；l 为矩形的长边；b 为矩形的短边；z 为从基底面起算的深度；K_s 值可查表 4.1；p_n 为基底净压力。

表 4.1　竖直均布压力矩形基底角点下的附加应力系数

z/b	l/b											
	1.0	1.2	1.4	1.6	1.8	2.0	3.0	4.0	5.0	6.0	10.0	条形
0.0	0.250	0.250	0.250	0.250	0.250	0.250	0.250	0.250	0.250	0.250	0.250	0.250
0.2	0.249	0.249	0.249	0.249	0.249	0.249	0.249	0.249	0.249	0.249	0.249	0.249
0.4	0.240	0.242	0.243	0.243	0.244	0.244	0.244	0.244	0.244	0.244	0.244	0.244
0.6	0.223	0.228	0.230	0.232	0.232	0.233	0.234	0.234	0.234	0.234	0.234	0.234
0.8	0.200	0.207	0.212	0.215	0.216	0.218	0.220	0.220	0.220	0.220	0.220	0.220
1.0	0.175	0.185	0.191	0.195	0.198	0.200	0.203	0.204	0.204	0.204	0.205	0.205
1.2	0.152	0.163	0.171	0.176	0.179	0.182	0.187	0.188	0.189	0.189	0.189	0.189
1.4	0.131	0.142	0.151	0.157	0.161	0.164	0.171	0.173	0.174	0.174	0.174	0.174
1.6	0.112	0.124	0.133	0.140	0.145	0.148	0.157	0.159	0.160	0.160	0.160	0.160
1.8	0.097	0.108	0.117	0.124	0.129	0.133	0.143	0.146	0.147	0.148	0.148	0.148
2.0	0.084	0.095	0.103	0.110	0.116	0.120	0.131	0.135	0.136	0.137	0.137	0.137
2.2	0.073	0.083	0.092	0.098	0.104	0.108	0.121	0.125	0.126	0.127	0.128	0.128
2.4	0.064	0.073	0.081	0.088	0.093	0.098	0.111	0.116	0.118	0.118	0.119	0.119
2.6	0.057	0.065	0.072	0.079	0.084	0.089	0.102	0.107	0.110	0.111	0.112	0.112
2.8	0.050	0.058	0.065	0.071	0.076	0.080	0.094	0.100	0.102	0.104	0.105	0.105
3.0	0.045	0.052	0.058	0.064	0.069	0.073	0.087	0.093	0.096	0.097	0.099	0.099
3.2	0.040	0.047	0.053	0.058	0.063	0.067	0.081	0.087	0.090	0.092	0.093	0.094
3.4	0.036	0.042	0.048	0.053	0.057	0.061	0.075	0.081	0.085	0.086	0.088	0.089
3.6	0.033	0.038	0.043	0.048	0.052	0.056	0.069	0.076	0.080	0.082	0.084	0.084
3.8	0.030	0.035	0.040	0.044	0.048	0.052	0.065	0.072	0.075	0.077	0.080	0.080
4.0	0.027	0.032	0.036	0.040	0.044	0.048	0.060	0.067	0.071	0.073	0.076	0.076

续表

z/b	l/b											
	1.0	1.2	1.4	1.6	1.8	2.0	3.0	4.0	5.0	6.0	10.0	条形
4.2	0.025	0.029	0.033	0.037	0.041	0.044	0.056	0.063	0.067	0.070	0.072	0.073
4.4	0.023	0.027	0.031	0.034	0.038	0.041	0.053	0.060	0.064	0.066	0.069	0.070
4.6	0.021	0.025	0.028	0.032	0.035	0.038	0.049	0.056	0.061	0.063	0.066	0.067
4.8	0.019	0.023	0.026	0.029	0.032	0.035	0.046	0.053	0.058	0.060	0.064	0.064
5.0	0.018	0.021	0.024	0.027	0.030	0.033	0.043	0.050	0.055	0.057	0.061	0.062
6.0	0.013	0.015	0.017	0.020	0.022	0.024	0.033	0.039	0.043	0.046	0.051	0.052
7.0	0.009	0.011	0.013	0.015	0.016	0.018	0.025	0.031	0.035	0.038	0.043	0.045
8.0	0.007	0.009	0.010	0.011	0.013	0.014	0.020	0.025	0.028	0.031	0.037	0.039
9.0	0.006	0.007	0.008	0.009	0.010	0.011	0.016	0.020	0.024	0.026	0.032	0.035
10.0	0.005	0.006	0.007	0.007	0.008	0.009	0.013	0.017	0.020	0.022	0.028	0.032
12.0	0.003	0.004	0.005	0.005	0.006	0.006	0.009	0.012	0.014	0.017	0.022	0.026
14.0	0.002	0.003	0.004	0.004	0.004	0.005	0.007	0.009	0.011	0.013	0.018	0.023
16.0	0.002	0.002	0.003	0.003	0.003	0.004	0.005	0.007	0.009	0.010	0.014	0.020
18.0	0.001	0.002	0.002	0.002	0.003	0.003	0.004	0.006	0.007	0.008	0.012	0.018
20.0	0.001	0.001	0.002	0.002	0.002	0.002	0.004	0.005	0.006	0.007	0.010	0.016
25.0	0.001	0.001	0.001	0.001	0.001	0.002	0.002	0.003	0.004	0.004	0.007	0.013
30.0	0.001	0.001	0.001	0.001	0.001	0.001	0.002	0.002	0.003	0.003	0.005	0.011
35.0	0.000	0.000	0.001	0.001	0.001	0.001	0.001	0.002	0.002	0.002	0.004	0.009
40.0	0.000	0.000	0.000	0.000	0.001	0.001	0.001	0.001	0.001	0.002	0.003	0.008

式（4.16）是用于计算一个矩形面积下的竖向附加应力 σ_z。对于在实际基底面积角点下的 σ_z 值，再按叠加原理求得该计算点附加应力 σ_z 的最后结果，称为角点法。

如图 4.10（*b*）所示，若要计算基底面积范围内 O 点下 z 深度处的附加应力，可通过 O 点分别作平行于长边和短边的平行线。将面积划分为四块，则 O 点就成为矩形Ⅰ、Ⅱ、Ⅲ、Ⅳ的公共角点，利用式（4.16）分别计算每个矩形面积角点 O 下的附加应力，然后叠加即得 O 点下 z 深度处的实际附加应力为

$$\sigma_z = \sigma_{z\mathrm{I}} + \sigma_{z\mathrm{II}} + \sigma_{z\mathrm{III}} + \sigma_{z\mathrm{IV}}$$

如图 4.10（*d*）所示，若要计算基底面积之外 O 点下 z 深度

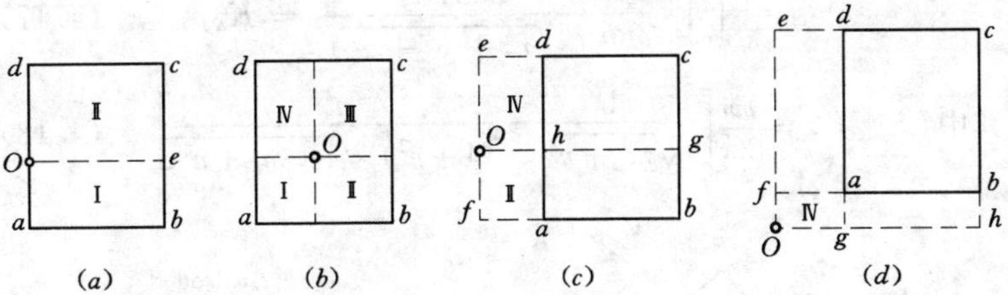

图 4.10　角点法计算均布荷载下的地基附加应力

(*a*) 荷载面边缘；(*b*) 荷载面内；(*c*) 荷载面边缘外侧；(*d*) 荷载面角点外侧

处的附加应力，可将原基底面积作虚拟扩大，过 O 点分别作辅助线，使 O 点成为矩形面积 $Oech$、$Ofbh$、$Oedg$、$Ofag$ 的公共角点。利用式 (4.16) 分别求得每块面积角点 O 下 z 深度处的附加应力，然后应用叠加原理则得 O 点下实际附加应力为

$$\sigma_z = \sigma_{zoech} - \sigma_{zofbh} - \sigma_{zoedg} + \sigma_{zofag}$$

必须指出的是，因 K_s 的查表值是以 l 为矩形长边，b 为矩形短边制作的，所以在应用“角点法”时，始终将每块矩形面积的长边定义为 l，短边定义为 b。

由此可见，基底中心下竖向附加应力最大，向边缘处附加应力将减小；在基底面积范围之外的点下依然有附加应力。显然，如果该基础相邻处有另外的荷载，也会对本基础下的地基产生附加应力。

3.2.2　矩形面积基底受三角形分布荷载时角点下的附加应力

如图 4.11 所示，矩形基底面积上受到三角形分布荷载作用时，可以用基本公式沿整个面积积分的方法求得荷载强度为零的角点 1 下的地基竖向附加应力，称为 σ_{z1}。集中力所引起的角点 1 下的竖向附加应力为

$$d\sigma_z = \frac{3z^3 p_t x \,dx dy}{2\pi R^5 b}$$

式中：p_t 为三角形分布的基底净压力最大强度，kPa。

将 $R=\sqrt{x^2+y^2+z^2}$ 代入上式应用积分，即

$$\sigma_{z1} = \int_0^l \int_0^b \frac{3p_t}{2\pi b} \frac{z^3 \mathrm{d}x\mathrm{d}y}{(\sqrt{x^2+y^2+z^2})^5} = K_{tl} p_t \tag{4.17}$$

其中
$$K_{tl} = \frac{mn}{2\pi}\left[\frac{1}{\sqrt{m^2+n^2}} - \frac{n^2}{(1+n^2)\sqrt{1+m^2+n^2}}\right] \tag{4.18}$$

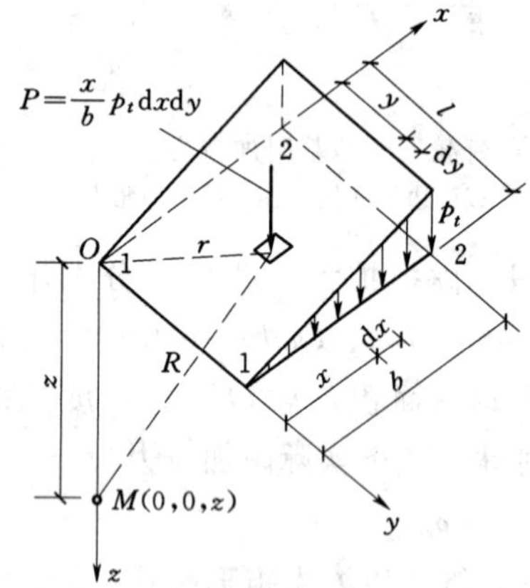

图 4.11　矩形面积三角形分布荷载角点下的附加应力

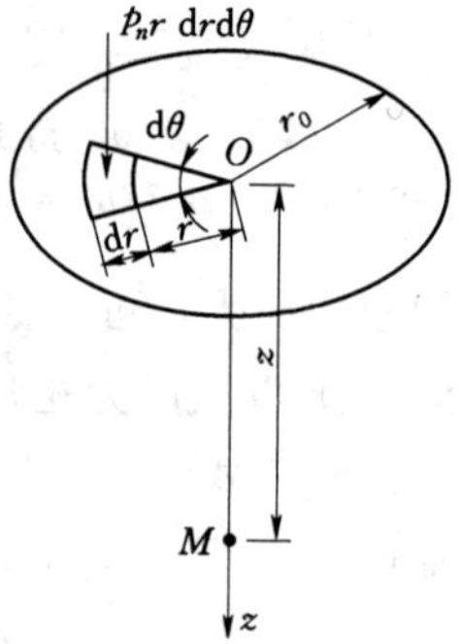

图 4.12　圆形面积均布荷载作用中心点下竖向附加应力推导

根据叠加原理得角点 2 下的附加应力为

$$\sigma_{z2} = (K_s - K_{t1})p_t = K_{t2}p_t \tag{4.19}$$

附加应力系数 K_{t1}、K_{t2} 均为 $m=l/b$，$n=z/b$ 的函数，参见相关规范。

3.2.3　圆形面积均布荷载作用中心点的附加应力

假设圆形面积基底的半径为 r_0，其上作用均布荷载 p_n，如图 4.12 所示。在微面积 $r\mathrm{d}r\mathrm{d}\theta$ 上的微集中力为 $p_n r\mathrm{d}r\mathrm{d}\theta$。则圆中心 O 点下任意深度 z 处 M 点的竖向附加应力 σ_z 为

$$\sigma_z = \int_0^{2\pi}\int_0^{r_0} \frac{3p_n z^3}{2\pi} \frac{r\mathrm{d}r\mathrm{d}\theta}{(r^2+z^2)^{5/2}} = K_r p_n \tag{4.20}$$

其中
$$K_r = 1 - \frac{1}{\left(\frac{1}{z^2/r_0^2}+1\right)^{3/2}}$$

式中：K_r 为圆形面积均布荷载中心点下的竖向应力系数，K_r 为

z/r_0 的函数，可查相关规范求得。

3.3　平面问题条件下的地基附加应力

一般平面问题计算要比空间问题计算简单一些。理论上，当条形基础的长度 l 与宽度 b 之比，即 $l/b\to\infty$ 时，地基中的应力状态才属于平面问题。但实际工程中不存在 $l/b\to\infty$ 的条形基础。根据研究，当 $l/b\geqslant 10$ 时将其视为平面问题的计算结果所导致的误差很小，完全为工程所允许。有时当 $l/b\geqslant 5$ 时，按平面问题计算，也能保证足够的精度。

3.3.1　竖直线荷载作用下的地基附加应力

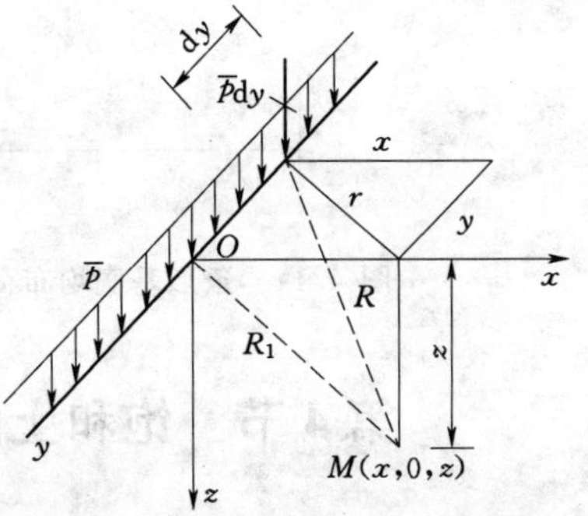

图 4.13　线荷载作用下地基附加应力

线荷载是作用于半无限空间表面宽度趋近于零沿无限长直线均布的荷载。如图 4.13 所示，设线荷载为 $\overline{p}$（单位：kN/m），则在微段 dy 上作用的微集中力则为 $\overline{p}$dy。在 xOz 的地基剖面内，任一点 M（x，0，z）的附加应力可根据布辛奈斯克基本解运用积分方法求得

$$\sigma_z=\int_{-\infty}^{+\infty}\frac{3z^3\overline{p}\mathrm{d}y}{2\pi R^5}=\frac{2\overline{p}z^3}{\pi R_1^4}=\frac{2\overline{p}}{\pi R_1}\cos^3\beta \tag{4.21}$$

3.3.2　条形基底均布荷载作用下地基附加应力

设条形基底宽度为 b（见图 4.14），作用有均布基底净压力 p_n，则在微宽度 dζ 作用的线荷载为 p_ndζ。沿宽度 b 积分可求得地基中任意 M 点的竖向附加应力 σ_z 为

$$\sigma_z=\int_0^b\frac{2p_n}{\pi}\frac{z^3\mathrm{d}\zeta}{[(x-\zeta)^2+z^2]^2}=K_s^z p_n \tag{4.22}$$

式中：K_s^z 为条形基底均布荷载作用下的附加应力系数，是 $m=x/b$，$n=z/b$ 的函数，可查相关规范求得。

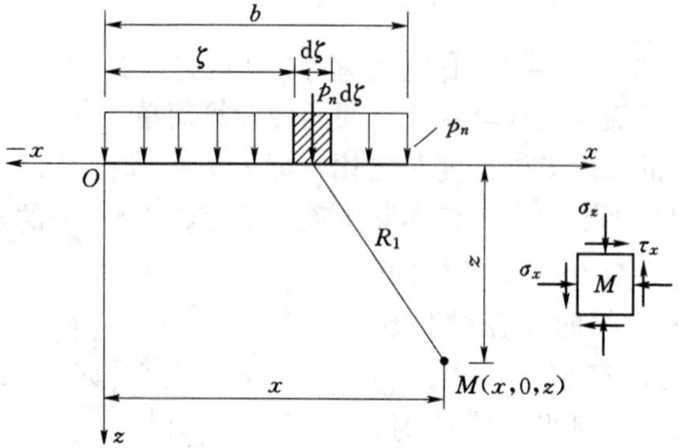

图 4.14 条形基底均布荷载作用下地基附加应力

第 4 节 饱和土的有效应力原理

土体中的孔隙是互相连通的。因此，饱和土体孔隙中的水是连续的，它与通常的静水一样，能够承担或传递压力。饱和土体中由孔隙水来承担或传递的应力定义为孔隙水应力，常以 u 表示。孔隙水应力的特性与通常的静水压力一样，方向始终垂直于作用面，任一点的孔隙水应力在各个方向是相等的，其值等于该点的测压管水柱高度 h_w 与水的重度 γ_w 的乘积，即

$$u = \gamma_w h_w \tag{4.23}$$

从上式可知，只要某点的测压管水柱高度已知，则该点的孔隙水应力即可求得。

土体中除孔隙水应力外，还有通过粒间的接触面传递的应力，我们把该应力称为有效应力，显然，只有有效应力才能使土体产生压缩（或固结）和强度。但是，由于粒间接触面积非常微小、接触情况十分复杂、粒间力的传递方向又变化无常，因此，若按一般的方法（力与传力面积之比）来定义有效应力是困难的。为了简化，在实际运用中，我们常把研究平面内所有粒间接触面上接触力的法向分力之和 N_s，除以所研究平面的总面积

（包括粒间接触面积和孔隙所占面积在内）A 所得到的平均应力来定义有效应力，即

$$\sigma' = \frac{N_s}{A} \tag{4.24}$$

假设饱和土体内某一研究平面（如水平面）的总面积为 A，其中粒间接触面面积之和为 A_s，则该平面内由孔隙水所占的面积为 $A_w = A - A_s$。若由外荷和（或）自重在该研究平面上所引起的法向总应力为 σ，则它必将由该面上的孔隙力和粒间接触面共同分担，即该面上的总法向力等于孔隙水所承担的力和粒间所承担的力之和，故有

$$\sigma = \frac{N_s}{A} + \left(1 - \frac{A_s}{A}u\right) \tag{a}$$

把式（4.24）代入上式（a）可得

$$\sigma = \sigma' + (1 - a)u \tag{b}$$

式中：a 为研究平面内粒间接触面积所占的比值。

试验研究表明，粒间接触面面积很小，可忽略不计。于是式（b）可简化为

$$\sigma = \sigma' + u \tag{4.25}$$

式（4.25）即为著名的有效应力原理，是由太沙基首先提出的。它表示研究平面上的总应力、有效应力与孔隙水应力三者之间的关系。当总应力保持不变时，孔隙水应力与有效应力可互相转化，即孔隙水应力的减小（增加）等于有效应力的等量增加（减小）。通常总应力可以计算，孔隙水应力可以实测或计算，因此，有效应力可通过此式求出。

第 5 节　土的压缩性及其指标

一般情况下，地基土在其自重应力下已经压缩稳定。但是，当建筑物通过其基础将荷载传给地基之后，将在地基中产生附加应力，这种附加应力会导致地基土体的变形。这种在附加应力作

用下，地基土将产生体积缩小，从而引起建筑物基础的竖直方向的位移（或下沉）的情况称为沉降。

如果地基土各部分的竖向变形不相同，则在基础的不同部位将会产生沉降差，使建筑物基础发生不均匀沉降。基础的沉降量或沉降差过大，常常影响建筑物的正常使用，甚至危及建筑物的安全。因此，为了保证建筑物的安全和正常使用，基础的沉降量必须限制在保证建筑物安全的允许范围之内。这就要求在设计时，必须预先估计建筑物基础可能产生的最大沉降量和沉降差。如果此沉降量和沉降差在容许值范围之内，那么该建筑物的安全和正常使用一般是有保证的；否则，将没有保证。这时，必须采取相应的工程措施，如地基处理或修改设计，以确保建筑物的安全和正常使用。

5.1 土的压缩性

土的压缩性是指土体在压力作用下体积缩小的特性。试验研究表明，在一般压力（100～600kPa）作用下，土粒和土中水的压缩量与土体的压缩总量相比是很微小的，可以忽略不计，很少量封闭的土中气被压缩，也可忽略不计，因此，土的压缩是指土中孔隙的体积缩小，即土中水和土中气的体积缩小，此时，土粒调整位置，重新排列，互相挤紧。饱和土的压缩，随孔隙的体积减小，相应土中水的体积也会减小。饱和土在压力作用下随土中水体积减小的全过程，称为土的固结。计算地基沉降时，必须取得土的压缩性指标，无论采用室内试验，还是原位测试来测定它们，应当力求试验条件与土的天然状态及其在外荷作用下的实际应力条件相适应。

室内试验测定土的压缩性指标，常用不允许土样产生侧向变形，即侧限条件的固结试验，非饱和土只用于压缩时，亦称压缩试验，其侧限条件虽未能都符合地基土的实际工程情况，但有其实用价值。

室内固结试验的主要装置为固结仪，如图 4.15 所示。

固结试验的试样是用环刀切取的扁圆柱体，一般高 2cm，面

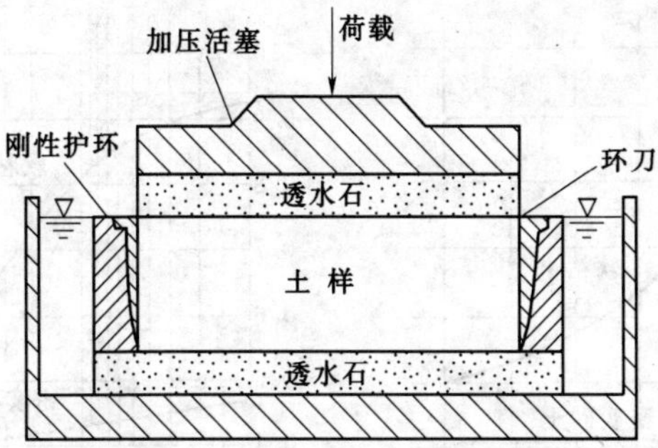

图 4.15 固结仪的压缩容器简图

积为 $30cm^2$ 或 $50cm^2$。试验时，试样连同环刀一起装入刚性护环内，上下放透水石，以便试样在压力作用下排水。在透水石顶部放上加压盖，所加压力通过加压支架作用于上盖，同时安装百分表用来量测试样的压缩变形。用这种仪器进行试验时，由于刚性护环所限，试样只能在竖向产生压缩，而不可能产生侧向变形，故称为单向固结试验或侧限固结试验。

土的压缩变形常用孔隙比 e 的变化来表示。根据固结试验的结果可建立压力 p 与相应的稳定孔隙比 e 的关系曲线，称为土的压缩曲线。压缩曲线可以按两种方式绘制：一种是按普通直角坐标绘制的 $e-p$ 曲线；另一种是用半对数直角坐标绘制的 $e-\lg p$ 曲线（见图 4.16）。

5.2 土的压缩性指标

从图 4.16 中可观察在各级压力作用下，试样孔隙比随时间的变化过程。随着压力的增加，试样逐渐压缩，在某一压力作用下，试样开始压缩较快，而后逐渐趋于稳定，稳定的快慢与土的性质有关。对于饱和土，主要取决于试样的透水性。透水性强，稳定得快；透水性弱，稳定所需的时间就长。

应当指出，即使对同一种土，压力与孔隙比之间的关系并不是固定不变的，也就是说，所谓的稳定孔隙比，并不是一个绝对的值，它与每级荷载历时的长短及荷载级的大小有关。所谓稳定

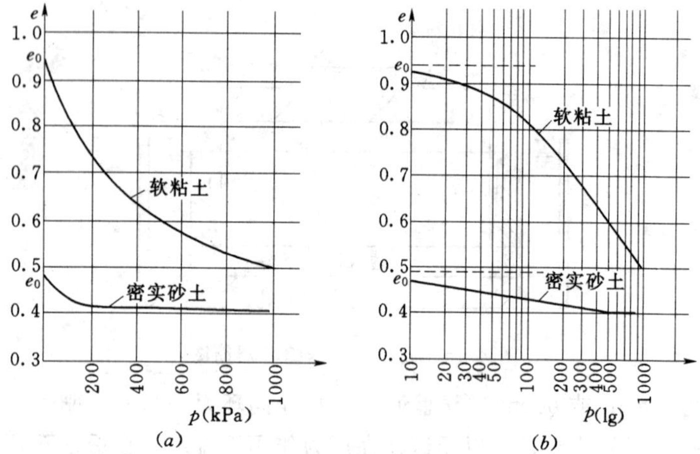

图 4.16 固结试验成果图

是指附加应力完全转化为有效应力而言的。对 2cm 厚的粘土试样约需 24h 。荷载级的大小可用荷载率表示，即新增加的荷载与原有的荷载之比。现行规范的荷载率为 1，即 $p=50$kPa、100kPa、200kPa、400kPa、800kPa 等。

5.2.1 压缩系数

压缩曲线反映了土受压后的压缩特性。图 4.17 中假定，试样在压力 p_1 作用下已经压缩稳定，对应孔隙比为 e_1，即试样处于 M_1 点。现增加一压力增量卸至压力 Δp，稳定后的孔隙比为 p_2，试样处于 M_2 点。很明显，对于该压力增量 Δp，如果 e_1 与 e_2 的差值越大，表示体积压缩越大，该土的压缩性越高。因此，可用单位压力增量所引起的孔隙比改变，即压缩曲线的割线的坡度来表征土的压缩性高低，如图 4.17 所示，则

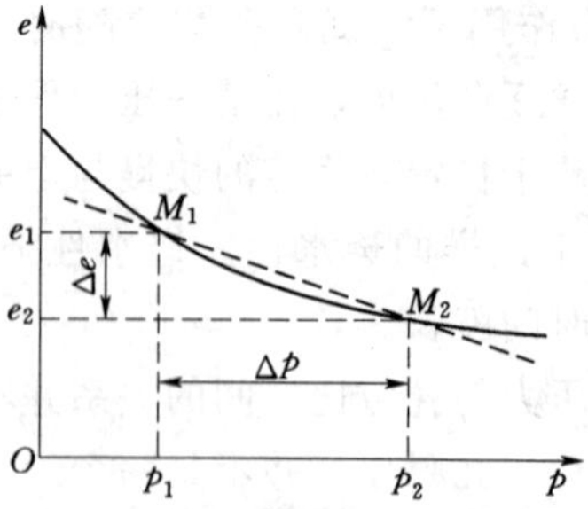

图 4.17 压缩系数的确定

$$a_v=\frac{e_1-e_2}{p_2-p_1}=-\frac{\Delta e}{\Delta p} \quad (4.26)$$

式中：a_v 为压缩系数，即割线 M_1M_2 的坡度（kPa^{-1}或 MPa^{-1}）；e_1，e_2 分别为压缩曲线上与 p_1、p_2 相对应的孔隙比。

压缩系数 a_v 是表征土压缩性的重要指标之一。$e-p$ 曲线愈陡，a_v 就愈大，则土的压缩性愈高；反之，$e-p$ 曲线愈平缓，a_v 就愈小，则土的压缩性愈低。但是，由于 $e-p$ 曲线不是直线，因此，即使是同一种土，其压缩系数不是一个常量。其值取决于所取的压力增量（p_2-p_1）及压力增量的起始值的 p_1 大小。它随着 p_1 的增加及压力增量的增大而减小。在工程中，为了便于统一比较，习惯上采用 100kPa 和 200kPa 范围的压缩系数来衡量土的压缩性高低。

我国的《建筑地基基础设计规范》（GB 50007—2002）按 a_v 的大小划分地基土的压缩性，如下所示：

当 $a_v<0.1MPa^{-1}$时，属低压缩性土；

当 $0.1MPa^{-1}\leqslant a_v<0.5MPa^{-1}$时，属中压缩性土；

当 $a_v\geqslant 0.5MPa^{-1}$时，属高压缩性土。

5.2.2　压缩指数

土的固结试验的结果也可以绘在半对数直角坐标上，即坐标横轴 p 用对数坐标，而纵轴 e 用普通坐标，由此得到的压缩曲线称为 $e-\lg p$ 曲线，如图 4.18 所示。从图中可以看出，在较高的压力范围内，$e-\lg p$ 曲线近似地为一直线。很明显，该直线越陡，同样的压力范围 p_1p_2 内的孔隙比的差值（e_1-e_2）越大，意味着土的压缩性越高。因此，可用直线的坡度——压缩指数 C_c，来表示土的压缩性高低，即

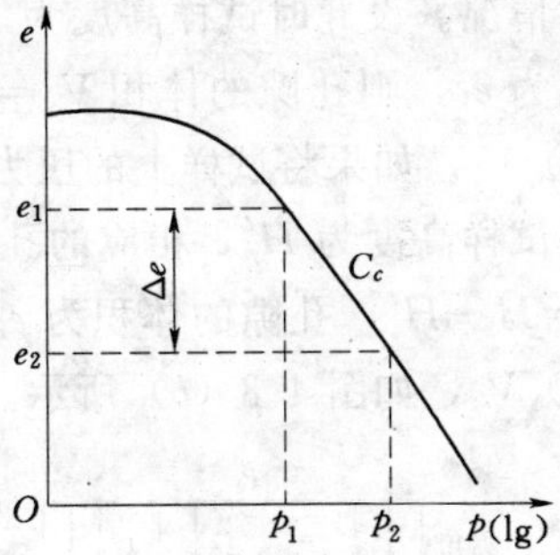

图 4.18　固结试验的 $e-\lg p$ 曲线

$$C_c=\frac{e_1-e_2}{\lg p_2-\lg p_1}=-\frac{\Delta e}{\lg\left(\frac{p_1+\Delta p}{p_1}\right)} \tag{4.27}$$

式中：e_1、e_2 分别为 p_1、p_2 所对应的孔隙比。

压缩指数 C_c 也是反映土的压缩性高低的一个指标。C_c 愈大，$e-\lg p$ 曲线愈陡，土的压缩性就高；反之，C_c 愈小，$e-\lg p$ 曲线愈平缓，土的压缩性就低。

第 6 节　地基的沉降计算方法

6.1　无侧向变形条件下单向压缩量计算假设

目前工程中广泛采用的计算地基沉降的分层总和法是以无侧向变形条件下的压缩量公式为基础的，它的基本假定表示如下：

（1）土的压缩完全是由于孔隙体积减小导致骨架变形的结果，土粒本身的压缩可忽略不计。

（2）土体仅产生竖向压缩，而无侧向变形。

（3）土层均质且在土层厚度范围内，压力是均匀分布的。

6.2　单向压缩量的计算

图 4.19（a）所示为土层在压力 P_1 作用下已经压缩稳定时的情况。设此时试样高度为 H，土粒的体积为 V_s，相应的孔隙比为 e_1，则孔隙的体积 $V_v=e_1V_s$，总体积 $V_1=V_v+V_s=(1+e_1)V_s$。如果将试样上的压力增加到 $p_2=p_1+p$，假定压缩稳定后试样高度为 H'，相应的孔隙比为 e_2，则此时试样的压缩量为 $s=H-H'$，孔隙的体积为 e_2V_s，而总体积 $V_2=V_v+V_s=(1+e_2)V_s$，如图 4.8（b）所示。于是，由于压力增量卸的作用所引

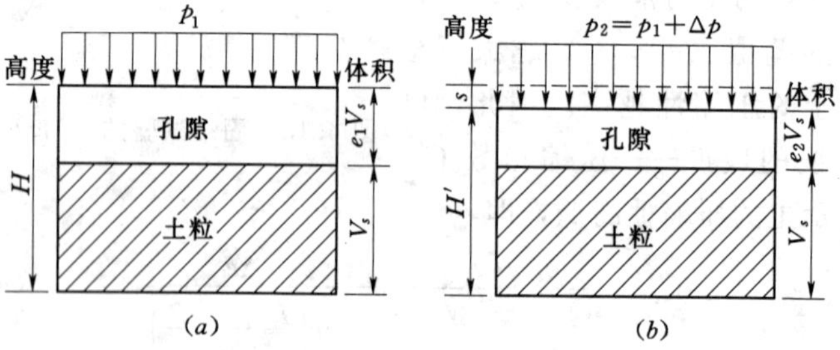

图 4.19　试样压缩前后的情况

起的单位体积土体的体积变化为

$$\frac{V_1 - V_2}{V_1} = \frac{(1+e_1)V_s - (1+e_2)V_s}{(1+e_1)V_s} = \frac{e_1 - e_2}{1+e_1} \tag{4.28}$$

由于试样无侧向变形，压缩前后的试样面积 A 保持不变，所以单位体积土体的体积变化也可表示为

$$\frac{V_1 - V_2}{V_1} = \frac{HA - H'A}{HA} = \frac{s}{H} \tag{4.29}$$

故无侧向变形条件下的土层压缩量计算公式为

$$s = \frac{e_1 - e_2}{1+e_1}H = \frac{-\Delta e}{1+e_1}H \tag{4.30}$$

根据 a_v、m_v 和 E_s 的定义，上式又可表示为

$$s = \frac{a_v}{1+e_1}\Delta pH = m_v\Delta pH = \frac{1}{E}\Delta pH \tag{4.31}$$

6.3　分层总和法求地基沉降

天然地基通常由不同的土层所组成，而且地基中的自重应力和引起地基变形的附加应力均沿深度的变化而变化，如图 4.20 所示，因此，工程上计算地基的沉降时，在地基可能产生压缩的土层深度内，按土的特性和应力状态的变化将地基分为若干（n）层，假定每一分层土质均匀且应力沿厚度均匀分布，然后对每一分层分别计算其压缩量 s_i，最后将各分层的压缩量总和起来，即得地基表面的最终沉降量 s，这种方法称为分层总和法。

沉降计算时，还有一个要解决的问题是：地基土的压缩是由外界压力在地基中引起的附加应力所产生的。在理论上，附加应力可深达无穷远，但实际计算地基土的压缩量时，只须考虑某一深度范围内土层的压缩量，这一深度范围内的土层称为压缩层，如图 4.20 所示。那么，压缩层厚度如何确定呢？目前在水利工程中通常是按竖向附加应力 σ_z 与自重应力 σ_{cz} 之比确定。对于一般粘性土，当地基某深度的附加应力 σ_z 与自重应力 σ_{cz} 之比等于 0.2 时，该深度范围内的土层即为压缩层；对于软粘土，则以

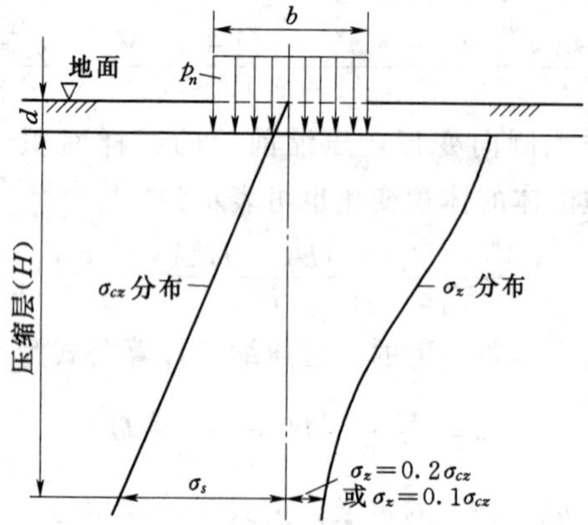

图 4.20　压缩层的确定

$\sigma_z/\sigma_{cz} = 0.1$ 为标准确定压缩层的厚度。

由此看来，分层总和法的基本思路是：将压缩层范围内地基分层，用式（4.30）计算每一分层的压缩量，然后累加得总沉降量。

分层总和法的具体计算步骤如下（见图 4.21）：

(1) 首先，根据建筑物基础的形状，结合地基中土层性状，选择沉降计算点的位置；再按作用在基础上荷载的性质（中心、

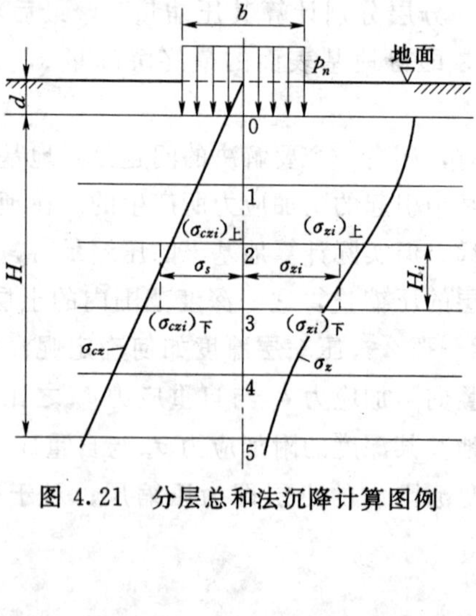

图 4.21　分层总和法沉降计算图例

偏心或倾斜等情况），求出基底压力的大小和分布。

（2）将地基分层。在分层时天然土层的交界面和地下水位应为分层面，同时在同一类土层中，各分层的厚度不宜过大。对于水工建筑物地基，每层的厚度可以控制在 $H_i=2\sim4\text{m}$ 或 $H_i\leqslant0.4b$，b 为基础宽度。对每一分层，可认为压力是均匀分布的。

（3）计算地基中土的自重应力分布。求出计算点垂线上各分层层面处（如图 4.21 中的 0，1，2，…）的竖向自重应力 σ_{cz}（应从地面算起），并绘出它的分布曲线。

（4）计算地基中竖向附加应力分布。求出计算点垂线上各分层层面处的竖向附加应力 σ_z 并绘出它的分布曲线，如图 4.21 所示。并以 $\sigma_z=0.1\sigma_{cz}$ 或 $0.2\sigma_{cz}$ 的标准确定压缩层的厚度 H。应当注意，当基础有埋置深度 d，应采用基底净压力 $p_n=p-\gamma d$ 计算地基中的附加应力。

（5）按算术平均求各分层平均自重应力 σ_{czi} 和平均附加应力 σ_{zi}，如图 4.21 所示。

$$\sigma_{czi}=\frac{(\sigma_{czi})_{上}+(\sigma_{czi})_{下}}{2} \tag{4.32}$$

$$\sigma_{zi}=\frac{(\sigma_{zi})_{上}+(\sigma_{zi})_{下}}{2} \tag{4.33}$$

式中：$(\sigma_{czi})_{上}$、$(\sigma_{czi})_{下}$ 分别为第 i 分层上、下面的自重应力；$(\sigma_{zi})_{上}$、$(\sigma_{zi})_{下}$ 分别为第 i 分层上、下面的附加应力。

（6）求出第 i 分层的压缩量。根据第 i 分层的平均初始应力 $p_{1i}=\sigma_{czi}$ 及初始应力与附加应力之和 $p_{2i}=\sigma_{czi}+\sigma_{zi}$，由压缩曲线图 4.22 查出相应的初始孔隙比 e_{1i} 和压缩稳定后孔隙比 e_{2i}。将 p_{1i}、p_{2i}、e_{1i}、e_{2i} 代入式（4.13）得第 i 分层的压缩量，即

$$s_i=\frac{e_{1i}-e_{2i}}{1+e_{1i}}H_i \tag{4.34}$$

式中：H_i 为第 i 分层的厚度。

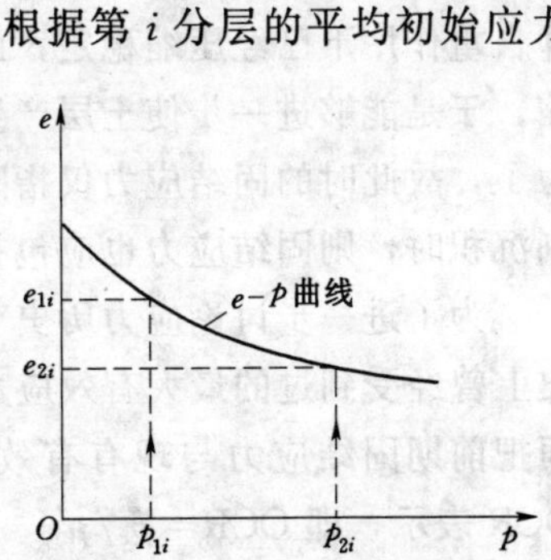

图 4.22　土层压缩曲线

如果只有 a_v、m_v 或 E_s 等压缩性指标，而没有压缩曲线，则可用下式估算第 i 分层的压缩量，即

$$s_i = \frac{a_{vi}}{1+e_{1i}}\Delta p_i H_i = m_{vi}\Delta p_i H_i = \frac{1}{E_{si}}\Delta p_i H_i \qquad (4.35)$$

（7）最后将每层的压缩量累加，即得地基的总沉降量为

$$s = \sum_{i=1}^{n} s_i \qquad (4.36)$$

第 7 节　应力历史对地基沉降的影响

所谓应力历史，就是指土体在历史上曾经受到过的应力状态。

在讨论应力历史对粘性土压缩性的影响之前，我们将引进固结应（压）力的概念。所谓固结应力，就是指能够使土体产生固结或压缩的应力；就地基土层而言，能够使土体产生固结或压缩的应力主要有两种：一是土的自重应力；二是外荷在地基内部引起的附加应力。对于新沉积的土或人工吹填土，起初土粒尚处于悬浮状态，土的自重应力由孔隙水承担，有效应力为零。随着时间的推移，土在自重作用下逐渐沉降固结，最后自重应力全部转化为有效应力，故这类土的自重应力就是固结应力。对大多数天然土，由于经历了漫长的地质年代，在自重作用下已完全固结，即自重作用下已经压缩稳定，此时的自重应力已不再引起土层压缩，于是能够进一步使土层产生压缩的，只有外荷引起的附加应力了，故此时的固结应力仅指附加应力。如果将时间回溯到土层刚沉积时，则固结应力也应包括自重应力。

为了进一步讨论应力历史对土压缩性的影响，我们把土在历史上曾经受到过的最大有效应力称为前期固结应力，用 p_c 表示；而把前期固结应力与现有有效应力 p'_0 之比称为超固结比，用 OCR 表示，即 OCR$=p_c/p'_0$。对于天然土，当 OCR$>$1 时，该土为超固结土；当 OCR$=$1 时，则为正常固结土。如果土在自

重应力 p_0 作用下尚未完全固结，则其现有有效应力 p'_0 小于现有固结应力 p_0，即 $p'_0<p_0$，这种土称为欠固结土。对于欠固结土，其现有有效应力即是历史上曾经受到过的最大有效应力（前期固结应力 p_c），因此，其 OCR=1，故欠固结土实际上是属于正常固结土一类。下面我们举例说明上述概念。

图 4.23 为天然沉积的三个土层，目前具有相同的地面标高。土层 A 沉积到现在的地面后，在自重作用下已固结稳定。土的现有固结应力 p_0 已全部为骨架所承担而转化为有效应力 p'_0，此有效应力就是该土层曾经受到过的最大有效应力，故 $p'_0=p_c z$，即 OCR=1，属正常固结土。

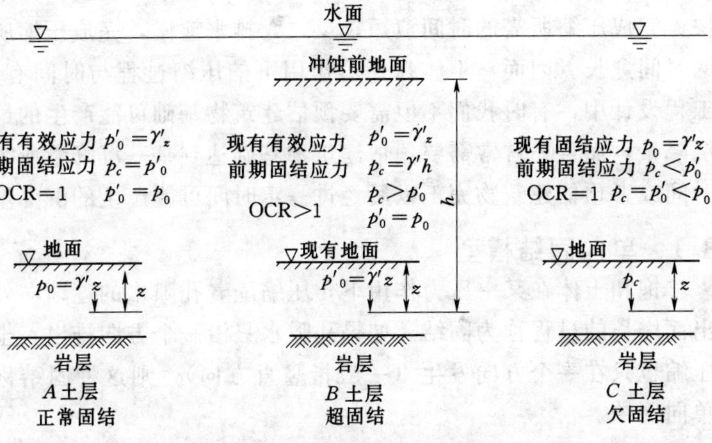

图 4.23　三种不同应力历史的土层

土层 B 在历史上曾经沉积到图 4.23 中虚线所示的地面，并在其自重作用下固结稳定，后来由于地质作用，上部土层被冲蚀而形成现有的地面。在 z 深度处现有有效应力 $p'_0=\gamma' z$，但前期固结应力 $p_c=\gamma' h>\gamma' z$，故 $p_c>p'_0$，OCR>1，因而，该土属超固结土。

土层 C 是近代沉积起来的，由于沉积时间不长，在自重应力作用下尚未完全固结稳定，在 z 深度处，土的附加应力 p_0

（等于 $\gamma' z$）尚未全部转化为有效应力，仍有一部分由孔隙水所承担。因而，现有有效应力 $p'_0 < p_0$。另一方面，土的现有有效应力即是其历史上曾经受到过的最大有效应力，所以，$p'_0 = p_c$，OCR＝1。

第 8 节　一维固结理论基本概念以及地基变形与时间关系

因为饱和土体的压缩完全是由于孔隙中的水逐渐向外排出，孔隙体积缩小引起的。排水速率将影响到土体压缩稳定所需的时间。而排水速率又直接与土的渗透性有关，透水性愈强，排水愈快，完成压缩所需的时间愈短；反之，排水愈慢，完成压缩所需的时间愈长。因而，土体在外荷作用下的压缩过程与时间有关。工程设计中，有时我们不但需要预估建筑物基础可能产生的最终沉降量，而且还常常需要预估建筑物基础达到某一沉降量所需的时间或者预估建筑物完工以后经过一定时间可能产生的沉降量。

8.1　单向固结模型

饱和土体在某一压力作用下，压缩随着孔隙水的逐渐向外排出而增长的过程称为固结。如果孔隙水只沿一个方向排出，土的压缩也只在一个方向发生（一般指竖直方向），则这种固结称为单向固结。

土的单向固结模型是一个侧壁和底部均不能透水，其内部装置着多层活塞和弹簧的充水容器，如图 4.24 所示。其中，弹簧模拟土的骨架，容器中的水模拟土孔隙中水。活塞上的小孔模拟土孔隙中的排水条件，容器侧面的测压管用来量测各分层的孔隙水应力的变化。当模型受到外界压力作用时，由弹簧承担的应力即相当于土体骨架所承担的有效应力 σ'，而由容器中的水承担的应力即相当于土体内孔隙水所承担的孔隙水应力 u。

假设模型在加压之前，活塞的重量已由弹簧承担，因此，各测压管中的水位与容器中的静水位齐平，这种情况即相当于土在

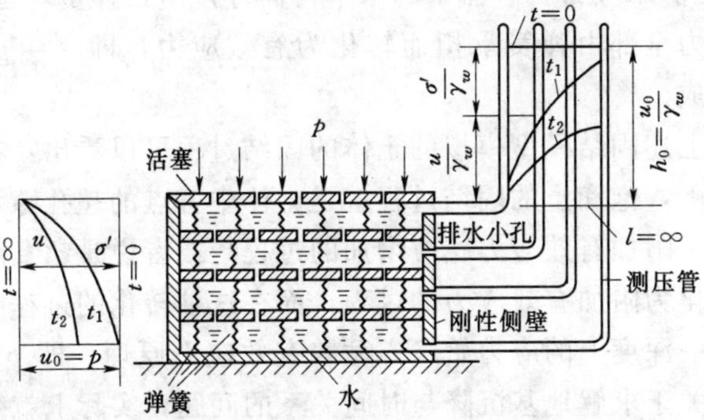

图 4.24　饱和土体的单向固结模型

自重作用下已经完成固结的初始状态。此时，每一分层中的弹簧均承受一定的应力，容器中的水也承受一定的孔隙水应力。若假定活塞与容器侧壁之间的摩擦力忽略不计，则当模型受到外界压力 p（相当于土层中的附加应力）作用时，各分层的附加应力将是相等的。

当压力 p 施加的瞬时，即 $t=0$ 时，由于容器中的水还来不及向外排出，加之水被认为是不可压缩的，因而，各分层的弹簧都没有压缩，附加有效应力 $\sigma'=0$，附加应力全部由水来承担。由水承担的这部分应力将使得各测压管中的水位均高出容器中的静水位，故孔隙水所承担的这部分应力称为超静孔隙水应力，且 $u_0=p$。此时，各测压管中的水位高出容器中的静水位的高度均为 $h_0=u_0/\gamma_w$。值得注意的是此时各层的超静孔隙水应力相等。

经过时间 t，容器中的水在水位差作用下，自下而上逐渐从顶层活塞的排水孔向外排出，各分层的孔隙水应力将减小，测压管的水位相继下降，超静孔隙水压力 $u<p$。与此同时，各分层弹簧相应压缩而承担部分应力，即有效应力 $\sigma'>0$。此时，附加应力 p 由弹簧和孔隙水共同承担，且 $p=u+\sigma'$。

最后，当 t 趋于无穷大时，测压管中的水位都恢复到与容器中的静水位齐平的位置。这时，超孔隙水应力全部消散，即 $u=$

0，仅剩静水应力，容器中的水不再向外排出，弹簧均压缩稳定，附加应力全部由弹簧承担而转化为有效应力，即 $\sigma'=p$。至此，固结完成。

从上述固结模型模拟的土体的固结过程可以看出：在某一压力作用下，饱和土的固结过程就是土体中各点的超孔隙水应力不断消散、附加有效应力相应增加的过程，或者说是超孔隙水应力逐渐转化为附加有效应力的过程，而在这种转化的过程中，任一时刻任一深度上的应力始终遵循着有效应力原理，即 $p=u+\sigma'$。因此，关于求解地基沉降与时间关系的问题，实际上就变成求解在附加应力作用下，地基中各点的超孔隙水应力随时间变化的问题。因为一旦某时刻的超孔隙水应力确定，附加有效应力就可根据有效应力原理求得，从而，根据上节介绍的理论，求得该时刻的土层压缩量。

8.2 太沙基单向固结理论

为求饱和土层在渗透固结过程中任意时间的变形，通常采用 K. 太沙基（K. Terzaghi，1925 年）提出的一维固结理论进行计算。其适用条件为荷载面积远大于压缩土层的厚度，地基中孔隙水主要沿竖向渗流。对于堤坝及其地基，孔隙水主要沿两个方向渗流，属于二维固结问题；对于高层房屋地基，则应考虑三维固结问题。

太沙基单向固结理论的基本假定如下：

（1）土是均质、各向同性且饱和的。

（2）土粒和孔隙水是不可压缩的，土的压缩完全由孔隙体积的减小引起。

（3）土的压缩和固结仅在竖直方向发生。

（4）孔隙水的向外排出符合达西定律，土的固结快慢决定于它的渗透速度。

（5）在整个固结过程中，土的渗透系数、压缩系数等均视为常数。

（6）地面上作用着连续均布荷载并且是一次施加的。

在图 4.24 中，均质、各向同性的饱和粘土层位于不透水的岩层上，粘土层的厚度为 H，在自重应力作用下已固结稳定，仅考虑外加荷载引起的固结。若在水平地面上施加连续均布压力，则在土层内部引起的竖向附加应力沿高度的分布将是均匀的，且等于外加均布压力，即 $\sigma_z = p$。为了找出粘土层在固结过程中孔隙水应力的变化规律，我们取粘土层层面以下 z 深度处厚度 $\mathrm{d}z$、面积 1×1 的单元体，研究其水量变化和孔隙体积压缩的情况（坐标取重力方向为正，先不考虑边界条件）。在地面加荷之前，单元体顶面和底面的测压管中水位均与地下水位齐平。在加荷瞬间，即 $t=0$ 时，根据前述的固结模型，测压管中的水位都将升高 $h_0 = u_0/\gamma_w$。在固结过程中某一时刻 t，测压管中的水位将下降，设此时单元体顶面测压管中水位高出地下水位 $h = u/\gamma_w$。而底面测压管中水位又比顶面测压管中水位高出 $\mathrm{d}h$，如图 4.27 所示。由于单元体顶面与底面存在着水位差 $\mathrm{d}h$，因此，单元体中将产生渗流并引起孔隙水量变化，从而引起孔隙体积的改变。

设在固结过程中的某一时刻 t，从单元顶面流出的流量为 q，从底面流入的流量将为 $\left(q + \dfrac{\partial q}{\partial z}\mathrm{d}z\right)$。于是，在时间 $\mathrm{d}t$ 内，流入与流出该单元体的水量之差，即净流出的水量为

$$\mathrm{d}Q = q\mathrm{d}t - \left(q + \frac{\partial q}{\partial z}\mathrm{d}z\right)\mathrm{d}t = -\frac{\partial q}{\partial z}\mathrm{d}z\mathrm{d}t \qquad (4.37)$$

对于饱和土，由于孔隙被水充满，因此，在 $\mathrm{d}t$ 时间内单元体体积的减小应等于净流出的水量，即

$$-\mathrm{d}V = \mathrm{d}Q \qquad (4.38)$$

则单向固结微分方程式为

$$\frac{\partial u}{\partial t} = C_v \frac{\partial u}{\partial z} \qquad (4.39)$$

其中

$$C_v = k/m_v\gamma_w$$

式中：C_v 为固结系数，cm^2/s。

对于任何时刻任何位置 z，土体中孔隙水压力 u 都必须满足方程（4.39）。反之，在一定的初始条件和边界条件下，由式（4.39）

可以求解得任一深度 z 在任一时刻 t 的孔隙水应力的表达式。对于图 4.24 所示的土层和受荷情况，其初始条件和边界条件为

$t=0$ 且 $0\leqslant z\leqslant H$ 时　　$u_0=p$

$0<t<\infty$ 且 $z=H$ 时　　$q=0$，从而 $\dfrac{\partial u}{\partial z}=0$

$t=\infty$ 且 $0\leqslant z\leqslant H$ 时　　$u=0$

根据上述边界条件，用分离变量法可求得式（4.39）的解答为

$$u=\frac{4}{\pi}p\sum_{m=1}^{\infty}\frac{1}{m}\sin\left(\frac{m\pi z}{2H}\right)e^{-m^2\frac{\pi^2}{4}T_v} \tag{4.40}$$

其中
$$T_v=\frac{C_v t}{H^2}$$

式中：m 为正奇数（1，3，5，…）；T_v 为时间因数，无因次；H 为最大排水距离，在单面排水条件下为土层厚度，在双面排水条件下为土层厚度的一半。

8.3 固结度及其应用

所谓固结度，就是指在某一附加应力下，经某一时间 t 后，土体发生固结或孔隙水应力消散的程度，用 u_z 表示。对某一深度 z 处土层经过时间 t 后，该点的固结度可用下式表示：

$$U_z=\frac{u_0-u}{u_0}=1-\frac{u}{u_0} \tag{4.41}$$

式中：u_0 为初始孔隙水应力，其大小即等于该点的附加应力 p；u 为 t 时刻该点的孔隙水应力。

某一点的固结度对于解决工程实际问题来说并不重要，重要的是整个土体的固结度，为此，引入土层平均固结度的概念，其定义为

$$U=\frac{s_t}{s} \tag{4.42}$$

式中：s_t 为经过时间 t 后的基础沉降量，mm；s 为基础的最终沉降量，mm。

为了使用的方便，我们已将各种附加应力呈直线分布情况下

土层的平均固结度与时间因数之间的关系绘制成曲线，如图 4.25 所示。

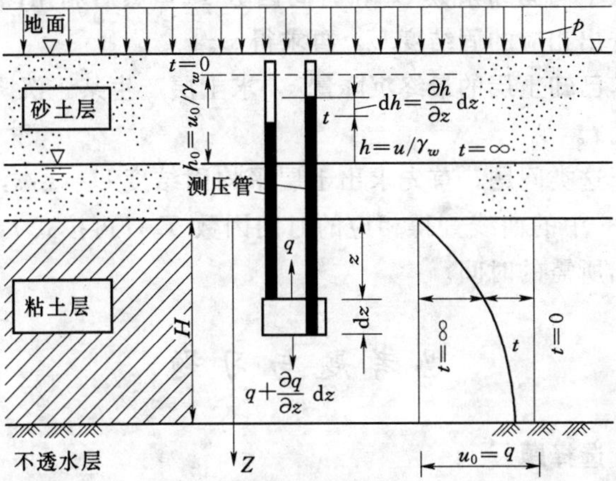

图 4.25　饱和粘土的固结过程

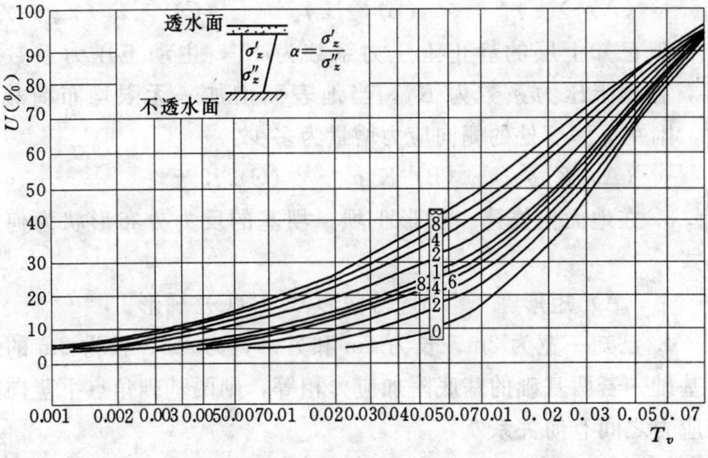

图 4.26　平均固结度 U 与时间因数 T_v 关系曲线

利用图 4.25 和图 4.26，可以解决下列两类沉降计算问题：

(1) 已知土层的最终沉降量 s，求某一固结历时 t 已完成的

沉降 s_t。

对于这类问题，首先根据土层的 k、a_v、e_1、H 和给定的 t，算出土层平均固纬系数 C_v 和时间因数 T_v，然后利用图 4.26 中的曲线查出相应的固结度 U，再求得 s_t。

（2）已知土层的最终沉降量 s，求土层产生某一沉降量 s_t 所需的时间 t。

对于这类问题，首先求出土层平均固结度 $U=s_t/s$，然后利用图 4.26 中的曲线查得相应的时间因数 T_v，再按式 $t=H^2T_v/C_v$，求出所需的时间。

思考题与习题

一、选择题

1. 已知土层的饱和重度为 γ_{sat}，干重度为 γ_d，在计算地基沉降时，采用以下哪个公式计算地下水位以下的自重应力？

(A) $\sum z_i\gamma_{sati}$　　(B) $\sum z_i\gamma_{di}$　　(C) $\sum z_i$（$\gamma_{sati}-\gamma_w$）

2. 已知土层的静止土压力系数为 K_0，主动土压力系数为 K_a，被动土压力系数为 K_p，当地表面增加一无限均布荷载 p 时，则在 z 深度处的侧向应力增量为多少？

(A) K_pp　　(B) K_ap　　(C) K_0p

3. 在地面上修建一梯形土坝，坝基的反力分布形状为何种形式？

(A) 矩形　　(B) 马鞍形　　(C) 梯形

4. 已知一宽为 2m、长为 4m 和另一宽为 4m、长为 8m 的矩形基础，若两基础的基底附加应力相等，则两基础角点下竖向附加应力之间有何关系？

(A) 两基础角点下 z 深度处竖向应力分布相同

(B) 小尺寸基础角点下 z 深度处应力与大尺寸基础角点下 $2z$ 深度处应力相等

(C) 大尺寸基础角点下 z 深度处应力与小尺寸基础角点

下 $2z$ 深度处应力相等

5. 已知一宽度为3m的条形基础，在基底平面上作用着中心荷载 $F=240$kN 及力矩 $M=100$kN·m，则基础底面边缘最小压应力为多少？

(A) $p_{min}>0$　(B) $p_{min}=0$　(C) $p_{min}<0$

6. 地下水位突然从基础底面处下降3m，对土中附加应力有何影响？

(A) 没有影响　(B) 附加应力减小

(C) 附加应力增加

7. 当地下水位从地表处下降至基底平面处，对附加应力有何影响？

(A) 附加应力增加　(B) 附加应力减小

(C) 附加应力不变

8. 当地下水位从基础底面处上升到地表面，对附加应力有何影响？

(A) 附加应力增加　(B) 附加应力减小

(C) 附加应力不变

9. 当地下水自上往下渗流时，土层中骨架应力如何变化？

(A) 不变　(B) 减小　(C) 增大

10. 当地下水自下而上渗流时，土层中骨架应力如何变化？

(A) 不变　(B) 减小　(C) 增大

11. 当地基中附加应力曲线为矩形时，则地面荷载为何种形式？

(A) 条形均布荷载　(B) 矩形均布荷载

(C) 无穷均布荷载

12. 条形均布荷载中心线下，附加应力随深度减小，其衰减速度与基础宽度 b 有何关系？

(A) 与 b 无关　(B) b 越大，衰减越慢

(C) b 越大，衰减越快

13. 甲、乙两个基础的长度与宽度之比 l/b 相同，且基底平

均附加应力相同，但它们的宽度不同，$b_{甲}>b_{乙}$，则基底下3m深度处的应力关系如何？

(A) $\sigma_{z(甲)}=\sigma_{z(乙)}$ (B) $\sigma_{z(甲)}>\sigma_{z(乙)}$

(C) $\sigma_{z(甲)}>\sigma_{z(乙)}$

14. 土的压缩变形是由下述哪种变形造成的？

(A) 土孔隙的体积压缩变形

(B) 土颗粒的体积压缩变形

(C) 土孔隙和土颗粒的体积压缩变形之和

15. 土体压缩性可用压缩系数 a 来描述，下述说法正确的是哪一个？

(A) a 越大，土的压缩性越小

(B) a 越大，土的压缩性越大

(C) a 的大小与土的压缩性无关

16. 土体压缩性 $e-p$ 曲线是在何种条件下试验得到的？

(A) 完全侧限 (B) 无侧限条件

(C) 部分侧限条件

17. 所谓土的压缩模量是指什么？

(A) 完全侧限下，竖向应力与竖向应变之比

(B) 无侧限条件下，竖向应力与竖向应变之比

(C) 部分侧限条件下，竖向应力与竖向应变之比

18. 压缩试验得到的 $e-p$ 曲线，其中 p 是指何种应力？

(A) 孔隙应力 (B) 总应力 (C) 有效应力

19. 对于某一种特定的粘性土，压缩系数 a 是不是一个常数？

(A) 是常数

(B) 不是常数，随竖向应力 p 增大而减小

(C) 不是常数，随竖向应力 p 增大而增大

20. 当土为欠固结土状态时，其先期固结压力 p_c 与目前上覆压力 γz 的关系正确的是哪一个？

(A) $p_c>\gamma z$ (B) $p_c=\gamma z$ (C) $p_c<\gamma z$

21. 土层的固结度与施加的荷载大小有什么关系？

(A) 荷载越大，固结度越大

(B) 荷载越大，固结度越小

(C) 与荷载大小无关

22. 所谓土的固结，主要是指什么？

(A) 总应力引起超孔隙水压力增长的过程

(B) 超孔隙水压力消散，有效应力增长的过程

(C) 总应力不断增加的过程

23. 上部结构传至基础底面的两个基础，埋置深度相同，底面积不同，但基底压力相同，试问两基础沉降有何不同？

(A) 基底面积大的沉降量大

(B) 基底面积小的沉降量大

(C) 两基础沉降量相同

24. 有两个条形基础，基底附加应力分布相同，基础宽度相同，埋置深度也相同，但其基底长度不同，试问两基础沉降有何不同？

(A) 基底长度大的沉降量大

(B) 基底长度大的沉降量小

(C) 两基础沉降量相同

25. 用分层总和法计算地基沉降时，附加应力曲线表示什么应力？

(A) 总应力　　(B) 孔隙水应力　　(C) 有效应力

26. 基础面积相同，基底附加应力也相同，但埋置深度不同，对于两基础，最终沉降量有何区别？

(A) 埋深大的比埋深浅的沉降大

(B) 埋深大的比埋深浅的沉降小

(C) 两基础沉降无差别

27. 基底附加应力相同，埋置深度也相同，但基底面积不同的两个基础，它们的沉降量有何不同？

(A) 基底面积大的沉降量大

(B) 基底面积小的沉降量大

(C) 两基础沉降量相同

28. 在压缩层范围内上下土层由 E_{s1} 和 E_{s2} 两种不同压缩性土层组成，若 $E_{s1} > E_{s2}$，为了减少基础沉降，基础埋置深度应该如何确定为好？

(A) 基础埋置深一点好

(B) 基础埋置浅一点好

(C) 附加应力分布与模量 E_s 无关，故埋置深度可不考虑 E_s 的影响

二、判断题

1. 土中附加应力的计算公式为 $\sigma_z = K p_0$，因此在同样的地基上，基底附加应力 p_0 相同的两个建筑物，其沉降值应相同。 (　　)

2. 在任何情况下，土体自重应力都不会引起地基沉降。 (　　)

3. 当土层的自重应力小于先期固结压力时，这种土称为超固结土。 (　　)

4. 地下水位下降会增加土层的自重应力，从而引起地基沉降。 (　　)

5. 绝对刚性基础不能弯曲，在中心荷载作用下各点的沉降量一样，因此基础底面的实际压力分布是均匀分布的。 (　　)

三、问答题

1. 土中的应力按照其起因和传递方式分有哪几种？怎样定义？

2. 何谓附加应力，空间问题和平面问题各有几个附加应力分量？

3. 什么是柔性基础？什么是刚性基础？这两种基础的基底压力分布有何不同？

4. 地基中竖向附加应力的分布有什么基本规律？相邻两基础下附加应力是否会彼此影响，为什么？

5. 什么是有效应力？什么是孔隙应力？其中静孔隙水应力如何计算？

四、计算题

1. 在砂土地基上施加一无限均布的填土，填土厚 2m，重度为 $16kN/m^3$，砂土的重度为 $18kN/m^3$，地下水位在地表处，则 5m 深度处作用在骨架上的竖向应力为多少？

2. 已知一宽度为 3m 的条形基础，在基底平面上作用着中心荷载 $F+G=240kN$ 及力矩 M，试问当 M 为何值时 $P_{min}=0$？

3. 在地表作用集中力 $Q=200kN$，计算地面深度 $z=3m$ 处水平面上的竖向法向应力 σ_z 分布，以及距 Q 的作用点 $r=1m$ 处竖直面上的竖向法向应力 σ_z 分布。

4. 某矩形基础，宽为 3m、长为 4m，在长边方向作用一偏心荷载 $F+G=1440kN$，偏心距为 $e=0.7m$。试问基底最大压应力 p_{max} 为多少？

5. 某基础埋置深度 $d=1.5m$，建筑物荷载及基础和台阶土重传至基底总应力为 100kPa，若基底以上土的重度为 $18kN/m^3$，基底以下土的重度为 $17kN/m^3$，地下水位在基底处，则基底竖向附加应力为多少？地下水位在地表处，则基底竖向附加应力又为多少？

6. 已知某矩形基础，宽为 2m，长为 4m，基底附加应力为 80kPa，角点下 6m 处竖向附加应力为 12.95kPa，现有另一基础，宽为 4m，长为 8m，基底附加应力为 90kPa，试问该基础中心线下 6m 处竖向附加应力为多少？

7. 某粘性土样，孔隙比 $e=1.25$，在压缩试验过程中，土样高度压缩了 1.2mm，这时土样的孔隙比为多少？（环刀高度为 2cm）

8. 在荷载为 100kPa 作用下，非饱和土样孔隙比 $e=1.0$，饱和度为 80%，当荷载增加至 200kPa 时，饱和度为 90%，试问土样的压缩系数 a 为多少？并求土样的压缩模量。

9. 某土样含水率为 40%，天然重度 $\gamma=18kN/m^3$，土粒比

重 $G_s=2.70$，在压缩试验中，荷载从 0 增至 100kPa，土样压缩了 0.95mm，试问压缩系数 a 和压缩模量 E_s 各为多少？

10. 某饱和粘土试样在压缩仪中进行压缩试验，该土样原始高度为 20mm，面积为 $30cm^2$，土样与环刀总重为 1.756N，环刀重 0.586N。当荷载由 $p_1=100kPa$ 增加至 $p_2=200kPa$ 时，在 24 小时内土样的高度由 19.31mm 减少至 18.76mm。试验结束后烘干土样，称得干土重为 0.910N，$G_s=2.70$。(1) 计算与 p_1 及 p_2 对应的孔隙比 e_1 及 e_2；(2) 求 a_{1-2} 及 $E_{s(1-2)}$，并判断该土的压缩性。

11. 某饱和土样，含水率为 40%，重度 $\gamma=18kN/m^3$，土粒比重 $G_s=2.70$，在压缩试验中，荷载从 0 增至 150kPa，土样含水率变为 34%，试问土样的压缩量和此时的重度各为多少？(环刀高度为 2cm)

12. 地面以下 4～8m 范围内有一层软粘土，含水率 $w=42\%$，重度 $\gamma=17.5kN/m^3$，土粒比重 $G_s=2.70$，压缩系数 $a=1.35MPa^{-1}$，4m 以上为粉质粘土，重度为 $16.25\ kN/m^3$，地下水位在地表处，若地面作用一无限均布荷载 $q=100kPa$，求软粘土的最终沉降量是多少？

13. 地面下有一层 4m 厚的粘土，天然孔隙比 $e_0=1.25$，若地面施加 $q=100kPa$ 的无限均布荷载，沉降稳定后，测得土的孔隙比 $e=1.12$，求粘土层的沉降是多少？

14. 地面以下有一层 4m 厚的软粘土，在地表荷载作用下，测得稳定压缩量为 20cm，孔隙比 $e=1.10$，试问地表荷载作用前，软粘土层原来的孔隙比为多少？

15. 某基础埋置深度 1m，地下水位在地表处，饱和重度 $\gamma_{sat}=18kN/m^3$，孔隙比与应力之间的关系为 $e=1.15-0.00125p$。若在基底下 5m 处的附加应力为 75kPa，试问在基底下 4～6m 土层的压缩量是多少？

16. 某条形基础，埋深 2m，基底以下 5m 和 7m 处的附加应力分别为 65kPa 和 43kPa。若地下水位在地表处，土的饱和重度

$\gamma_{sat}=18kN/m^3$，应力范围内的压缩模量 $E_s=1.8MPa$，求 5～7m 厚土层压缩量是多少？

17. 某箱形基础，上部结构传至基底的应力 $p=80kPa$，若地基土的重度 $\gamma=18kN/m^3$，地下水位在地表下 10m 处，试问埋置深度为多少时，理论上可以不考虑地基的沉降？

18. 某粘土层，厚度 4m，层顶和层底各有一排水砂层，地下水位在粘土层的顶面。取土进行室内固结试验，试样固结度达到 80％时，所需时间为 7 分钟。若在粘土层顶面瞬时施加无限均布荷载 $p=100kPa$，则粘土层固结度达到 80％时，需要多少天？

19. 地面下有一层 6m 厚的粘土层，地下水位在地表处，粘土的饱和重度 $\gamma_{sat}=18kN/m^3$，孔隙比与应力之间的关系为 $e=1.25-0.0016p$。若地面施加 $q=100kPa$ 的无限均布荷载，100 天后测得 6m 厚土层压缩了 14.5cm，试求粘土层的固结度。

20. 地表下有一 4m 厚的粘土层，在顶面瞬时施加一无限均布荷载 $p=100kPa$，两个月后在标高：0m、－1m、－2m、－3m、－4m 处，测得的超孔隙水压力分别为 0、20kPa、40kPa、60kPa、80kPa，试问粘土层的固结度为多少？

21. 地表下有一层 6m 厚的粘土层，初始孔隙比 $e_0=1.25$，在地面无限均布荷载 $p=80kPa$ 作用下，计算最终沉降量 $s_\infty=25cm$，经过两个月预压，土层的孔隙比为 $e_t=1.19$，求土层的固结度。

第5章 土的抗剪强度与地基承载力

第1节 土的抗剪强度概念及抗剪强度指标

1.1 概述

土的抗剪强度是指土体对于外荷载所产生的剪应力的极限抵抗能力。在外荷载的作用下，土体中任一截面将同时产生法向应力和剪应力，其中法向应力作用将使土体发生压密，而剪应力作用可使土体发生剪切变形；当土中某一点的截面上由外力所产生的剪应力达到土的抗剪强度时，它将沿着剪应力作用方向产生相对滑动，该点便发生剪切破坏。工程实践和室内试验研究都证实了土的破坏主要是由于剪切所引起的，剪切破坏是土体破坏的重要特点。

在工程实践中与土的抗剪强度有关的工程问题，主要有以下三类，如图5.1所示。第一类是土质边坡，土坝、路堤等填方边坡以及天然土坡等的稳定性问题，如图5.1（a）所示；第二类是土对工程构筑物的侧向压力，即土压力问题，如挡土墙、地下结构等所受的土压力，它受土强度的影响，如图5.1（b）所示；第三类是建筑物地基的承载力问题，如果基础下的地基产生整体滑动或因局部剪切破坏而导致过大的地基变形，都会造成上部结构的破坏或影响其正常使用的事故，如图5.1（c）所示。所以研究土的抗剪强度的规律对于工程设计、施工和管理都具有非常重要的理论和实际意义。

1.2 抗剪强度指标

1773年，库仑（Coulomb）根据砂土的直剪试验，得到抗剪强度的表达式为

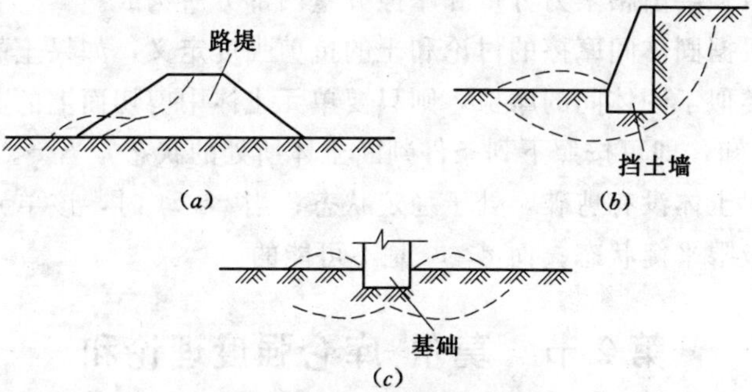

图 5.1　工程中土的强度问题

$$\tau_f = \sigma \mathrm{tg}\varphi \tag{5.1}$$

对于粘性土，由试验得出：

$$\tau_f = c + \sigma \mathrm{tg}\varphi \tag{5.2}$$

式中：τ_f 为土的抗剪强度 kPa；σ 为滑动面上的法向应力 kPa；c 为土的粘聚力，也称内聚力，即抗剪强度线在 $\sigma-\tau$ 坐标系中纵轴上的截距，kPa；φ 为土的内摩擦角，即抗剪强度线的倾角，(°)。

式 (5.1) 和式 (5.2) 为著名的库仑抗剪强度定律。c、φ 称为抗剪强度指标。该定律说明，土的抗剪强度是滑动面上的法向总应力 σ 的线性函数，如图 5.2 所示。同时从该定律可知，对于无粘性土（如砂土），其抗剪强度仅由粒间的摩擦分量所构成，此时 $c=0$，仅作为式 (5.2) 的一个特例看待；而对于粘性土，

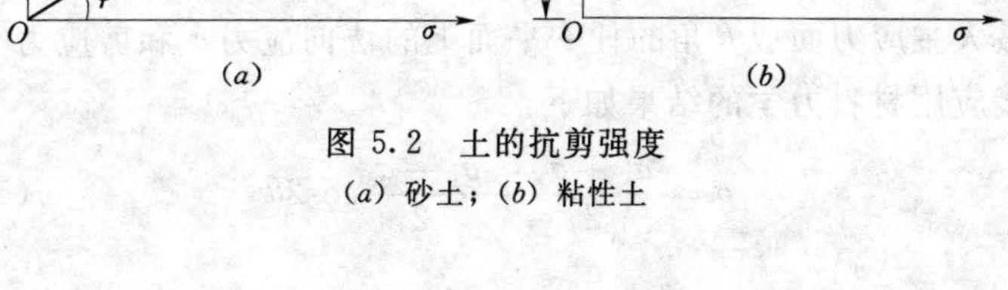

图 5.2　土的抗剪强度
(a) 砂土；(b) 粘性土

其抗剪强度由粘聚力分量和摩擦分量两部分所构成。

根据固体间摩擦的讨论和土的抗剪强度定义，如果土的强度特性类似于固体间的摩擦，则只要单元土体中剪切面上的剪应力 τ 为已知，即可按照下列条件判断土体所处的状态：当 $\tau<\tau_f$ 时，该单元土体没有剪破，处于稳定状态；当 $\tau=\tau_f$ 时，该单元土体处于极限平衡状态；而 $\tau>\tau_f$ 是不可能的。

第 2 节　莫尔-库仑强度理论和土的极限平衡条件

2.1　莫尔-库仑强度理论

1910 年，莫尔（Mohr）首先提出：材料的破坏是剪切破坏，当任一平面上的剪应力等于材料的抗剪强度时，该点就发生破坏。

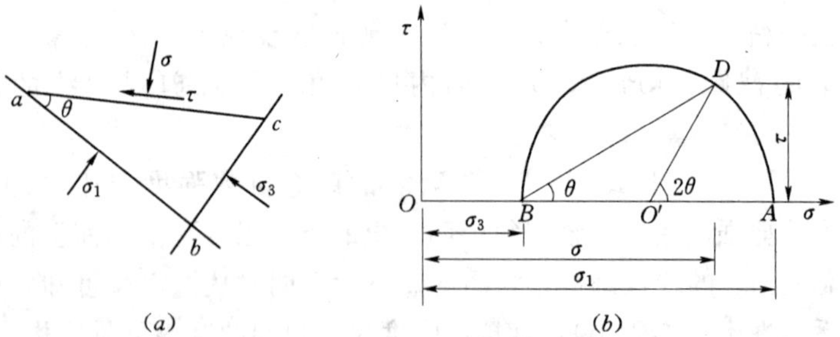

图 5.3　土单元体的应力状态

通常需要研究土体内任一微小单元体的应力状态（见图 5.3）。通过土体内某微小单元体的任一平面上，一般都作用着法向应力（正应力）σ 和切向应力（剪应力）τ 两个分量。若该单元的最大主应力 σ_1 和最小主应力 σ_3 的大小和方向都为已知时，与最大主应力面成 θ 角的任一平面上的法向应力 σ 和剪应力 τ 可直接应用材料力学的结果如下：

$$\sigma=\frac{\sigma_1+\sigma_3}{2}+\frac{\sigma_1-\sigma_3}{2}\cos 2\theta \tag{5.3}$$

若给定 σ_1 和 σ_3，则通过该单元体任一平面上的法向应力和剪应力，将随着它与最大主应力面的夹角 θ 而异。

经整理得到：

$$\left(\sigma-\frac{\sigma_1+\sigma_3}{2}\right)^2+\tau^2=\left(\frac{\sigma_1-\sigma_3}{2}\right)^2 \tag{5.4}$$

可见，在 σ-τ 坐标平面内，土单元体的应力状态的轨迹是一个圆，该圆就称为莫尔应力圆，某土单元体的莫尔应力圆一经确定，该单元体的应力状态也就确定了。

绘制莫尔应力圆时，习惯上常以坐标横轴为法向应力 σ 轴，坐标纵轴为剪应力 τ 轴，在横轴上取 OO' 等于（$\sigma_1+\sigma_3$）/2，以 O' 为圆心，（$\sigma_1-\sigma_3$）/2 为半径作圆即可。该圆与横轴交于 A 点和 B 点，则 OA 等于最大主应力，OB 等于最小主应力，如图 5.3（b）所示。由于莫尔应力圆是以 σ-τ 为坐标平面绘出的，因而圆周上任意点的纵、横坐标值，即表示着单元体中与最大主应力面成某一角的相应面上的剪应力 τ 和法向应力 σ 大小。

莫尔应力圆圆周上的任意点，都代表着单元土体中相应面上的应力状态，因此，就可以把莫尔应力圆与库仑抗剪强度定律互相结合起来，通过两者之间的对照来对土所处的状态进行判别。当莫尔应力圆在强度线以内时，如图 5.4 中 A 圆所示，说明此时单元土体中任一平面上的剪应力都小于该面上相应的抗剪强度，故土单元体处于稳定状态，没有剪破；当莫尔应力圆与抗剪强度线相切时，如图 5.4 中 B 圆所示，说明此时单元土体中有一对平面上的剪应力达到了它的抗剪强度，故该土体已处于濒临破坏的极限平衡状态；把莫尔应力圆与库仑抗剪强度线相切时的应力状态，即 $\tau=\tau_f$ 时的极限平衡状态作为土破坏准则，即莫尔-库仑破坏准则，它是目前判别土体所处状态的最常用或最基本的

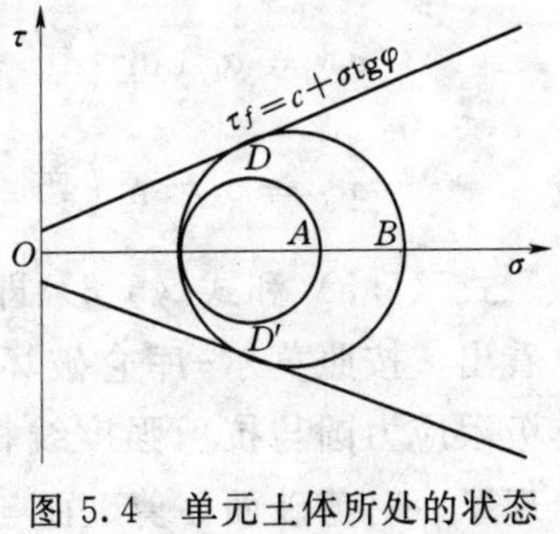

图 5.4　单元土体所处的状态

准则。根据这一准则，当土处于极限平衡状态即应理解为破坏状态，此时的莫尔应力圆即称为极限应力圆或破坏应力圆（即图中的 B 圆），相应的一对平面即称为剪切破坏面（简称剪破面）。

2.2 土的极限平衡条件

根据莫尔-库仑破坏准则，当单元土体达到极限平衡状态时，莫尔应力圆恰好与库仑抗剪强度线相切，如图 5.5（a）所示。这时的应力条件及其最大、最小主应力之间的关系，即称为土的极限平衡条件。

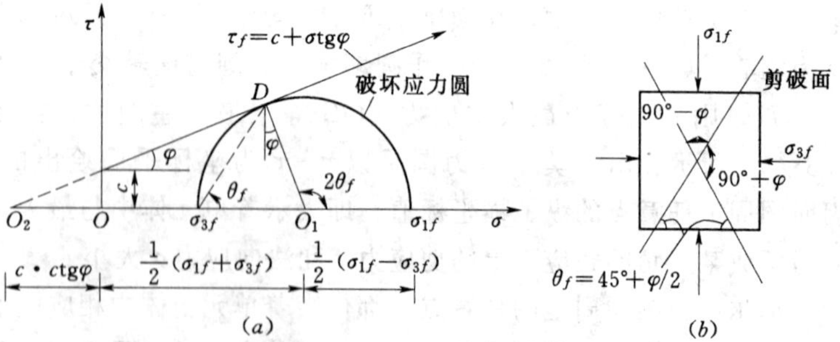

图 5.5 土的极限平衡条件

（a）极限平衡状态；（b）剪破面

根据图中的几何关系可得：

$$\sin\varphi=\frac{(\sigma_1-\sigma_2)_f/2}{(\sigma_1+\sigma_2)_f/2+c\cot\varphi} \tag{5.5}$$

经过三角公式变换，得

$$\sigma_{3f}=\sigma_{1f}\tan^2\left(45°-\frac{\varphi}{2}\right)-2c\tan\left(45°-\frac{\varphi}{2}\right) \tag{5.6}$$

或

$$\sigma_{1f}=\sigma_{3f}\tan^2\left(45°+\frac{\varphi}{2}\right)+2c\tan\left(45°+\frac{\varphi}{2}\right) \tag{5.7}$$

式（5.5）和式（5.6）即为土的极限平衡条件。从图中还可以看出，按照莫尔-库仑破坏准则，当土处于极限平衡状态时，其极限应力圆与抗剪强度线相切于 D 点，这说明此时土体中已出现了一对剪破面。剪破面与大主应力面的夹角 θ_f 称为破坏角，

从图中的几何关系可得到理论剪破角为

$$\theta_f = 45^\circ + \frac{\varphi}{2} \tag{5.8}$$

而两剪破面之间的夹角为（$90^\circ - \varphi$）或（$90^\circ + \varphi$），如图 5.5（*b*）所示。

第 3 节　土的抗剪强度指标的测定方法

测定土抗剪强度指标的试验称为剪切试验，剪切试验可以在实验室内进行，也可在现场原位条件下进行。按常用的试验仪器可将剪切试验分为直接剪切试验、三轴试验、无侧限抗压强度试验和十字板剪切试验四种。其中除十字板剪切试验可在现场原位条件下进行外，其他三种试验均需从现场取回土样，在室内进行试验。

影响土的抗剪强度的因素很多，如土的密度、含水率、初始应力状态、应力历史以及固结程度和试验中的排水条件等。因此，为了求得可供设计或计算分析用的土的强度指标，在试验室中测定土的抗剪强度时，应采取具有代表性的土样而且还必须采用一种能够模拟现场条件的试验方法来进行。根据现有的测试设备和技术条件，要完全模拟现场条件仍有困难，只是尽可能地作近似模拟。

对于砂土和砾石，测定其抗剪强度时可采用扰动试样进行试验，对于粘性土，由于扰动对其强度影响很大，因而必须采用原状的试样进行抗剪强度的测定。但研究土的剪切性状时，只能用重塑土进行。土的抗剪强度与土的固结程度和排水条件有关，对于同一种土，即使在剪切面上具有相同的法向总应力 σ，由于土在剪切前后的固结程度和排水条件不同，它的抗剪强度也不同。

3.1　直接剪切试验

用直接剪切仪来测量土的抗剪强度的试验称为直接剪切试验，

它是测定预定剪破面上抗剪强度的最简便和最常用的方法。直剪仪分应变控制式和应力控制式两种，前者以等应变速率使试样产生剪切位移直至剪破，后者是分级施加水平剪应力并测定相应的剪切位移。目前我国使用较多的是应变控制式直剪仪，如图 5.6 所示。它主要由可互相错动的上、下两个金属盒组成。盒的内壁呈圆柱形，试样高 2cm，面积 $30cm^2$。下盒可自由移动，上盒与一

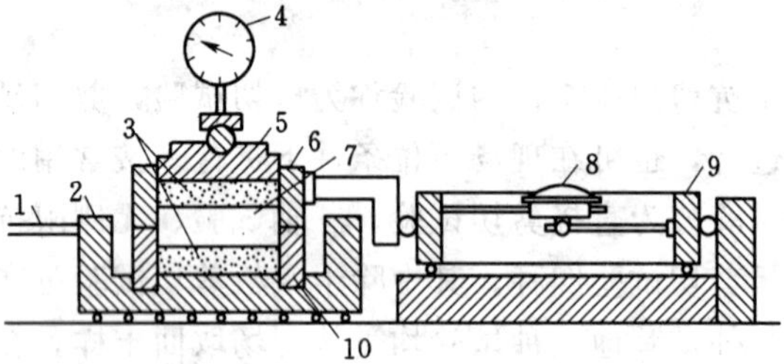

图 5.6 应变控制式直剪仪

1—轮轴；2—底座；3—透水石；4—百分表；5—加压活塞；6—上盒；7—土样；8—百分表；9—量力钢环；10—下盒

端固定的量力钢环相接触，钢环的作用是测出上盒在试验时的位移并据此而换算出剪切面上的剪应力。试验时，将试样装入剪切盒中，并根据试验条件，在试样上、下面各放一透水石（允许排水）或不透水板（不允许排水），再在透水石或不透水板顶部放一金属的传压活塞，并根据试验要求在其上施加第一级竖向压力 σ_1，然后以规定的速率对下盒逐渐施加水平推力 T，随着水平推力的施加，上、下盒即沿水平接触面发生相对位移（即剪切变形）而使试样受剪并在剪切面上产生剪应力 τ。在施加水平推力后，即测读试样的剪位移和计算相应的剪应力，并绘出剪应力与剪位移的关系曲线，该曲线即为抗剪强度线，如图 5.7 所示。图中直线与纵轴的截距即为粘聚力 c，直线与水平轴的夹角即为该土样的内摩擦角 φ。

在直剪试验过程中，不能量测孔隙水应力，也不能控制排水，所以只能以总应力法来表示土的抗剪强度。但是，为了考虑固结程

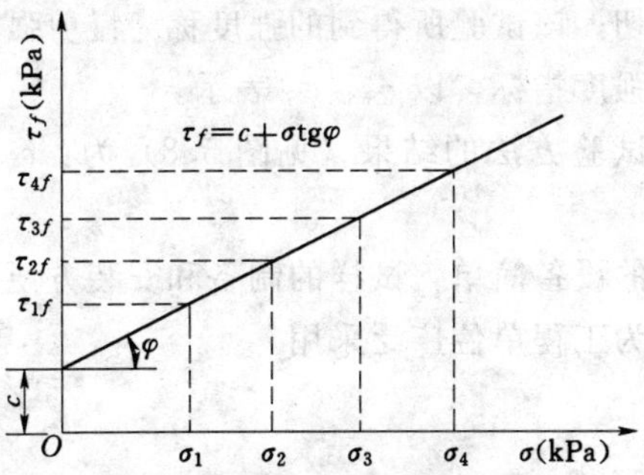

图 5.7　抗剪强度曲线

度和排水条件对抗剪强度的影响，根据加荷速率的快慢将直剪试验划分为快剪（Q）、固结快剪（R）和慢剪（S）三种试验类型。

3.1.1　快剪试验

《土工试验方法标准》（GB/T 50123—1999）规定，快剪试验适用于渗透系数小于 10^{-6}cm/s 的细粒土，试验时在试样上施加垂直压力后，拔去固定销钉，立即以 0.8mm/min 的剪切速度进行剪切，使试样在 3～5min 内剪破。试样产生剪切位移 0.2～0.4mm，测记测力计和位移读数，直至测力计读数出现峰值，或继续剪切至剪切位移为 4mm 时停机。记下破坏值；当剪切过程中测力计读数无峰值时，应剪切至剪切位移为 6mm 时停机。该试验所得到的强度称为快剪强度，相应的指标称为快剪强度指标，以 c_Q、φ_Q 表示。

3.1.2　固结快剪试验

固结快剪试验也适用于渗透系数小于 10^{-6}cm/s 的细粒土。试验时对试样施加垂直压力后，每小时测读垂直变形一次，直至固结变形稳定。变形稳定标准为变形量每小时不大于 0.005mm，再拔去固定销，剪切过程同快剪试验。该试验所得到强度称为固结快剪强度，其相应指标称为固结快剪强度指标，以 c_R、φ_R 表示。

3.1.3　慢剪试验

慢剪试验是对试样施加垂直压力后，待固结稳定后，再拔去固定销，以小于 0.02mm/min 的剪切速度使试样在充分排水的条件下进行剪切。该试验所得到的强度称为慢剪强度，其相应的指标称为慢剪强度指标，以 c_S、φ_S 表示。

上述三种试验方法的结果（见图 5.8）为：$c_Q>c_R>c_S$，而 $\varphi_Q<\varphi_R<\varphi_S$。

直剪试验的设备简单，试样的制备和安装方便，且操作容易掌握，至今仍为工程单位广泛采用。

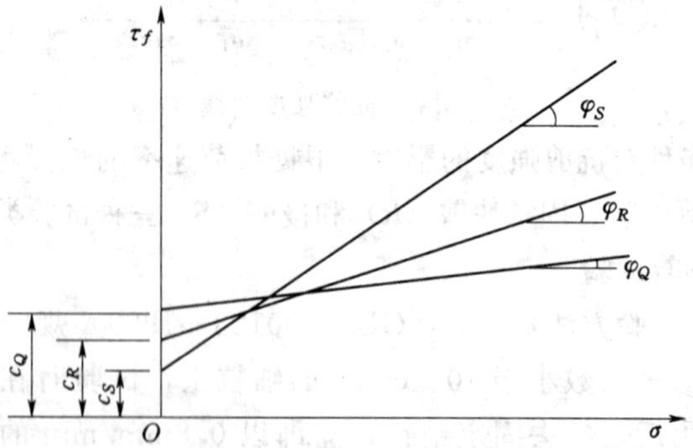

图 5.8　三种直剪试验方法成果的比较

直剪试验存在的缺点有以下几方面：

（1）剪切破坏面固定为上、下盒之间的水平面不符合实际情况，因为该面不一定是土样的最薄弱的面。

（2）试验中试样的排水程度靠试验速度的“快”、“慢”来控制的，做不到严格的排水或不排水，这一点对透水性强的土来说尤为突出。

（3）由于上、下盒的错动，剪切过程中试样的有效面积逐渐减小，使试样中的应力分布不均匀，主应力方向发生变化，当剪切变形较大时这一缺陷表现得更为突出。

为了克服直剪试验存在的问题，对重大工程及一些科学研究，应采用更为完善的三轴压缩试验。

3.2　三轴压缩试验

三轴压缩试验直接量测的是试样在不同恒定周围压力下的抗

压强度，然后利用莫尔-库仑破坏理论间接求出土的抗剪强度。

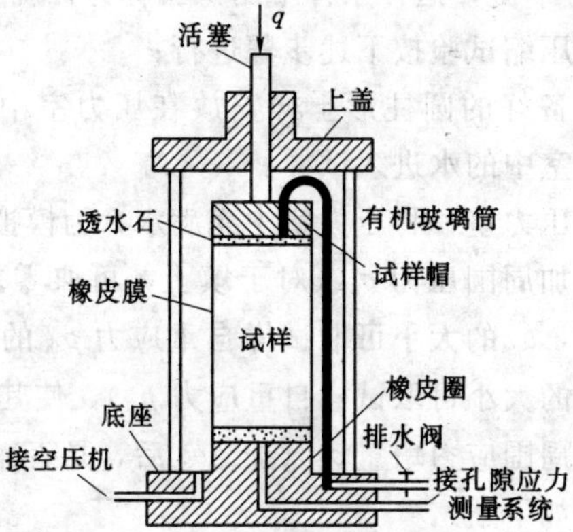

图 5.9　三轴压力室示意图

三轴压缩仪主要由压力室、加压系统和量测系统三大部分组成。图 5.9 是三轴压力室的示意图。它是一个由金属顶盖、底座和透明有机玻璃圆筒组成的密闭容器。试样为圆柱形，高度与直径之比按《土工试验方法标准》（GB/T 50123—1999），采用 2～2.5。试样安装在压力室中，外用柔性橡皮膜包裹，橡皮膜扎紧在试样帽和底座上，不使压力室中的水进入试样。试样上、下两端可根据试验要求放置透水石或不透水板。试验时试样的排水，由与顶部连通的排水阀来控制。试样底部与孔隙水应力量测系统相连接，必要时用以量测试验过程中试样内的孔隙水应力变化。试样的周围压力，由与压力室直接相连的压力源（空压机或其他稳压装置）来供给。试样的轴向压力增量，由与顶部试样帽直接接触的传压活塞杆来传递（对于应变控制式三轴仪，轴向力的大小可由经过率定的量力环测定，轴向力除以试样的横断面积后可得附加轴向压力 q，又称为偏应力）使试样受剪，直至剪破。在受剪过程中同时要测读试样的轴向压缩量，以便计算轴向应变 ε。三轴是指一个竖向和两个侧向而言，由于压力室和试样均为圆柱形，因此，两个侧向（或称周围）的应力相等并为最小

主应力 σ_3，而竖向（或轴向）的应力为最大主应力 σ_1。在增加 σ_1 时，保持 σ_3 不变，这样条件下的试验称为常规三轴压缩试验。

常规三轴压缩试验按下述步骤进行：

(1) 将制备好的圆柱形土样安放在压力室中，用橡皮膜封裹，避免压力室中的水进入试样。

(2) 安装压力室，将压力室中充满水，为模拟试样的天然状态，对试样施加周围压力 σ_c（对于填土，可取零。对于地基土，当正常固结时，σ_c 的大小可取试样自重应力 p_0 的 80%左右；当超固结时，σ_c 的大小可取试样自重应力 p_0），使其固结。

(3) 施加周围应力增量 σ_3（加 $\Delta\sigma_3$ 后，是否需要固结，视试验方法而定，如下述）。

(4) 逐渐施加轴向应力增量 q，直至试样剪破。在施加轴向应力增量 q 的过程中，相应地量测试样的轴向变形量 Δh，并绘制轴向应力增量（即主应力差或称偏应力）$q=(\sigma_1-\sigma_3)$ 与轴向应变 ε（轴向变形量与试样高度之比）的关系曲线，图中曲线的峰值即为欲求的破坏轴向应力增量或称破坏主应力差，此值即为破坏应力圆的直径。

(5) 采用同一种土的试样重复上列步骤 3～4 次，每次均改变周围应力增量 σ_3 的值，这样就可以得到 3～4 个破坏应力圆，绘制这些破坏应力圆的包络线（公切线），即可求得该土的抗剪强度曲线及相应的强度指标 c、φ 值。如图 5.10 所示。

三轴试验根据试样的固结和排水条件的不同，可分为不固结

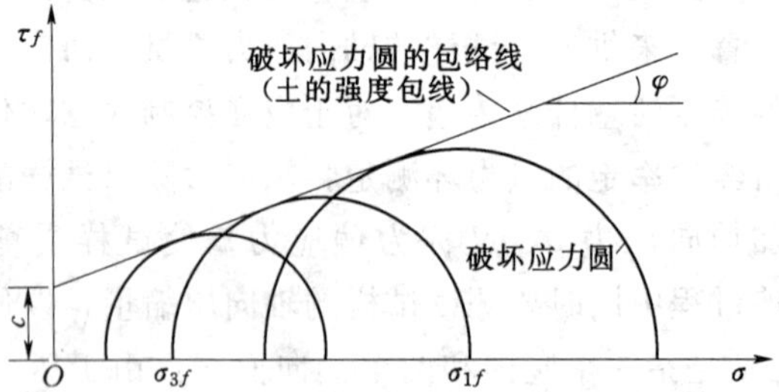

图 5.10　抗剪强度曲线及相应的强度指标

不排水剪（UU）、固结不排水剪（CU）和固结排水剪（CD）三种方法。

3.3　无侧限抗压强度试验

三轴压缩试验中，当周围压力 $\sigma_3=0$ 时即为无侧限试验条件，这时只有 $q=\sigma_1$。所以，也可称为单轴压缩试验。由于试样的侧向应力为零，在轴向受压时，其侧向变形不受限制，故又称为无侧限压缩试验，如图 5.11（*a*）所示。同时，又由于试样是在轴向压缩的条件下破坏的，因此，把这种情况下土所能承受的最大轴向压力称为无侧限抗压强度，用 q_u 表示。在施加轴向压力的过程中，相应地量测试样的轴向压缩变形，并绘制轴向压力 q 与轴向应变 ε 的关系曲线。当轴向压力与轴向应变的关系曲线出现明显的峰值时，则以峰值处的最大轴向压力作为土的无侧限抗压强度 q_u；当轴向压力与轴向应变的关系曲线不出现峰值时，则取轴向应变 $\varepsilon=20\%$处的轴向压力作为土的无侧限抗压强度 q_u，如图 5.11（*b*）所示。求得土的无侧限抗压强度 q_u 后，即可绘出极限应力圆。由于 $\sigma_3=0$，所以无侧限压缩试验的结果只能求得一个通过坐标原点的极限应力圆。一个极限应力圆是无法得到强度包线的，不过由三轴压缩试验对饱和粘土进行不固结不排水剪试验的结果证明，这种土的 $\varphi_u=0$（φ_u 即不固结不排水剪试验测得的内摩擦角），只有粘聚力 c_u（通常简称不排水强度）。因此，可借助于三轴压缩试验的这一结论，绘出一条水平的抗剪强度包线，如图 5.11（*c*）所示。于是，根据无侧限抗压强度 q_u 即可求出饱和土的不排水强度，即

$$\tau_f = c_u = \frac{q_u}{2} \tag{5.9}$$

3.4　原位十字板剪切试验

十字板剪切试验是一种利用十字板剪切仪在现场测定土的抗剪强度的方法。这种试验方法避免了试样在采取、运送、保存和制备过程中受到扰动，适合于在现场测定饱和粘性土的原位不排水强度，特别适用于均匀的饱和软粘土。

十字板剪切仪主要由两片十字交叉的金属板头、扭力装置和

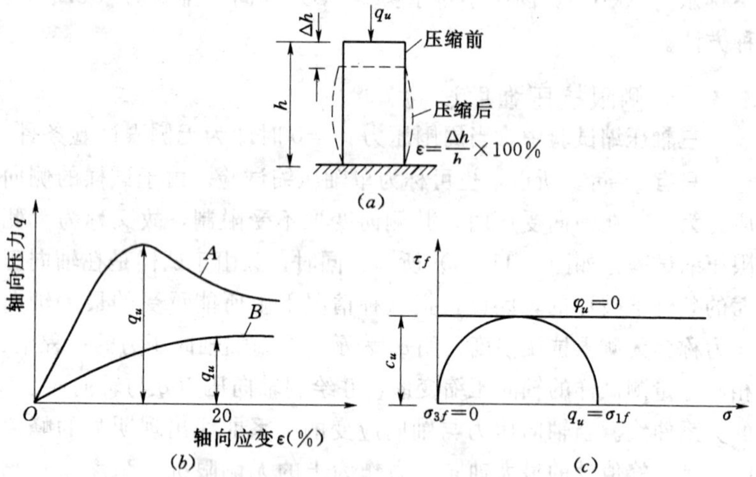

图 5.11 无侧限压缩试验示意图

(a) 试样变形情况；(b) 应力与应变关系；(c) 强度包线

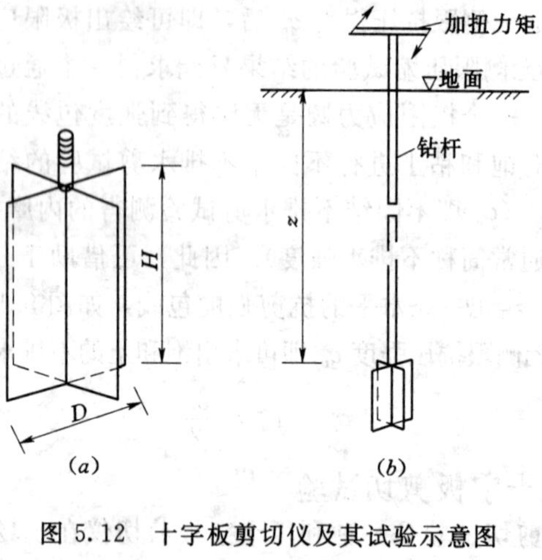

图 5.12 十字板剪切仪及其试验示意图

(a) 板头；(b) 试验情况

量测设备三部分组成。金属板的高度与宽度之比一般为 2，如图 5.12 (a) 所示。十字板剪切试验可在现场钻孔内进行，试验时，先将十字板插到要进行试验的深度，如图 5.12 (b) 所示，再在十字板剪切仪上端的加力架上以一定的转速对其施加扭力矩，使板头内的土体与其周围土体产生相对扭剪，直至剪破，测出其相应的最大扭力矩。然后，根据力矩的平衡条件，推算出圆柱形剪破面上土的抗剪强度。在推算强度时，作了以下两点假定：

(1) 剪破面为一圆柱面，圆柱面的直径与高度分别等于十字板板头的宽度 D 和高度 H。

(2) 圆柱面的侧面和上下端面上的抗剪强度 τ_f 为均匀分布并且相等，如图 5.13 所示。

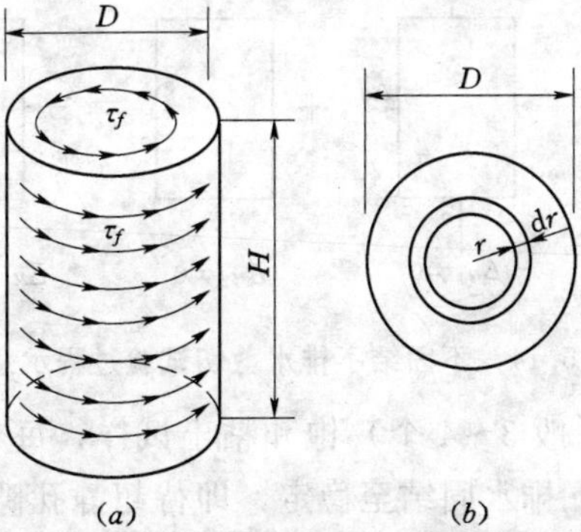

图 5.13　圆柱形破坏面上强度的分布

根据外力施加于十字板剪切仪上的最大扭力矩 M_{max} 应等于圆柱侧面上的抗剪力对轴心的抵抗力矩 M_1 和上下两端面上的抗剪力对轴心的抵抗力矩 M_2 之和的原理，可来推求土的抗剪强度。其抗剪强度的表达式为

$$\tau_f = \frac{M_{max}}{\dfrac{\pi D^2}{2}\left(H + \dfrac{D}{3}\right)} \tag{5.10}$$

第 4 节　饱和粘性土在不同排水条件下的试验

饱和粘土试样的抗剪强度除受固结程度和排水条件影响外，

在一定程度上还受它的应力历史的影响。如果试样现有固结压力等于或大于该试样在历史上曾受到过的最大固结压力，则试样是正常固结的；如果试样现有固结压力小于该试样在历史上曾受到过的最大固结压力，则该试样是属于超固结的。下面主要介绍正常固结和超固结试样在受剪时将具有不同的强度特性。

4.1　不固结不排水强度

不固结不排水剪切试验（UU 试验）的过程如图 5.14 所示。

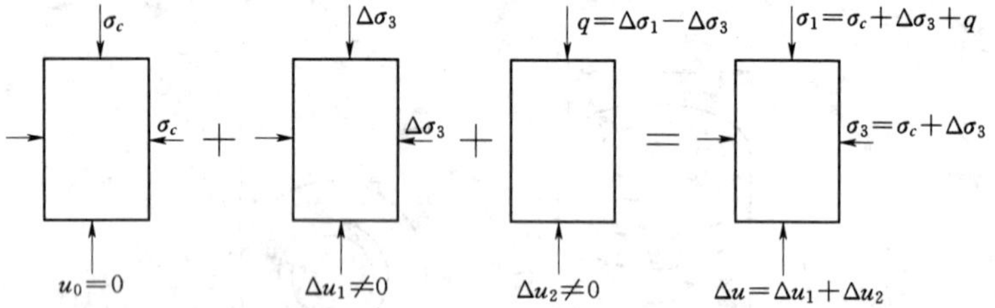

图 5.14　不固结不排水剪切试验过程示意图

将一组（一般 3～4 个）饱和粘土试样，每个试样在同一固结压力 σ_c 作用下排水固结至稳定，即待超静孔隙水应力 u_0 消散为零。这时，莫尔应力圆为一点圆，试样没有受剪。再取其中两个试样使周围压力增量 $\Delta\sigma_3$ 等于零，在不允许水有进出的条件下仅在轴向逐渐施加附加应力增量，直至试样剪破。在这种情况下，最小主应力 $\sigma_3=\sigma_c$，最大主应力 $\sigma_1=(\sigma_3+q)$，引起的孔隙水应力为图 5.15 中的 Δu_2。剪破时的极限总应力圆如图 5.15 中的 A 圆。该组其余试样在不排水条件下承受依次递增的不同周围压力增量 $\Delta\sigma_3$，引起的孔隙水应力为图 5.15 中的 Δu_1。

此时，莫尔总应力圆仍为一点圆，试样仍没有受剪。再在不允许水有进出的条件下逐渐施加附加轴向应力增量，直至试样剪破。在这种情况下，试样承受的小主应力等于（$\sigma_c+\Delta\sigma_3$），大主应力等于（σ_3+q），孔隙水应力等于（$\Delta u_1+\Delta u_2$）。剪破时的极限总应力圆如图 5.15 中的 B 圆。

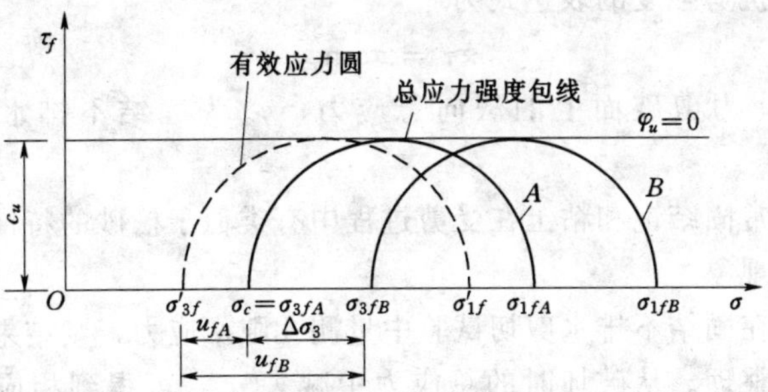

图 5.15　正常固结饱和粘土 UU 试验的强度包线

4.2　固结不排水强度

将一组（一般 3～4 个）饱和粘土试样，先在相同固结压力 σ_c 作用下排水固结至稳定，再在试样周围施加不同应力增量 $\Delta\sigma_3$（每个试样的 $\Delta\sigma_3$ 依次递增），并使其排水固结至稳定，然后，在不允许水有进出的条件下逐渐施加附加轴向压力即主应力差 $q=(\sigma_1-\sigma_3)$，直至试样剪破。由于试样的剪前固结压力随着 $\Delta\sigma_3$ 的增加而增大，则试样剪前的有效应力增大而孔隙比相应减小，因此，强度和极限总应力圆也相应增大。作这些圆的切线即得正常固结土的固结不排水剪切试验（CU 试验）总应力强度包线，它是一条通过坐标原点的直线，倾角为 $\varphi_{cu}=c_u=0$，如图 5.16 所示。

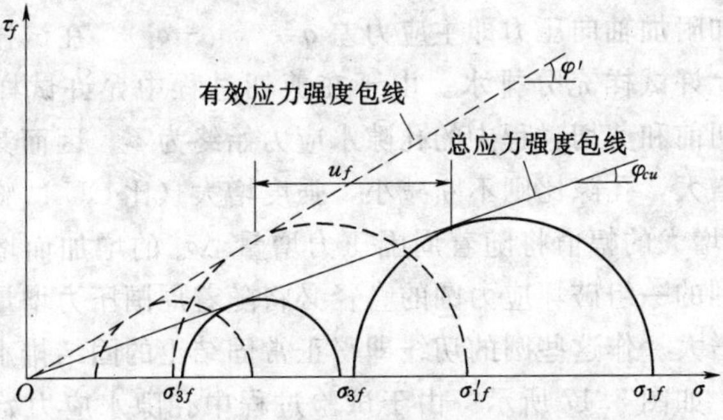

图 5.16　正常固结饱和粘土 CU 试验的强度包线和有效应力强度包线

其抗剪强度的表达式为

$$\tau_f = \sigma \tan\varphi_{cu} \tag{5.11}$$

式中：σ 为剪破面上的法向总应力；φ_{cu} 为固结不排水剪强度指标。

正常固结饱和粘土在受剪过程中有类似于松砂的特性，即产生剪缩现象。

若在固结不排水剪切试验中量测孔隙水应力，则结果可用有效应力整理。从破坏时的总应力中减去 u_f，可得到相应破坏时的有效大主应力 σ'_{1f} 和有效小主应力 σ'_{3f} 及破坏应力圆，绘出这些破坏应力圆的切线，可得有效应力强度包线。由于正常固结土剪破时的孔隙水应力为正值，则剪破时的有效应力圆在总应力圆的左边，如图 5.16 中的虚线所示。有效应力强度包线是一条通过坐标原点的直线，直线的倾角 φ' 大于 φ_{cu}，$c'=0$，于是，用有效应力表示的 CU 试验抗剪强度为

$$\tau_f = \sigma' \tan\varphi' \tag{5.12}$$

式中：σ' 为剪破面上的法向有效应力；φ' 为有效应力强度指标。

4.3 固结排水强度

将一组（一般 3～4 个）饱和粘土试样，先在相同固结压力 σ_c 作用下排水固结至稳定，再在试样周围施加不同应力增量 $\Delta\sigma_3$（每个试样的 $\Delta\sigma_3$ 依次递增），也使其排水固结至稳定，然后，再逐渐施加附加轴向压力即主应力差 $q=(\sigma_1-\sigma_3)$，在试样剪破过程中，允许试样充分排水。由于在剪切过程中允许试样充分排水，剪切前和剪切过程中的孔隙水应力始终为零，因而其有效应力不断增大，孔隙比则不断减小，强度增大（比 CU 试验的结果大），其增大的幅值将随着周围压力增量 $\Delta\sigma_3$ 的增加而增加。试验所得到的一组破坏应力圆的直径必将随着周围压力增量 $\Delta\sigma_3$ 的增加而增大。作这些圆的切线即得正常固结土的固结排水剪切强度包线，如图 5.17 所示。由于试验过程中孔隙水应力始终保持为零，有效应力就等于外加总应力，极限总应力圆就是极限有效应力圆，因而总应力强度包线即为有效应力强度包线。固结排水

剪切试验（CD 试验）中的有效应力强度指标常用 c_d、φ_d 表示。从图中看出，其强度包线也是一条通过坐标原点的直线，其倾角

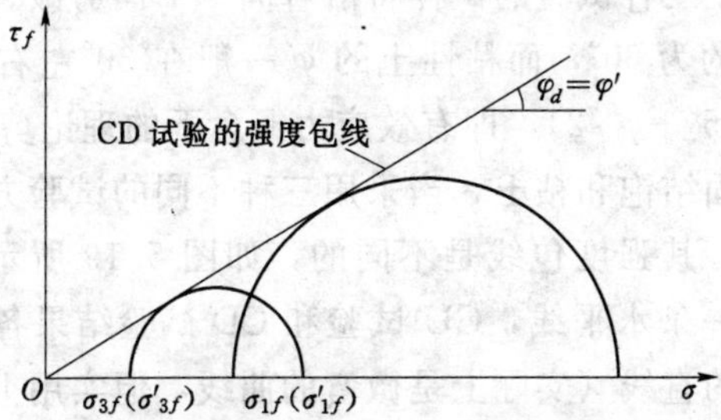

图 5.17　正常固结饱和粘土 CD 试验的强度包线

为 φ_d。于是，用有效应力表示的 CD 试验抗剪强度为

$$\tau_f = \sigma\tan\varphi_d \tag{5.13}$$

式中：σ 为剪破面上的法向应力；φ_d 为固结排水剪切强度指标。

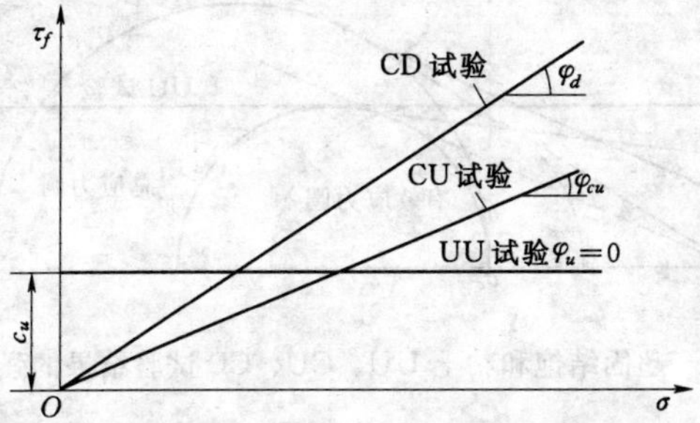

图 5.18　正常固结饱和粘土三种试验结果的强度包线

将上述三种三轴压缩试验的结果汇总于图 5.18 中。由图可见，对于同一种正常固结的饱和粘土，当采用三种不同的试验方法来测定其抗剪强度时，其强度包线是不同的。其中 UU 试验结果是一条水平线，CU 试验和 CD 试验结果各是一条通过坐标原点的直线。三种方法所得到的强度指标间的关系为：$c_u > c_{cu} = c_d = 0$，$\varphi_d > \varphi_{cu} > \varphi_u = 0$。若将三种试验的强度指标分别代入公式 (5.10) 中，即可发现三种剪切试验将沿着不同的平面剪破。试

验结果表明，当用有效应力表示试验结果时，三种剪切试验将得到基本相同的强度包线及十分接近的有效应力强度指标，这就意味着同一种土三种试验的试样将沿着同一平面剪破。实测资料表明，θ_f 通常约为 60°，而粘性土的 φ' 一般在 30°左右，实测的 θ_f 角接近于（$45°+\varphi'/2$），即有效应力概念下的理论剪破角。

对于超固结饱和粘土，当采用三种不同的试验方法来测定其抗剪强度时，其强度包线是不同的，如图 5.19 所示。其中 UU 试验结果是一条水平线，CU 试验和 CD 试验结果各是一条不通过坐标原点的直线（实际上是微弯的曲线，但实用上可用直线来代替）。它们的强度指标关系是 $c_u > c_{cu} > c_d$，$\varphi_d > \varphi_{cu} > \varphi_u = 0$。

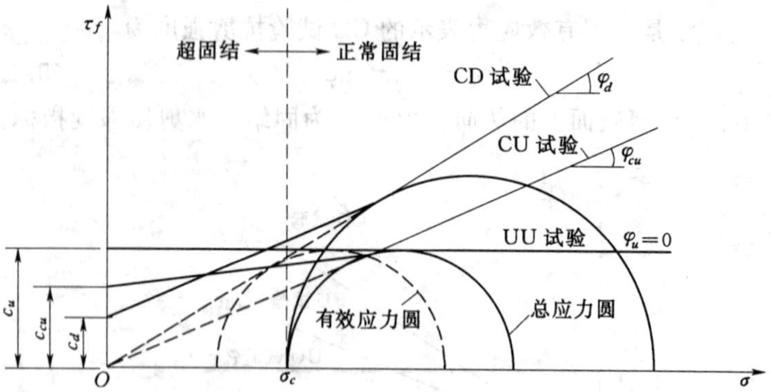

图 5.19 超固结饱和粘土 UU、CU、CD 试验结果的强度包线

第 5 节 无粘性土的抗剪强度

5.1 砂土的内摩擦角

由于砂土的透水性强，它在现场的受剪过程大多相当于固结排水剪切情况，由固结排水剪切试验求得的强度包线一般为通过坐标原点的直线，可表达为

$$\tau_f = \sigma \tan\varphi_d \tag{5.14}$$

式中：φ_d 为固结排水剪切求得的内摩擦角。

砂土的抗剪强度将受到其密度、颗粒形状、表面粗糙度和级配等因素的影响。对于一定的砂土来说，影响抗剪强度的主要因素是其初始孔隙比（或初始干密度）。初始孔隙比愈小（即土愈紧密），抗剪强度愈高；反之，初始孔隙比愈大（即土愈疏松），则抗剪强度愈低。此外，同一种砂土在相同的初始孔隙比下饱和时的内摩擦角比干燥时稍小（一般小 2°左右），说明砂土浸水后强度降低。几种砂土在不同密度时的内摩擦角典型值见表 5.1。

表 5.1 砂土的内摩擦角典型值

土类	内摩擦角（°）		
	疏松（休止角）	峰值强度	
		中密	密实
无塑性粉土	26～30	28～32	30～34
均匀细砂到中砂	26～30	30～34	32～36
级配良好的砂	30～34	34～40	38～46
砾砂	32～36	36～42	40～48

5.2 砂土的剪缩与剪胀

砂土的初始孔隙比不同，在受剪过程中将显示出非常不同的性状。松砂受剪时，颗粒滚落到平衡位置，排列得更紧密些，如图 5.20 (*a*) 所示，所以它的体积缩小，这种因剪切而体积缩小的现象称为剪缩性；反之，密砂受剪时，颗粒必须升高以离开它们原来的位置而彼此才能相互滑过，从而导致体积膨胀，如图

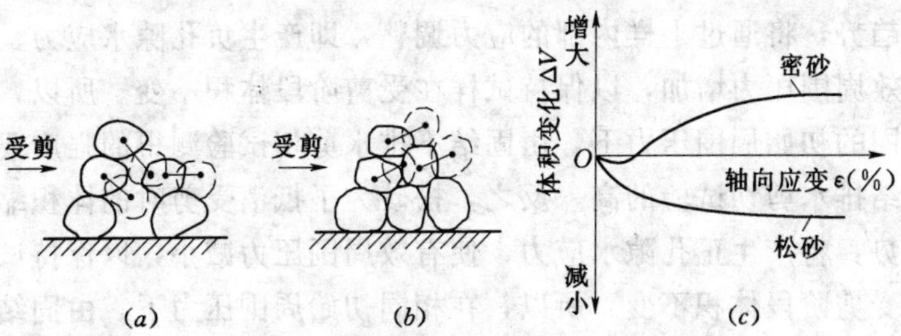

图 5.20 砂土受剪时的体积变化情况

5.20 (*b*) 所示，这种因剪切而体积膨胀的现象称为剪胀性。然而，密砂的这种剪胀趋势随着周围压力的增大，土粒的破碎而逐渐消失。在高周围压力下，不论砂土的松密如何，受剪都将剪缩。

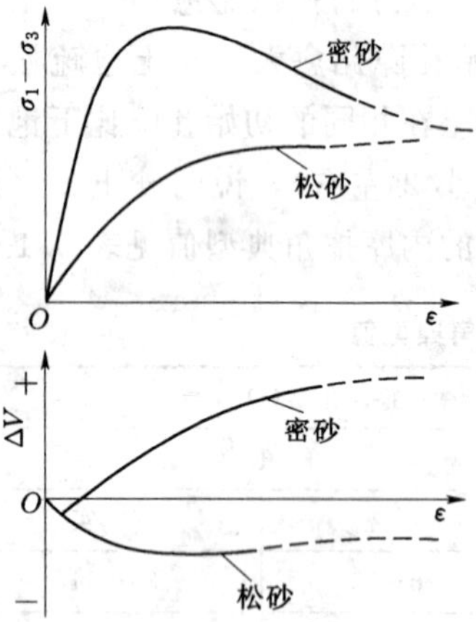

图 5.21 砂土受剪时的应力-轴向应变-体变过程

图 5.21 表示同一种砂土，在相同的周围应力作用下，由于初始孔隙比的不同，受剪时的应力-轴向应变-体变的全过程。从图中可以看出，随着轴向应变的增加，松砂的强度逐渐增大，应力-轴向应变关系呈应变硬化型，它的体积则逐渐减小。但是，密砂的强度达一定值后，随着轴向应变的继续增加强度反而减小，应力-轴向应变关系最后呈随应变软化型，它的体积开始时稍有减小，继而增加，超过了它的初始体积。

既然砂土在低周围压力下由于初始孔隙比的不同，剪破时的体积可能小于初始体积，也可能大于初始体积，那么，砂土在某一初始孔隙比下受剪，它剪破时的体积将等于其初始体积，这一初始孔隙比称为临界孔隙比，用 e_{cr} 表示。

饱和砂土在低周围压力下受剪时，如果不允许它的体积发生变化，即进行固结不排水剪切试验，则密砂为了抵消受剪时的剪胀趋势，将通过土样内部的应力调整，即产生负孔隙水应力，使有效周围压力增加，以保持试样在受剪阶段体积不变。所以，在相同的初始周围压力下，由固结不排水剪切试验测得的强度要比固结排水剪切试验的高。反之，松砂为了抵消受剪时的体积缩小趋势，将产生正孔隙水应力，使有效周围压力减小，以保持试样在受剪阶段体积不变。所以，在相同初始周围压力下，由固结不排水剪切试验测得的强度要比固结排水剪切试验的强度低。

5.3　砂土液化

对于饱和疏松的粉细砂，当受到突发的动力荷载（如地震）时，一方面由于动剪应力的作用有使体积缩小的趋势，另一方面由于时间短来不及向外排水，因此就产生了很大的孔隙水应力。按有效应力原理，无粘性土的抗剪强度为

$$\tau_f = \sigma' \tan\varphi' = (\sigma - u)\tan\varphi' \tag{5.15}$$

由上式可知，当动荷载引起的超静孔隙水应力 u 达到 σ 时，有效应力 $\sigma'=0$，其抗剪强度 $\tau_f=0$，这时，无粘性土地基将丧失其承载力，土坡将流动塌方。这种现象被称为砂土液化。

砂土液化对于砂土地基来说，是常见的，且必须防止的现象，在岩土工程中必须严加防范。

第 6 节　地基临塑荷载、临界荷载和极限荷载

6.1　概述

地基承载力是指地基承担荷载的能力。在荷载作用下，地基要产生变形。随着荷载的增大，地基变形逐渐增大，初始阶段地基尚处在弹性平衡状态，具有安全承载能力。当荷载增大到地基中开始出现某点，或小区域内各点某一截面上的剪应力达到土的抗剪强度时，该点或小区域内各点就会剪切破坏而处在极限平衡状态，土中应力将发生重分布。这种小范围的剪切破坏区，称为塑性区。地基小范围的极限平衡状态大都可以恢复到弹性平衡状态，地基尚能趋于稳定，仍具有安全的承载能力。但此时地基变形稍大，尚需验算变形的计算值不超过允许值。当荷载继续增大，地基出现较大范围的塑性区时，将显示地基承载力不足而失去稳定，此时地基达到极限承载能力。地基承载力是地基土抗剪强度的一种宏观表现，影响地基土抗剪强度的因素对地基承载力也产生类似影响。

地基承载力问题是土力学中的一个重要的研究课题，其目的

是为了掌握地基的承载规律，发挥地基的承载能力，合理确定地基承载力，确保地基不致因荷载作用而发生剪切破坏，因产生变形过大而影响建筑物或土工建筑物的正常使用。为此，地基基础设计的基本原则是：限制基底压力最大不超过地基允许承载力或地基承载力特征值。

6.1.1　地基基础设计原则

建筑物荷载通过基础作用于地基上，有两个方面的问题需要考虑：一方面，地基土的压缩变形而引起的建筑物基础沉降和沉降差，如果沉降或沉降差过大超过了建筑物的允许范围，则可能导致上部结构开裂、倾斜，甚至于毁坏；另一方面，如果荷载过大，超过地基的承载能力，将使地基产生滑动破坏，即地基的承载能力不足以承受如此大的荷载将导致建筑物倒塌。

因此，进行地基基础设计时，地基必须满足以下条件：

（1）建筑物基础的沉降或沉降差必须在该建筑物所允许的范围之内（变形要求）。

（2）建筑物的基底压力应该在地基所允许的承载能力之内（稳定要求）。

此外，对某些特殊的建筑物而言，如堤坝、水闸、码头等还应满足抗渗、防冲等特殊的要求。

6.1.2　浅基础地基的破坏模式

静荷载试验研究和工程实例表明，由于地基承载力不足而使地基遭致破坏的实质是基础下面持力层土的剪切破坏。剪切破坏的形式可分为三种：整体剪切破坏、局部剪切破坏和冲剪破坏。

1. 整体剪切破坏

地基发生整体剪切破坏的过程和特征是：当基础上荷载较小，基底压力 p 也较小时，基础沉降 s 随基底压力 p 的增加近似成线性变化关系，如图 5.22（a）oa 段所示。a 点所对应的基底压力 p 称为临塑荷载，记为 p_{cr}。当 $p<p_{cr}$ 时，地基土处于线性变形阶段，地基土任何一点均未达到极限平衡状态，如图 5.22（b）所示；当基础上荷载较大使基底压力 $p>p_{cr}$ 时，p 与 s 关系

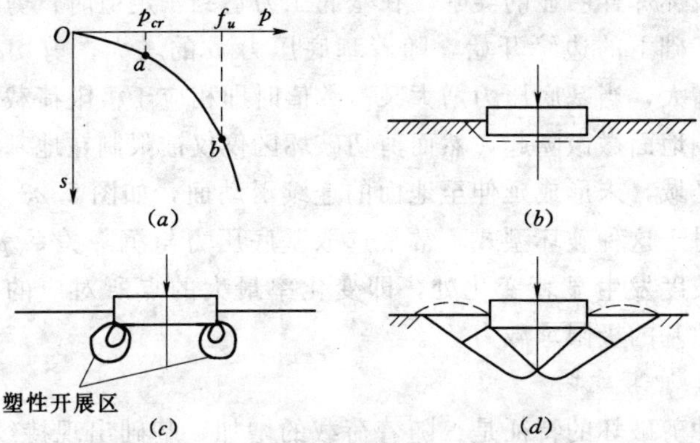

图 5.22　地基整体剪切破坏的过程和特征

成为 ab 段曲线，图 5.22（a）中 b 点所对应的基底压力 p 称为极限荷载，记为 f_u。当 $p_{cr} \leqslant p \leqslant f_u$ 时，地基土处于弹塑性变形阶段，地基土从 p_{cr} 作用下在基础边缘首先达到极限平衡状态开始后，随 p 的增大，塑性区（剪切破坏区）的范围逐渐增大，如图 5.22（c）所示，直到当 p 达到 f_u 时，如图 5.22（a）中的 b 点，地基土塑性区连成一片，基础急速下沉，侧边地基土向上隆起。地基形成连续滑动面而破坏，如图 5.22（d）所示，地基完全丧失承载能力。基底压力 p 与沉降 s 的关系通常称为 $p-s$ 曲线，试验称为平板静载荷试验。

2. *局部剪切破坏*

局部剪切破坏的过程和特征是：$p-s$ 曲线没有明显的直线段，如图 5.23（a）中曲线 A，地基破坏时曲线也不呈现如整体

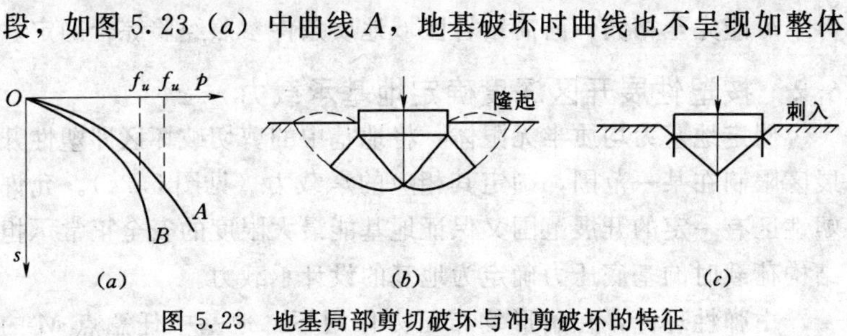

图 5.23　地基局部剪切破坏与冲剪破坏的特征

剪切破坏那样明显的陡降。在基底压力达到一定值时：剪切破坏也从基础下的边缘开始，随着基底压力 p 的增大，剪切破坏区相应增大，当基底压力增大某一数值时即相应于极限荷载时，基础两侧地面微微隆起，然而剪切破坏区仅仅被限制在地基内部的某一区域，未形成延伸至地面的连续滑动面，如图 5.23（*b*）所示。对于这种破坏型式，常常选取基底压力与沉降关系 $p-s$ 曲线上坡度发生显著变化处，即变化率最大的点所对应的压力 p 作为地基的极限承载力 f_u。

3. 冲剪破坏

冲剪破坏的特征是：随着荷载的增加，基础出现持续下沉，主要是因为地基土的较大压缩以致于基础呈现连续刺入。地基不出现连续的滑动面，基础侧边地面不出现隆起，因为基础边缘下地基的垂直剪切而破坏，其 $p-s$ 曲线如图 5.23（*a*）中的 B 所示，地基破坏形式如图 5.23（*c*）所示。

冲剪破坏时由 $p-s$ 曲线确定地基极限承载力 f_u 的通常方法是，当 $p-s$ 曲线平均下沉梯度接近常数，且出现不规则下沉时，所对应的基底压力 p 可作为地基极限承载力 f_u。

地基的破坏型式，主要与地基土的性质尤其是与压缩性质有关。一般而言，对于较坚硬或密实的土，具有较低的压缩性，通常呈现整体剪切破坏。对于软弱粘土或松砂土地基，具有中高压缩性，常常呈现局部剪切破坏或冲剪破坏。

确定地基承载力的方法大致有三类：静载荷试验或其他原位试验、规范查表方法和理论公式方法。三类方法确定的地基承载力不可能完全相同，尚需结合区域地质条件参照经验综合确定。

6.2　按塑性展开区深度确定地基承载力

假定地基为均质半无限体，将地基中的剪切破坏区即塑性开展区限制在某一范围，确定其相应的承载力（见图 5.24）。允许塑性区有一定的开展范围又保证地基能最大限度的安全正常承担结构荷载时的基底压力确定为地基的设计承载力。

由弹性理论，在条形均布压力作用下，地基中任意点 M 的

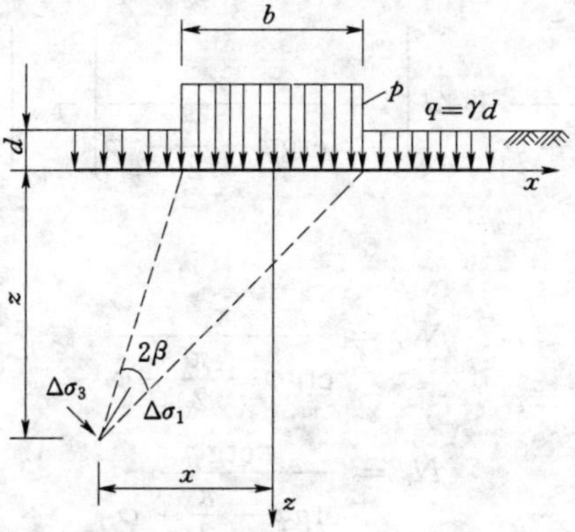

图 5.24　地基中的附加最大、最小主应力

附加最大、最小主应力为

$$\begin{matrix}\Delta\sigma_1\\ \Delta\sigma_3\end{matrix} = \frac{p-\gamma d}{\pi}(2\beta \pm \sin 2\beta) \tag{5.16}$$

式中：p 为条形基础下基底压力，kPa；d 为基础埋置深度，m；γ 为土的重度，kN/m^3；2β 为 M 点与基础两侧连线的夹角，称为视角，(°)。

当任意点 M 达到极限平衡状态时，最大、最小主应力将满足下列关系式：

$$\sigma_1 = \sigma_3 \mathrm{tg}^2\left(45° + \frac{\varphi}{2}\right) + 2c\mathrm{tg}\left(45° + \frac{\varphi}{2}\right) \tag{5.17}$$

塑性开展区相对该基底压力 p 时的最大深度为

$$z_{\max} = \frac{p-\gamma d}{\gamma\pi}\left(\mathrm{ctg}\varphi - \frac{\pi}{2} + \varphi\right) - \frac{c}{\gamma\mathrm{tg}\varphi} - d \tag{5.18}$$

若限定塑性区开展深度为某一容许值 $[z]$，则当 $z_{\max} \leqslant [z]$ 地基是稳定的；当 $z_{\max} > [z]$ 地基的稳定是没有保障的。根据经验统计，塑性区开展深度容许值 $[z]$ 取为（1/4～1/3）b（b 为条形基础宽度，以 m 计）。

实际中，采取规定塑性开展区最大深度 $z_{\max} \leqslant [z]$，视其能承受多大的基底压力的办法来判定地基稳定性。为此将式

(5.18) 改写为

$$p=\frac{\gamma\pi z_{\max}}{\mathrm{ctg}\varphi-\frac{\pi}{2}+\varphi}+\gamma d\left(1+\frac{\pi}{\mathrm{ctg}\varphi-\frac{\pi}{2}+\varphi}\right)+c\left(\frac{\pi\mathrm{ctg}\varphi}{\mathrm{ctg}\varphi-\frac{\pi}{2}+\varphi}\right) \tag{5.19}$$

令

$$N'_{\gamma}=\frac{\pi}{\mathrm{ctg}\varphi-\frac{\pi}{2}+\varphi} \tag{5.20}$$

$$N_c=\frac{\pi\mathrm{ctg}\varphi}{\mathrm{ctg}\varphi-\frac{\pi}{2}+\varphi} \tag{5.21}$$

$$N_q=1+\frac{\pi}{\mathrm{ctg}\varphi-\frac{\pi}{2}+\varphi}=1+N_c\mathrm{tg}\varphi \tag{5.22}$$

若使 $z_{\max}=\frac{1}{3}b$，记地基承载力为 $p_{\frac{1}{3}}$，称为临界荷载，则有

$$p_{\frac{1}{3}}=\frac{1}{3}\gamma bN'_{\gamma}+\gamma_0 dN_q+cN_c \tag{5.23}$$

若使 $z_{\max}=\frac{1}{4}b$，记地基承载力为 $p_{\frac{1}{4}}$，也称为临界荷载，则有

$$p_{\frac{1}{4}}=\frac{1}{4}\gamma bN'_{\gamma}+\gamma_0 dN_q+cN_c \tag{5.24}$$

若使 $z_{\max}=0$，即塑性区开展深度为零，显然，$z_{\max}$ 远远小于 $[z]$，此时地基所承受的基底压力称为临塑荷载 p_{cr}，其表达式为

$$p_{cr}=\gamma dN_q+cN_c \tag{5.25}$$

以上三式可以统一写成如下形式：

$$f_p=\frac{1}{2}\gamma bN_{\gamma}+\gamma_0 dN_q+cN_c \tag{5.26}$$

式中：f_p 为限制塑性区开展深度的地基容许承载力，kPa；γ 为基底以下土的重度，kN/m³；γ_0 为基底以上各土层的加权平均重度，kN/m³；N_{γ}、N_q、N_c 均为地基承载力系数（均为 φ 的函数）。

6.3　浅基础地基极限承载力

地基所能承受的最大基底压力称为极限承载力，记为 f_u。当实际基底压力等于极限承载力时，安全是没有保障的。因此，在求出地基极限承载力后除以一个安全系数，才能作为容许承载力 f_a，即

$$f_a = \frac{f_u}{K} \tag{5.27}$$

式中：f_a 为地基容许承载力，可作为设计值使用（脚标 a 是承载力确定方法的一种标识）f_u 为地基的极限承载力；K 为承载力安全系数，一般取 2～3。

确定地基极限承载力的方法有多种，这里仅介绍几种常用的方法。但它们都是假定滑动面应用抗剪强度理论推算的方法。

6.3.1　普朗特极限承载力公式

1920 年，普朗特（Prandtl）根据塑性理论提出，当地基达塑性极限平衡状态时，将形成连续的滑动面，如图 5.25（a）所示。滑动面为 $abef$，其中 ab 和 ef 为直线，它们与基底平面的交角分别为 $\alpha=45°+\varphi/2$ 和 $\beta=45°-\varphi/2$，be 为对数螺线，曲线方程为 $r=r_0 e^{\theta \mathrm{tg}\varphi}$。普朗特假定基础两侧土重用 $q=\gamma_0 d$ 代替，假定基底以下土为无重量介质，即 $\gamma=0$。

取 $obeg$ 为脱离体，如图 5.25（b）所示。根据作用于其上的力对 a_1 点的力矩平衡条件可求得极限承载力 f_u：

$$f_u = cN_c + \gamma_0 dN_q \tag{5.28}$$

其中　$$N_c = \left[e^{\pi \mathrm{tg}\varphi}\mathrm{tg}^2\left(45° + \frac{\varphi}{2}\right) - 1\right]\mathrm{ctg}\varphi = (N_q - 1)\mathrm{ctg}\varphi$$

$$N_q = e^{\pi \mathrm{tg}\varphi}\mathrm{tg}^2\left(45° + \frac{\varphi}{2}\right) \tag{5.29}$$

式中：γ_0 为基底面以上土的加权平均重度，kN/m^3；N_c、N_q 分别为普朗特承载力系数。

式（5.28）是条形基础普朗特极限承载力理论解，滑动面较符合实际，但因不考虑基础底面以下土的自重（$\gamma=0$），故而是不合理的。

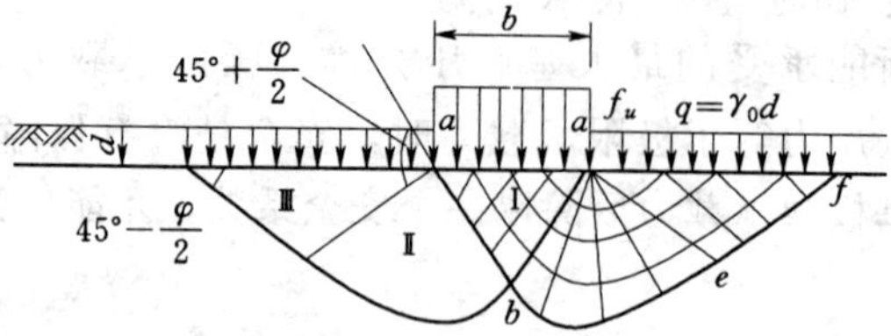

(a)

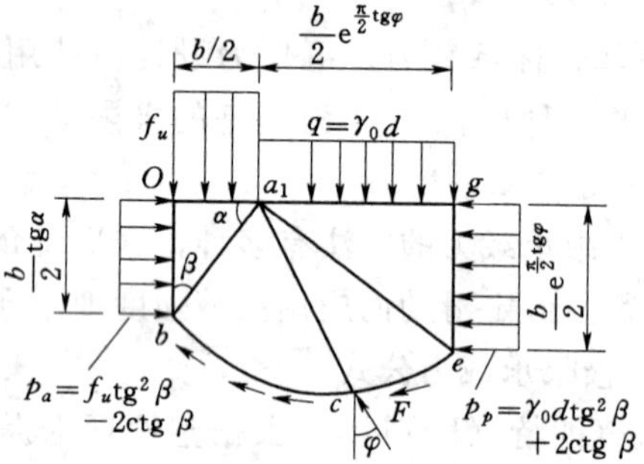

(b)

图 5.25　普朗特极限承载力的计算模型

6.3.2　太沙基极限承载力公式

K. 太沙基（K. Terzaghi）对普朗特理论进行了修正。

1. 基本假设

（1）均质地基、条形基础、中心荷载，地基破坏型式为整体剪切破坏（见图 5.26）。

（2）基础底面粗糙，即基础底面与土之间有摩擦力存在。因此，基底下三角楔体的土将随基础一起移动，并一直处于弹性平衡状态，这个楔体称为弹性楔体，如图 5.26 中Ⅰ区 *aba*。当地基达到破坏并出现连续滑动面时，弹性楔体的边界 *ab* 为滑动面的一部分，它与水平面的夹角为 ψ，ψ 角与基底面的粗糙程度有关，$\varphi \leqslant \psi \leqslant (45° + \varphi/2)$。滑动体内另外有径向剪切区Ⅱ和朗肯被动区Ⅲ，径向剪切区边界 *bc* 为对数螺线，曲线方程为 $r = r_0 e^{\theta tg\varphi}$，朗肯被动区的边界 *cd* 为直线，它与水平面的夹角为 $(45° - \varphi/2)$。

（3）当基础有埋置深度 *d* 时，基底面以上两侧土体用相当

的均布超载 $\gamma_0 d$ 来代替。

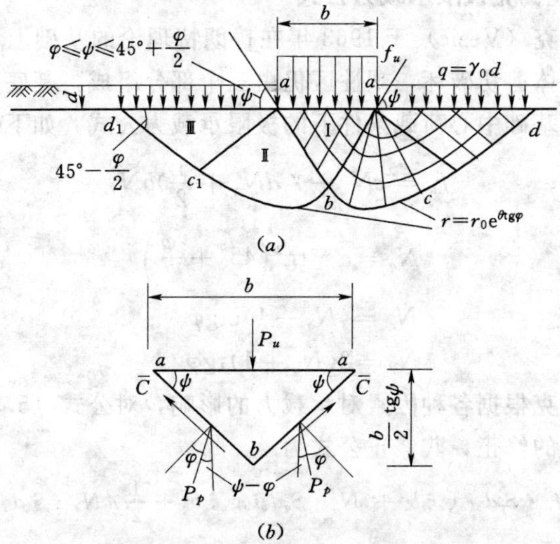

图 5.26　太沙基极限承载力的计算模型

2. 基本公式

根据上述假设，取弹性楔体 aba 为脱离体，求地基的极限承载力，如图 5.26（b）所示。则地基承载力为

$$f_u = \frac{1}{2}\gamma b N_\gamma + \gamma_0 d N_q + c N_c \qquad (5.30)$$

式中：N_γ、N_q 和 N_c 均为承载力因素，均为 φ 的函数，可直接

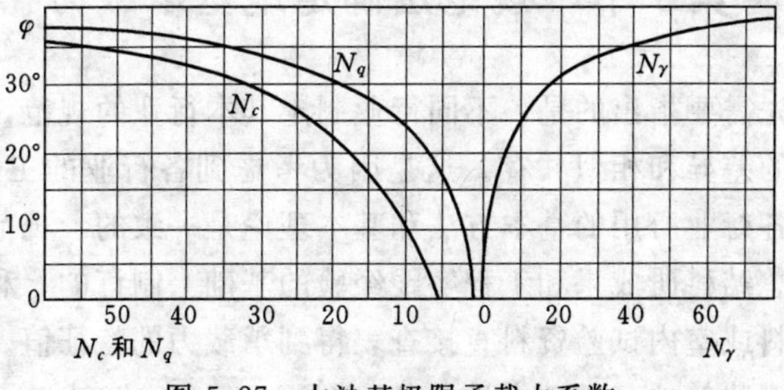

图 5.27　太沙基极限承载力系数

由图 5.27 查取。

6.3.3 魏锡克极限承载力公式

魏锡克（Vesic）于 1963 年在普朗特理论的基础上，假定地基发生整体剪切破坏，塑性区仍由三个部分组成，基底光滑。推导出条形基础中心荷载条件下的极限承载力公式，如下所示：

$$f_u = cN_c + \gamma_0 dN_q + \frac{1}{2}\gamma bN_\gamma \tag{5.31}$$

其中

$$N_q = e^{\pi \mathrm{tg}\varphi}\mathrm{tg}^2\left(45^\circ + \frac{\varphi}{2}\right) \tag{5.32}$$

$$N_c = (N_q - 1)\mathrm{ctg}\varphi \tag{5.33}$$

$$N_\gamma = 2(N_q + 1)\mathrm{tg}\varphi \tag{5.34}$$

魏锡克根据各种因素对承载力的影响，对公式（5.31）作了多种因素的修正，其修正公式为

$$f_u = cN_c \cdot S_c d_c i_c g_c \xi_c b_c + qN_q \cdot S_q d_q i_q g_q \xi_q b_q + \frac{1}{2}\gamma bN_\gamma \cdot S_\gamma d_\gamma i_\gamma g_\gamma \xi_\gamma b_\gamma \tag{5.35}$$

式中：S_c、S_q、S_γ 均为基础形状系数；d_c、d_q、d_γ 均为考虑超载土剪阻力影响的深度系数；i_c、i_q、i_γ 均为荷载倾斜系数；g_c、g_q、g_γ 均为基础倾斜系数；ξ_c、ξ_q、ξ_γ 均为土的压缩性影响系数；b_c、b_q、b_γ 均为地面倾斜系数。

各种修正系数的确定可参阅《建筑地基基础设计规范》（GB 50007—2002）。

第 7 节 规范法确定地基承载力

首先需要指出的是，不同行业制定其本行业的规范，不同规范之间的差异和相似并存。这是因为考虑到各行业的工程特点。然而，各行业所用的基本方法和基本理论是一致的。规范承载力表是在总结科研成果和工程实践经验的基础上制订的。利用现场勘察资料或室内试验资料直接查表得到承载力的特征值。这里主要介绍《建筑地基基础设计规范》（GB 50007—2002）承载力确

定方法。

7.1　地基承载力特征值

地基承载力特征值指由载荷试验测定的地基土压力变形曲线线性变形段内规定的变形所对应的压力值，其最大值为比例界限值。

当中心受荷时，地基承载力验算公式为

$$p_k \leqslant f_a \tag{5.36}$$

对于偏心受压基础，除满足式（5.36）外，尚应满足，同时要求

$$p_{k\max} \leqslant 1.2 f_a \tag{5.37}$$

式中：f_a 为修正后的地基承载力特征值；p_k 为相应于荷载效应标准组合时的平均基底压力；$p_{k\max}$为相应于荷载效应标准组合时的基底边缘最大压力。

当偏心距小于 0.033 倍的基础底面宽度时，地基承载力特征值为

$$f_a = M_c c_k + M_d \gamma_m d + M_b \gamma b \tag{5.38}$$

式中：f_a 为由土的抗剪强度指标确定的地基承载力特征值；M_c、M_b、M_d 均为承载力系数，见表 5.2；γ 为基底下地基土重度，地下水位以下取有效重度；γ_m 为基底面以上土的加权平均重度，地下水位以下取有效重度；b 为基础底面宽度，当 $b \leqslant 3$m 时取 3m 计算，当 $b > 6$m 时取 6m 计算；d 为基础埋深，一般自室外地面标高算起（在填方整平地区，可自填土地面标高算起。但填方在上部结构施工后完成时，应从天然地面标高算起。对于地下室，如采用箱形基础或筏基时，基础埋深自室外地面标高算起，在其他情况下，应从室内地面标高算起）。

7.2　深度宽度修正后的承载力特征值

承载力表中所列值仅适于基础宽度 $b \leqslant 3$m，基础埋深不大于 0.5m 的情况。当实际基础宽度和埋深超出以上范围时，需经深宽修正得到承载力设计值 f_a。

表 5.2 承载力系数表

土的内摩擦角标准值 φ_k (°)	M_c	M_q	M_b
0	3.14	1.00	0
2	3.32	1.12	0.03
4	3.51	1.25	0.06
6	3.71	1.39	0.10
8	3.93	1.55	0.14
10	4.17	1.73	0.18
12	4.42	1.94	0.23
14	4.69	2.17	0.29
16	5.00	2.43	0.36
18	5.31	2.72	0.43
20	5.66	3.06	0.51
22	6.04	3.44	0.61
24	6.45	3.87	0.80
26	6.90	4.37	1.10
28	7.40	4.93	1.40
30	7.95	5.59	1.90
32	8.55	6.35	2.60
34	9.22	7.21	3.40
36	9.97	8.25	4.20
38	10.80	9.44	5.00
40	11.73	10.84	5.80

$$f_a = f_{ak} + \eta_b \gamma (b-3) + \eta_d \gamma_m (d-0.5) \quad (5.39)$$

式中：f_a 为修正后的地基承载力特征值；f_{ak} 为修正前的地基承载力特征值；η_b、η_d 分别为基础宽度和深度的地基承载力修正系数，查表 5.3；其他符号意义同前。

表 5.3　承载力深宽修正系数 η_b，η_d

土的类别		η_b	η_d
淤泥的淤质土		0	1.0
人工填土 e 或 $I_L \geqslant 0.85$ 的粘性土		0	1.0
红粘土	含水比 $a_w > 0.8$	0	1.2
	含水比 $a_w \leqslant 0.8$	0.15	1.4
e 及 I_L 均小于 0.85 的粘性土		0.3	1.6
粉砂、细砂（不包括很湿与饱和时的稍密状态）		2.0	3.0
中砂、细砂、砾砂及碎石土		3.0	4.4
大面积压实填土	压实系数 >0.95 粘粒含量 $\rho_c \geqslant 10\%$ 的	0	1.5
	粉土，最大干密度大于 2.1t/m^3 的级配砂石	0	2.0
粉土	粘粒含量 $\rho_c \geqslant 10\%$	0.3	1.5
	粘粒含量 $\rho_c < 10\%$	0.5	2.0

思考题与习题

一、选择题

1. 土体的强度破坏属于哪种破坏？

(A) 压坏　　(B) 拉坏　　(C) 剪坏

2. 饱和粘性土，在同一竖向荷载 p 作用下进行快剪、固结快剪和慢剪，哪一种试验方法所得的强度最大？

(A) 快剪　　(B) 固结快剪　　(C) 慢剪

3. 饱和粘性土在不同竖向荷载 $p_1 < p_2 < p_3$ 作用下在直剪仪中进行快剪，所得的强度有何不同？

(A) 三者强度相同

(B) p 越大，孔隙水压力越大，所以强度越低

(C) p 越大，竖向荷载越大，所以强度越大

4. 有三种塑性指数不同的土样，试问哪一种土的内摩擦角 φ

最大？

（A） $I_P>1$ （B） $I_P=10$ （C） $I_P<7$

5. 三个饱和土样进行常规三轴不固结不排水试验，其围压 σ_3 分别为 50kPa、100kPa、150kPa，最终测得的强度有何差别？

（A） σ_3 越大，强度越大

（B） σ_3 越大，孔隙水压越大，强度越小

（C） 与 σ_3 无关，强度相似

6. 有一饱和粘性土试样，进行三轴固结不排水试验，并测出孔隙水压力，可以得到一个总应力圆和有效应力圆，试问两个应力圆大小有何不同？

（A） 总应力圆大 （B） 有效应力圆大

（C） 两个应力圆一样大

7. 有一饱和粘性土试样，分别在直剪仪中进行快剪和在三轴仪中进行不固结不排水试验，两种试验得到的强度有何差别？

（A） 相同 （B） 三轴大于直剪

（C） 直剪大于三轴

8. 饱和粘性土试样进行三轴不固结不排水剪，并测出孔隙水压力 u，用总应力圆和有效应力圆整理得到的强度参数 φ 有何差别？

（A） 有效 φ' 大于总应力 φ_u （B） 总应力 φ_u 大于有效 φ'

（C） $\varphi_u=\varphi'=0$

9. 土的强度主要是与土中何种应力有关？

（A） 总应力 （B） 孔隙水压力

（C） 有效应力

10. 有一个砂样，在三轴试验时，在 $\sigma_3=100$kPa 应力下，增加轴向应力使砂样破坏，已知砂样的 $\varphi=30°$，则破坏时被破坏面上的正应力为多少？

（A） 250kPa （B） 200kPa （C） 150kPa

11. 一个密砂和一个松砂饱和试样，进行不固结不排水三轴试验，试问破坏时试样中孔隙水压力有何差异？

(A) 一样大　(B) 松砂大　(C) 密砂大

12. 在粘性土地基上有一条形刚性基础，基础宽度为 b，在上部荷载作用下，基底持力层内最先出现塑性区的位置在哪一部位?

(A) 条形基础中心线下　(B) 离中心线 $b/3$ 处

(C) 条形基础边缘处

13. 所谓临界荷载，是指什么?

(A) 持力层将出现塑性区时的荷载

(B) 持力层中将出现连续滑动面时的荷载

(C) 持力层中出现某一允许大于塑性区时的荷载

14. 所谓地基的极限承载力，是指什么?

(A) 地基的变形达到上部结构极限状态时的承载力

(B) 地基中形成连续滑动面时的承载力

(C) 地基中开始出现塑性区时的承载力

15. 粘性土 ($c\neq0$，$\varphi\neq0$) 地基上，有两个宽度不同埋置深度相同的条形基础，试问：两个基础的临塑荷载哪个大?

(A) 宽度大的临塑荷载大

(B) 宽度小的临塑荷载小

(C) 两个基础的临塑荷载一样大

二、判断题

1. 地基土中孔隙水压力越大，土的抗剪强度越高。(　)

2. 条形均布荷载中心点下，剪应力 τ_{xz} 总等于零。(　)

3. 当土中某点 $\sigma_1=\sigma_3$ 时，该点不会发生剪切破坏。(　)

4. 一般压缩性小的地基土，若发生失稳，多为整体剪切破坏形式。(　)

5. 土中应力水平越高，土越易破坏，说明土的抗剪强度越小。(　)

6. 地基的临塑荷载大小与条形基础的埋深有关，而与基础宽度无关，因此只改变宽度不能改变地基的临塑荷载。(　)

7. 正常固结土的不固结不排水试验的破坏应力圆的包线是

一条水平线，它说明土样的破坏面与最大剪应力面是一致的。 （ ）

8. 局部剪切破坏的特征是，随着荷载的增加，基础下的塑性区仅仅发生到某一范围。 （ ）

9. 太沙基承载力公式适用于地基土是整体和局部剪切破坏的情况。 （ ）

10. 设计的基础宽度或埋置深度超过一定范围时，地基容许承载力值予以修正提高。 （ ）

三、问答题

1. 什么叫土的抗剪强度？

2. 库仑的抗剪强度定律是怎样表示的，砂土与粘性土的抗剪强度表达式有何不同？

3. 测定土的抗剪强度指标主要有哪几种方法？试比较它们的优缺点。

4. 影响砂土抗剪强度的因素有哪些？

5. 何谓砂土的液化？

6. 试述正常固结粘土在 UU 试验、CU 试验和 CD 试验三种试验中的应力-应变、孔隙水应力-应变（或体变-应变）和强度特性。

7. 进行地基基础设计时，地基必须满足哪些条件？为什么？

8. 地基发生剪切破坏的类型有哪些？其中整体剪切破坏的过程和特征怎样？

9. 确定地基承载力的方法有哪几类？

10. 试分别就理论方法和规范方法分析研究影响地基承载力的因素有哪些？其影响的结果分别怎样？

四、计算题

1. 有一条形基础，底宽 $b=3$m，基础埋置于均质粉土地基中，埋深 $d=1$m，地下水位在基底下 2m 处，粉土地基重度 $\gamma=18\ \text{kN/m}^3$，饱和重度 $\gamma_{sat}=20\ \text{kN/m}^3$，$c=5$kPa，$\varphi=30°$，试分别求（并分析这些结果的差异）：

（1） $f_{p\frac{1}{4}}$ 和 $f_{p\frac{1}{3}}$。

(2) 按太沙基公式求极限承载力(基底光滑)。

(3) 按太沙基公式求极限承载力(基底完全粗糙)。

(4) 若地下水位上升至基底面,按太沙基公式,极限承载力变化了多少?

2. 地基条件如题 1,改基础底宽 $b=4\text{m}$,基础埋深 $d=1.5\text{m}$。另外,已知粉土地基含水率 $w=25\%$,孔隙比 $e=0.85$,回归修正系数 $\varphi_f=0.92$。

(1) 按规范求地基承载力特征值。

(2) 若取安全系数 $F_s=2.5$,按太沙基公式(基底完全粗糙)求承载力设计值。

3. 有个饱和粘性土试样,室内进行单轴无侧限压缩试验,土样破坏时的轴向应力 $q_u=38\text{kPa}$,试求土的不排水强度。

4. 某试样的有效应力抗剪强度参数 $c'=0$,$\varphi'=20°$,进行常规不排水三轴试验,三轴压力室压力 $\sigma_3=210\text{kPa}$,破坏时测得孔隙水压力 $u=140\text{kPa}$,试求破坏时剪切面上的抗剪强度、应力圆的直径、有效大主应力、最大总主应力、增加的轴压。假定 $c=0$,破坏时总应力强度参数 φ 为多少?

5. 某试样的有效应力抗剪强度参数 $c'=0$,$\varphi'=20°$,进行常规不排水三轴试验,三轴室压力 $\sigma_3=210\text{kPa}$ 不变,破坏时大小主应力差为 175kPa,试求破坏时的孔隙水压力、有效大小主应力。假定 $c=0$,破坏时总应力强度参数 φ 为多少?

6. 粘土试样的有效应力抗剪强度参数 $c'=14\text{kPa}$,$\varphi'=18°$,若试验时固结压力 $\sigma_3=70\text{kPa}$,进行完全排水三轴试验,当轴向压力增加了多少时,土样达到破坏?

7. 已知土中某点的最大主应力 $\sigma_1=500\text{kPa}$,最小主应力 $\sigma_3=200\text{kPa}$,则应力圆的圆心在何处?

8. 已知某土样的强度指标 $c'=20\text{kPa}$,$\varphi'=26°$,所承受的有效大主应力为 450kPa,有效小主应力为 150kPa,试问该土样是否达到了极限平衡状态?

9. 对一组土样进行直接剪切试验,对应于各竖向荷载 P,

土样在破坏状态时的水平剪力 T 如下表所示，若剪力盒的平面面积等于 $30cm^2$，试求该土的强度指标。

竖向荷载 P（N）	水平剪力 T（N）
50	78.2
100	84.2
150	92.0

10. 对一组 3 个饱和粘性土试样进行三轴固结不排水剪切试验，3 个土样分别在 $\sigma_3=100kPa$、200kPa 和 300kPa 下进行固结，而剪破时的大主应力 σ_1 分别为 205kPa、385kPa 和 570kPa，同时测得剪破时的孔隙水压力 u 依次为 63kPa、110kPa 和 150kPa。试用作图法求该饱和粘性土的总应力强度指标 c_{cu}、φ_{cu} 和有效应力强度指标 c'、φ'。

11. 某土样直剪试验结果如表所示，试用作图法求此土的抗剪强度指标 c、φ 值。

法向应力（kPa）	100	200	300	400
抗剪强度（kPa）	67	119	161	251

12. 某种土，测得其 $c=9.8kPa$，$\varphi=15°$，当该土某点 $\sigma=280kPa$，$\tau=80kPa$ 时，该点土体是否已达到极限平衡状态？

13. 对横断面 $32.2cm^2$ 的粉质粘土试样进行直接剪切试验得到结果如下表所示，试求：

（1）粘聚力 c；（2）内摩擦角 φ。

法向荷载（kN）	1.0	0.5	0.25
破坏时的剪力（kN）	0.47	0.32	0.235

14. 对某饱和试样进行无侧限抗压试验，得无侧限抗压强度为 160kPa，如果对同种土进行三轴不固结不排水试验，周围压

力为 180kPa，试求总竖向压应力为多少时试样将发生破坏。

15. 某条形基础宽度为 1m，埋深为 2m，地基为砂土，其 $\gamma=19.5\text{kN/m}^3$，$\varphi=40^\circ$，$c=0$，试分别求相应于基底平均压力为 400、500、600kPa 时地基内塑性变形区的最大深度。

16. 某条形基础宽度为 1m，埋深 $d=1.0$m，承受垂直均布荷载为 250kPa，基底以上土的重度为 18.5kN/m^3，地下水与基底齐平，饱和重度为 20kN/m^3，地基土强度指标 $c=10$kPa，$\varphi=25^\circ$，试用太沙基极限承载力公式（安全系数 $K=2$）来判断地基是否稳定。

17. 设地基内某点的最大主应力为 450kPa，最小主应力为 200kPa，土的摩擦角为 20°，粘聚力为 50kPa，试问该点处于什么状态？

18. 已知持力层临界荷载 $p_{\frac{1}{4}}=112.5$kPa，临塑荷载 $p_{cr}=101.3$kPa，而实际基底总压力为 $p=110.26$kPa，试求基底下持力层塑性区开展的最大深度。

19. 某条形基础宽度为 3.2m，已知地基的临塑荷载 $p_{cr}=87.6$kPa，临界荷载 $p_{\frac{1}{4}}=91.3$kPa，若要求地基中塑性区最大深度不超过 1m，试求地基承载力。

20. 已知某地基土为一般粘性土，$\gamma=19.1\text{kN/m}^3$，$e_0=0.90$，$I_L=0.56$，$c=45.1$kPa，$\varphi=15^\circ$，方形基础的宽度 $b=2$m，埋置深度 $d=3$m；载荷试验的比例界限 $p_{pr}=127.5$kkPa。试用太沙基极限荷载公式确定地基承载力。

第6章　挡土墙土压力和土坡稳定分析

第1节　概　　述

1.1　挡土结构物

在土木工程、水利工程、交通及路桥等工程中，挡土结构物（也称挡土墙）是一种常见构筑物，例如码头、隧道的侧墙、道路边坡的挡土墙、连接路堤与桥梁的桥台、地下室的外墙等，如图6.1所示。挡土结构物的作用就是用来挡住墙后的填土并承受来自填土的压力，土体作用在挡土结构物上的压力称为土压力。

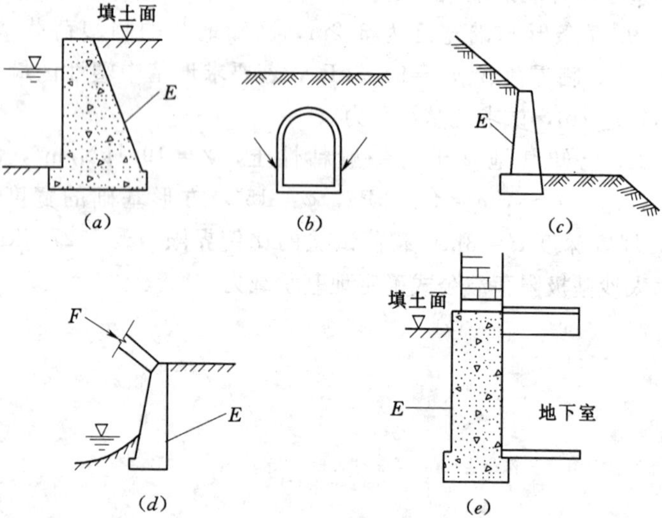

图6.1　挡土结构物

（a）码头；（b）隧道侧墙；（c）路坡挡土墙；（d）桥台；（e）地下室的外墙

土压力是进行挡土结构物断面设计和稳定验算的重要荷载，土应力计算是挡土墙设计的重要依据。

1.2　土压力的概念及类型

挡土墙土压力的大小及其分布规律受到墙体可能的位移方向、墙背填土的种类、填土面的形式、墙的截面刚度和地基的变形等一系列因素的影响。根据墙的位移情况和墙后土体所处的应力状态，土压力可分为三种：主动土压力、被动土压力和静止土压力。

1.2.1　主动土压力

当挡土墙向离开土体方向偏移至土体达到极限平衡状态时，作用在墙上的土压力称为主动土压力，用 E_a 表示，如图 6.2 (*a*) 所示。

1.2.2　被动土压力

当挡土墙向土体方向偏移至土体达到极限平衡状态时，作用在挡土墙上的土压力称为被动土压力，用 E_p 表示，如图 6.2 (*b*) 所示。桥台受到桥上荷载推向土体时，土对桥台产生的侧压力为被动土压力。

1.2.3　静止土压力

当挡土墙静止不动，土体处于弹性平衡状态时，土对挡土墙的压力称为静止土压力，用 E_0 表示，如图 6.2 (*c*) 所示。地下室外墙（上部结构完工后）可视为受静止土压力的作用。

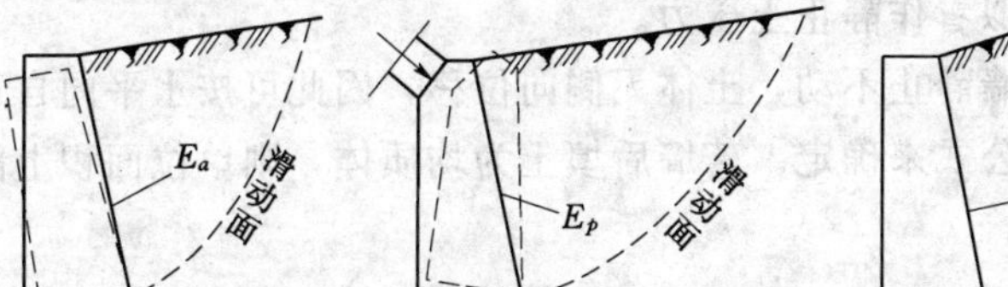

图 6.2　挡土墙侧的三种土压力

(*a*) 主动土压力；(*b*) 被动土压力；(*c*) 静止土压力

1.3 影响土压力的因素

试验研究表明，影响土压力大小的因素主要有以下几个方面。

1.3.1 挡土墙的位移

挡土墙的位移（或转动）方向和位移量的大小，是影响土压力性质大小的最主要因素。

1.3.2 挡土墙形状

挡土墙墙面形状，墙背是竖直还是倾斜，墙背是光滑还是粗糙，都关系采用何种土压力计算理论公式和计算结果。

1.3.3 填土的性质

挡土墙后填土的性质包括：填土松密程度即重度、干湿程度即含水量、土的强度指标即内摩擦角和粘聚力的大小。

1.3.4 挡土墙的材料

若挡土墙的材料采用素混凝土和钢筋混凝土，可认为墙的表面光滑，不计摩擦力；若采用砌石挡土墙，就必须计摩擦力，因而土压力的大小和方向都不相同。

第2节 静止土压力计算

2.1 静止土压力的计算公式

静止土压力只发生在挡土墙为刚性且墙体不发生任何位移的情况下。在实际工程中，作用在箱形基础侧墙或桥台上的土压力，可近似看作静止土压力。

由于墙静止不动，土体无侧向位移，因此可按水平向自重应力的计算公式来确定。若墙后填土为均质体，则单位面积上静止土压力为

$$e_0 = K_0 \gamma z \tag{6.1}$$

式中：K_0 为静止侧压力系数；γ 为土的重度，kN/m^3；z 为土压力计算点的深度，m。

由式（6.1）可以看出，静止土压力的大小沿深度呈线性变

化趋势，其分布规律如图6.3（a）所示，每延米总的静止土压力合力大小为

$$E_0=\frac{1}{2}K_0\gamma H^2 \tag{6.2a}$$

式中：H为墙高，合力的作用点位于离墙脚$H/3$处。

若墙后填土中有地下水，则计算静止土压力时，水下土的重度应取为浮重度（有效重度），其分布规律如图6.3（b）所示。相应静止土压力合力E_0的大小即等于压力分布图形的面积，其表达式为

$$E_0=\frac{1}{2}K_0\gamma H_1^2+K_0\gamma H_1H_2+\frac{1}{2}K_0\gamma' H_2^2 \tag{6.2b}$$

其中，E_0作用点位于图形的形心处。

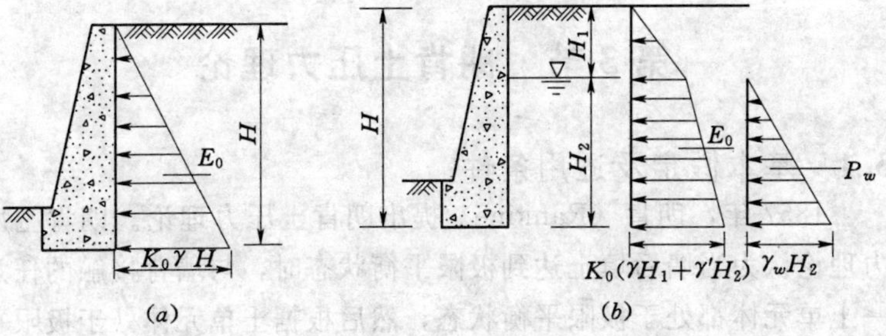

图6.3　静止土压力的分布

（a）均匀土；（b）有地下水时

此外，还应考虑水压力的作用，作用在墙背上的总水压力为

$$P_w=\frac{1}{2}\gamma_w H_2^2 \tag{6.3}$$

其中，水压力的作用点位于$H_2/3$处。

2.2　静止土压力系数K_0的确定

静止土压力计算的关键是静止侧压力系数K_0的确定。K_0可由室内的或现场的静止侧压力试验来测定。对于砂或正常固结粘土，也可根据φ'近似确定：

$$K_0 = 1 - \sin\varphi' \tag{6.4}$$

式中：φ'为填土的有效内摩擦角。

《公路桥涵地基与基础设计规范》（JTJ 024—85）中几种典型土的 K_0 值参见表 6.1。

表 6.1　静止土压力系数 K_0 值

土的名称	K_0
砾石、卵石	0.20
砂土	0.25
粉土	0.35
粉质粘土	0.45
粘土	0.55

第3节　朗肯土压力理论

3.1　基本假定及适用条件

1857 年，朗肯（Rankine）提出朗肯土压力理论。朗肯土压力理论认为当墙后填土达到极限平衡状态时，与墙背接触的任意一土单元体都处于极限平衡状态，然后根据土单元体处于极限平衡状态时应力所满足的条件来建立土压力的计算公式。

朗肯土压力理论假设土体是具有水平表面的半无限体，墙背竖直光滑。采用这样的假定，目的是使墙后土单元体在水平方向和竖直方向为主应力方向，墙后深度为 z 处的土单元体所受的应力如图 6.4（a）所示。

如果挡土墙不发生位移，墙后土单元体所处的应力状态可以由图 6.4（b）中的莫尔应力圆 I 表示，此时 $\sigma_1 = \sigma_z$，$\sigma_3 = \sigma_x = K_0\sigma_z$；如果墙体向离开填土的方向移动时，随着位移量的增加，竖向应力 σ_z（σ_1）保持不变，水平向应力 σ_x（σ_3）则逐渐减小，当应力圆增大到与强度包线相切时，该单元体达到主动极限平衡状态，作用在墙上的土压力（即主动土压力）大小就等于该单元

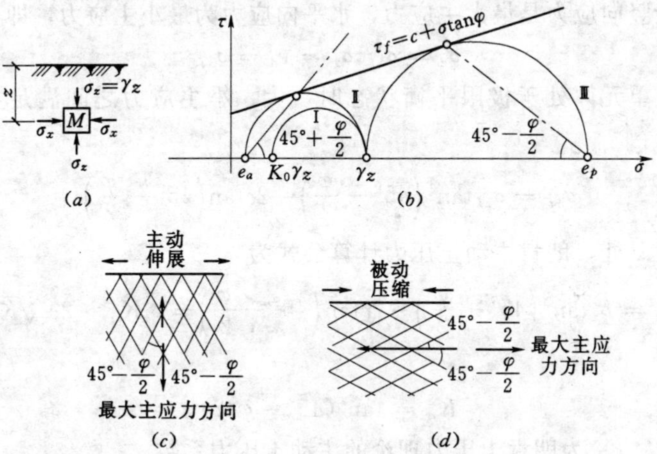

图 6.4　半空间的极限平衡状态

(a) 半空间内的微单元体；(b) 用莫尔圆表示主动和被动朗肯状态；
(c) 半空间的主动朗肯状态；(d) 半空间的被动朗肯状态

体的最小水平应力值 $\sigma_{x\min}$（最小主应力 σ_3）；反之，如果墙体向填土方向使土体挤压时，随着位移量的增加，竖向应力 σ_z 保持不变，水平向应力 σ_x 逐渐增加，并且大、小主应力的方向会发生改变，σ_z 由 σ_1 转变成 σ_3，σ_x 由 σ_3 转变成 σ_1，当应力圆增大到与强度包线相切时，该单元体达到被动极限平衡状态，作用在墙上的土压力（即被动土压力）大小就等于该单元体的最大水平应力值 $\sigma_{x\max}$（最大主应力 σ_1）。

当土体达到主动极限平衡状态时，产生的破坏面与最大主应力面的夹角为 $\theta_f=45°+\varphi/2$。因此，当土体达到主动极限平衡状态时，水平面为最大主应力面，则破坏面与水平面的夹角为 $\theta_f=45°+\varphi/2$；当土体达到被动极限平衡状态时，竖直面为最大主应力面，则破坏面与水平面的夹角为 $\theta_f=45°-\varphi/2$，如图 6.4 (c) 所示。

3.2　朗肯主动土压力计算

3.2.1　基本计算公式

当墙后填土处于主动破坏状态时，某一深度 z 处的土单元体

所受竖向应力是最大主应力，水平向应力为最小主应力，即

$$\sigma_z = \sigma_{1f}, \sigma_x = e_a = \sigma_{3f}$$

当土单元体处于极限平衡状态时，大、小主应力之间满足如下关系：

$$\sigma_{3f} = \sigma_{1f}\tan^2\left(45° - \frac{\varphi}{2}\right) - 2c\tan\left(45° - \frac{\varphi}{2}\right)$$

深度 z 处，朗肯主动土压力计算公式为

$$e_a = \sigma_z\tan^2\left(45° - \frac{\varphi}{2}\right) - 2c\tan\left(45° - \frac{\varphi}{2}\right) = \sigma_z K_a - 2c\sqrt{K_a} \tag{6.5}$$

其中 $$K_a = \tan^2(45° - \varphi/2)$$

式中：K_a 为朗肯土压力理论的主动土压力系数。

3.2.2 无粘性土的主动土压力计算

假设墙后填土为干的均质无粘性土，并且填土表面无超载作用，即

$$\sigma_z = \gamma z \text{ 且 } c = 0$$

则由式（6.5）可以得到任一深度 z 处主动土压力大小为

$$e_a = \gamma z K_a \tag{6.6}$$

由式（6.6）可见，主动土压力沿深度 z 呈三角形线性分布，如图 6.6（a）所示。设挡土墙高度为 H，则作用在墙上的总主动土压力大小可按三角形分布图的面积计算，即

$$E_a = \frac{1}{2}\gamma H^2 K_a \tag{6.7}$$

其中，E_a 作用点位于图形的形心处，即 $H/3$ 处。

如果填土表面有荷载 q，如图 6.5（b）所示，则深度 z 处土单元体所受竖向应力为

$$\sigma_z = \gamma z + q$$

将上式代入式（6.7），则作用在地面下深度 z 处墙背上的主动土压力为

$$e_a = (\gamma z + q)K_a = \gamma z K_a + qK_a \tag{6.8}$$

可见，此时的主动土压力由两部分组成：一部分是由均布荷

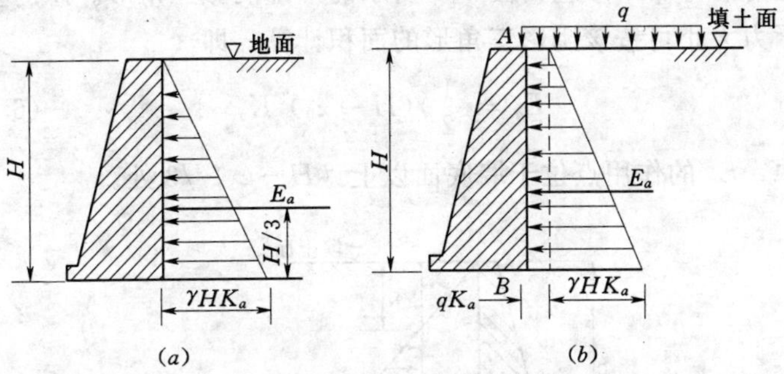

图 6.5　无粘性土主动土压力分布图
(a) 无超载作用；(b) 有均布荷载作用

载引起的，与深度无关，沿墙高呈矩形分布；另一部分是由土自重引起的，与深度成正比，沿墙高呈三角形分布。于是作用在墙背的总的主动土压力大小可按梯形分布图的面积计算，即

$$E_a = \frac{1}{2}\gamma H^2 K_a + qHK_a \tag{6.9}$$

其中，E_a 作用在梯形的形心处。

3.2.3　粘性土的主动土压力计算

假设墙后填土为干的均质粘性土，即有 $c \neq 0$，则任一深度 z 处主动土压力大小为

$$e_a = \gamma z K_a - 2c\sqrt{K_a} \tag{6.10}$$

可见，粘性土主动土压力沿深度 z 呈线性变化，与无粘性土不同的是，它由两部分组成：一部分是由土自重引起的压力，沿墙高呈三角形分布；另一部分是由粘聚力引起的拉力，与深度无关，沿墙高呈矩形分布。正是由于粘性土粘聚力的存在，使得主动土压力在某一深度范围内会出现负值，即存在拉力区，拉力区的深度 z_0 为 $p_a = 0$ 处的 z 值，即

$$z_0 = \frac{2c}{\gamma\sqrt{K_a}} \tag{6.11}$$

由于土体实际上不能够承受拉力，所以作用在墙背上的主动

土压力的分布图形应为图 6.6 所示的下部阴影三角形。总的主动土压力大小可按该阴影三角形的面积计算，即

$$E_a = \frac{1}{2}\gamma(H - z_0)^2 K_a \tag{6.12}$$

其中，E_a 的作用点位于墙底面以上（$H-z_0$）/3 处。

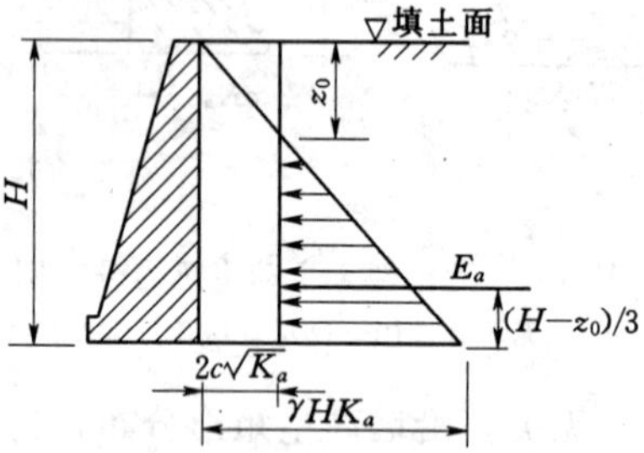

图 6.6 粘性土的主动土压力

如果填土表面有均布荷载 q，深度 z 处土单元体所受竖向应力为 $\sigma_z=\gamma z+q$，则主动土压力为

$$e_a = \sigma_z K_a - 2c\sqrt{K_a} = \gamma z K_a + qK_a - 2c\sqrt{K_a} \tag{6.13}$$

可见，此时的主动土压力由三部分组成：一部分是由土的自重引起的，与深度成正比，沿墙高呈三角形分布；另一部分是由均布荷载引起的压力，与深度无关，沿墙高呈矩形分布；还有一部分由粘聚力引起的拉力，与深度无关，沿墙高呈矩形均匀分布。

对于有均布荷载的粘性土主动土压力，有可能出现拉力区，也可能不出现拉力区。令 $e_a=0$，可以得到填土受拉区的最大深度为

$$z_0 = \frac{2c}{\gamma\sqrt{K_a}} - \frac{q}{\gamma} \tag{6.14}$$

当 $z_0>0$ 时，则填土中存在拉力区，主动土压力为三角形分布，如图 6.7（a）中的下部成阴影的三角形面积所示。总的主动土压力的计算公式仍为式（6.13），作用点位于墙底面以上

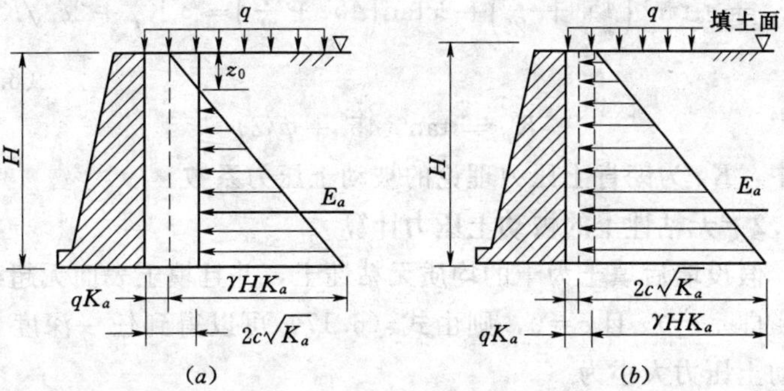

图 6.7　有均布荷载时粘性土的主动土压力

（a）有拉应力区；（b）无拉应力区

$(H-z_0)$ /3 处。

当 $z_0<0$ 时，则均布荷载引起的土压力使填土中不出现拉力区，主动土压力的分布为梯形分布，如图 6.7（b）中的阴影部分所示。总的主动土压力大小可按阴影梯形的面积计算，即

$$E_a=\frac{1}{2}\gamma H^2K_a+qHK_a-2cH\sqrt{K_a} \tag{6.15}$$

其中，E_a 作用点在梯形的形心处。

3.3　朗肯被动土压力计算

3.3.1　基本计算公式

当墙后填土处于被动极限平衡状态时，某一深度 z 处的土单元体所受竖向应力为小主应力，水平向应力为大主应力，即

$$\sigma_z=\sigma_{3f},\quad \sigma_x=e_p=\sigma_{1f} \tag{6.16}$$

当土单元体处于极限平衡状态时，大、小主应力之间满足如下关系：

$$\sigma_{1f}=\sigma_{3f}\tan^2\left(45^\circ+\frac{\varphi}{2}\right)+2c\tan\left(45^\circ+\frac{\varphi}{2}\right)$$

因此，将式（6.16）代入上式就得到深度 z 处朗肯被动土压力计算公式：

$$e_p = \sigma_z \tan^2\left(45° + \frac{\varphi}{2}\right) + 2c\tan\left(45° + \frac{\varphi}{2}\right) = \sigma_z K_p + 2c\sqrt{K_p} \tag{6.17}$$

其中 $$K_p = \tan^2(45° + \varphi/2)$$

式中：K_p 为朗肯土压力理论的被动土压力系数。

3.3.2 无粘性土的被动土压力计算

假设墙后填土为干的均质无粘性土，并且填土表面无超载作用，即 $\sigma_z = \gamma z$ 且 $c=0$，则由式（6.17）可以得到任一深度 z 处主动土压力大小为

$$e_p = \gamma z K_p \tag{6.18}$$

被动土压力沿深度 z 呈线性变化，这里是三角形分布，如图 6.8（a）所示。

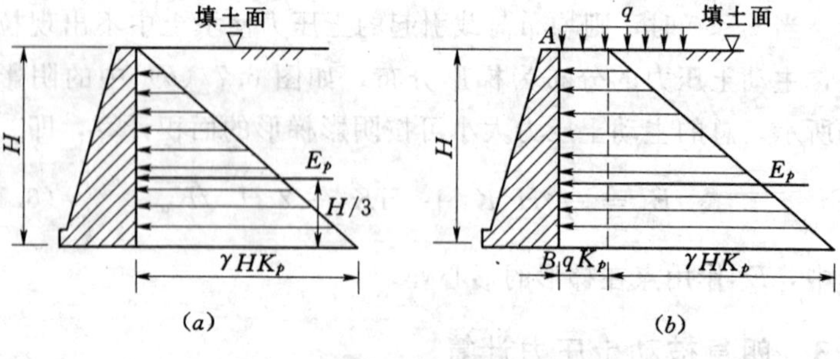

图 6.8 无粘性土被动土压力分布图

（a）无超载作用；（b）有均布荷载作用

设挡土墙高度为 H，则作用在墙上的总的被动土压力大小可按三角形分布图的面积计算，即

$$E_p = \frac{1}{2}\gamma H^2 K_p \tag{6.19}$$

其中，E_p 作用点位于图形的形心处，即 $H/3$ 处。

如果填土表面有均匀荷载 q，如图 6.8（b）所示，深度 z 处土单元体所受竖向应力即被动土压力为

$$e_p = (\gamma z + q)K_p = \gamma z K_p + qK_p \tag{6.20}$$

可见，此时的被动土压力由两部分组成：一部分是由均布荷载引起的，与深度无关，沿墙高呈矩形分布；另一部分是由土自重引起的，与深度成正比，沿墙高呈三角形分布。于是作用在墙背上的总的被动土压力大小可按梯形分布图的面积计算，即

$$E_p = \frac{1}{2}\gamma H^2 K_p + qHK_p \tag{6.21}$$

其中，E_p 作用在梯形的形心处。

3.3.3　粘性土的被动土压力计算

假设墙后填土为干的均质粘性土，即有 $c\neq0$，则任一深度 z 处被动土压力大小为

$$e_p = \gamma z K_p + 2c\sqrt{K_p} \tag{6.22}$$

可见，被动土压力沿深度呈线性分布，它由两部分组成：一部分是由土自重引起的，沿墙高呈三角形分布；另一部分是由粘聚力引起的，与深度无关，沿墙高呈矩形均匀分布。其分布如图 6.9 (*a*) 所示。作用在墙背上的总的被动土压力大小可按梯形

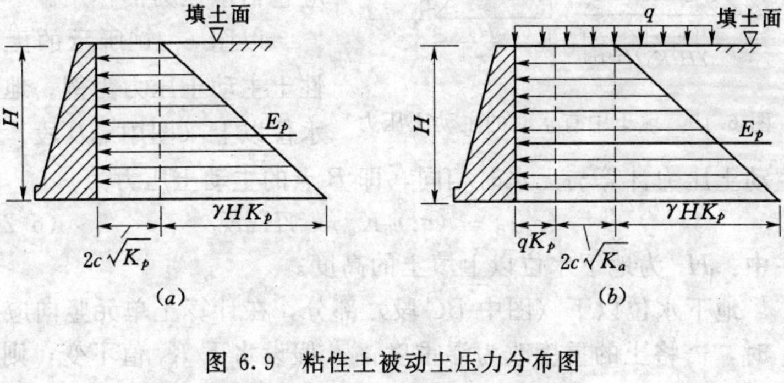

图 6.9　粘性土被动土压力分布图

(*a*) 无超载作用；(*b*) 有均布荷载作用

分布图的面积计算，即

$$E_p = \frac{1}{2}\gamma H^2 K_p + qHK_p \tag{6.23}$$

其中，E_p 作用点在梯形的形心处。

如果填土表面有均布荷载 q，则被动土压力为

$$e_p = \sigma_z K_p + 2c\sqrt{K_p} = \gamma z K_p + qK_p + 2c\sqrt{K_p} \quad (6.24)$$

可见，此时的被动土压力由三部分组成：一部分是由土自重引起的，与深度成正比，沿墙高呈三角形分布；另两部分是由均布荷载和粘聚力引起的，与深度无关，沿墙高呈矩形分布。其分布如图 6.9 (*b*) 所示。总的被动土压力大小可按梯形分布图的面积计算，即

$$E_p = \frac{1}{2}\gamma H^2 K_p + qHK_p + 2cH\sqrt{K_p} \quad (6.25)$$

其中，E_p 作用点在梯形的形心处。

3.3.4 填土中有地下水时的土压力计算

当墙后填土中有水时，需考虑地下水位以下的填土由于浮力作用使有效重量减轻引起的土压力的减小，即在计算竖向应力时，水下填土部分采用浮重度。另外需注意的是作用在墙背上的总压力中还应包括水压力的作用。

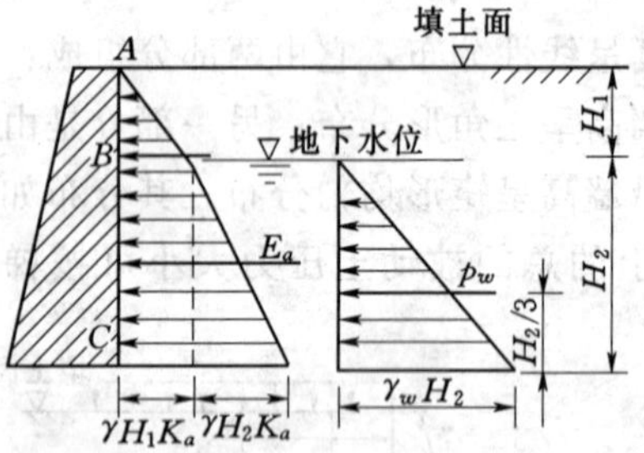

图 6.10 填土中有水时的主动土压力

以图 6.10 所示的无粘性土主动土压力为例。地下水位以上（图中 *AB* 段）的主动土压力计算与无水时相同，即 *B* 点的主动土压力为

$$(e_a)_B = (\sigma_z)_B K_a = \gamma H_1 K_a \quad (6.26)$$

式中：H_1 为地下水位以上填土的高度。

地下水位以下（图中 *BC* 段）部分，在计算土单元竖向应力 σ_z 时，需将土的重度改为浮重度 γ'。假设水下 K_a 值不变，则 *C* 点的主动土压力为

$$(e_a)_C = (\sigma_z)_C K_a = \gamma H_1 K_a + \gamma' H_2 K_a \quad (6.27)$$

式中：H_2 为地下水位以下填土的高度。

总的主动土压力的大小由如图 6.10 所示的压力分布图的面积求得，即

$$E_a = \frac{1}{2}\gamma H_1^2 K_a + \gamma H_1 H_2 K_a + \frac{1}{2}\gamma' H_2^2 K_a \quad (6.28)$$

其中，E_a 作用点位于图形的形心处。

作用在墙背面的水压力为

$$P_w = \frac{1}{2}\gamma_w H_2^2 \tag{6.29}$$

于是在进行挡土墙设计时，作用在墙背上土的总压力为

$$P = E_a + P_w = \frac{1}{2}\gamma H_1^2 K_a + \gamma H_1 H_2 K_a + \frac{1}{2}\gamma' H_2^2 K_a + \frac{1}{2}\gamma_w H_2^2 \tag{6.30}$$

3.3.5　填土为成层土时的土压力计算

如果墙后填土是由不同土层组成的，应考虑填土性质不同（重度、粘聚力和内摩擦角）对土压力的影响。在确定成层土的土压力时，需注意两点：一是由于各层填土重度不同，使得填土竖向应力分布在土层交界面上出现转折；二是由于各层填土粘聚力和内摩擦角不同，土压力的数值出现不同。

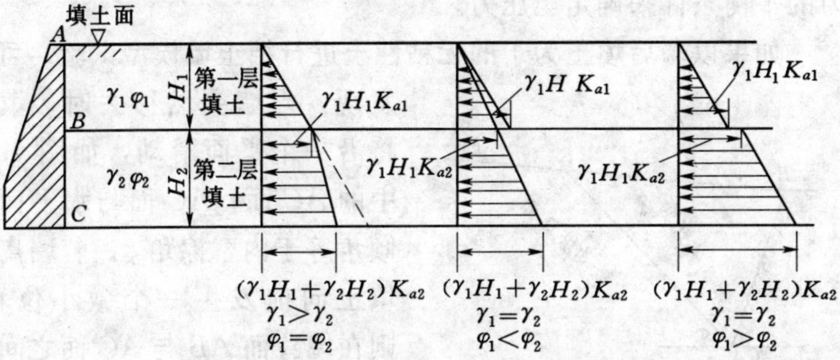

图 6.11　填土为成层土时的主动土压力

以图 6.11 所示两层无粘性填土的主动土压力为例，如果两层填土的内摩擦角 φ 不同，则土压力分布图在两层填土交界面 B 处会发生突变，在交界面 B 点之上的主动土压力为

$$(e_a)_{B上} = (\sigma_z)_B K_{a1} = \gamma H_1 K_{a1} \tag{6.31}$$

在交界面 B 点之下的主动土压力为

$$(e_a)_{B下} = (\sigma_z)_B K_{a2} = \gamma H_1 K_{a2} \tag{6.32}$$

C 点的主动土压力为

$$(e_a)_C=(\sigma_z)_C K_{a2}=(\gamma_1 H_1+\gamma_2 H_2)K_{a2} \tag{6.33}$$

式中：K_{a1}、K_{a2}分别为第一层与第二层填土的主动土压力系数。

总的主动土压力的大小由如图 6.11 所示的压力分布图的面积求得，即

$$E_a=\frac{1}{2}\gamma_1 H_1^2 K_{a1}+\gamma_1 H_1 H_2 K_{a2}+\frac{1}{2}\gamma_2 H_2^2 K_{a2} \tag{6.34}$$

其中，E_a 作用点位于图形的形心处。

第 4 节　库仑土压力理论

4.1　基本假定及适用条件

朗肯土压力理论是以土单元体的极限平衡条件来建立主动和被动土压力计算公式的。库仑土压力理论则是以整个滑动土体上力的平衡条件来确定土压力。

如果以墙后填土为干的无粘性土进行挡土墙模型试验，可以发现，当墙突然移去时，填土将沿一个平面滑动，如图 6.12 中的 AC 面，AC 面与水平面的倾角等于内摩擦角 φ。若墙离开填土向前发生一个微小位移，则在墙背面 AB 与 AC 面之间将产生一个接近平面的主动滑动面 AD；反之，如果墙向填土挤压，在 AC 面和水平面之间将产生被动滑动面 AE。因此只要确定出主动或被动破坏面的形状和位置，假定滑动体为刚性体，就可以根据滑动土体的静力平衡条件来确定主动或被动土压力。

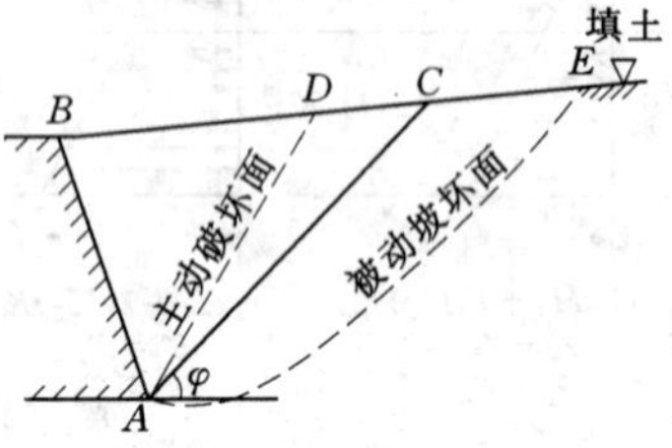

图 6.12　无粘性土墙后填土中的破坏面

4.2　无粘性土主动土压力计算

如图 6.13 所示一墙背倾斜的挡土墙，墙背面 AB 与竖直线

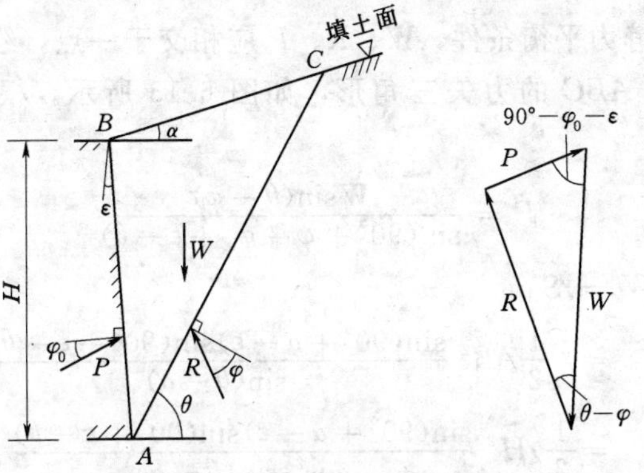

图 6.13　无粘性土的主动土压力

的夹角为ε，填土表面 BC 是一平面，与水平面夹角为 α，设墙背与填土之间的摩擦角为 φ_0。如果墙在填土压力作用下离开填土向前移动，当墙后土体达到极限平衡状态时（主动状态），土体中产生两个通过墙脚 A 的滑动面 AB 和 AC。若滑动面 AC 与水平面间夹角为 θ，取单位长度挡土墙，将滑动土体 ABC 作为脱离体，考虑其静力平衡条件，则作用在滑动土体 ABC 上的作用力有以下几种：

（1）滑动土体 ABC 的重量 W，若 θ 已知，则 W 的大小、方向及作用点位置均已知。

（2）土体作用在破坏面 AC 上的反力 R，R 是 AC 面上摩擦力和法向反力的合力，R 的方向与破坏面法线的夹角等于土的内摩擦角 φ，由于滑动土体 ABC 相对于滑动面 AC 右边的土体是向下移动，故摩擦力的方向向上。R 的作用方向已知，R 的大小未知。

（3）墙背面 AB 对滑动土体的反力 P（大小等于土压力），P 是 AB 面上摩擦力和法向反力的合力，P 的方向与墙背面的法线夹角为 φ_0，由于滑动土体 ABC 相对于墙背是向下滑动，故墙背在 AB 面产生的摩擦力的方向向上。P 的作用方向已知，P 的大小未知。

根据静力平衡条件，W、R、P 应相交于一点，绘出作用在滑动土体 ABC 的力矢三角形，如图 6.13 所示。根据正弦定律可得

$$P = \frac{W\sin(\theta-\varphi)}{\sin(90^\circ+\varphi+\varphi_0+\varepsilon-\theta)} \tag{6.35}$$

$$\begin{aligned} W &= \gamma S_{ABC} \\ &= \gamma\frac{1}{2}AB^2\frac{\sin(90^\circ+\alpha-\varepsilon)\sin(90^\circ+\varepsilon-\theta)}{\sin(\theta-\alpha)} \\ &= \frac{1}{2}\gamma H^2\frac{\sin(90^\circ+\alpha-\varepsilon)\sin(90^\circ+\varepsilon-\theta)}{\cos^2\varepsilon\sin(\theta-\alpha)} \end{aligned} \tag{6.36}$$

将 W 代入式（6.35）可得

$$P = \frac{1}{2}\gamma H^2\frac{\cos(\varepsilon-\alpha)\cos(\varepsilon-\theta)\sin(\theta-\varphi)}{\cos^2\varepsilon\sin(\theta-\alpha)\cos(\theta-\varphi-\varphi_0-\varepsilon)} \tag{6.37}$$

由上式可知，当墙的倾角 ε，填土表面的倾角 α，填土的性质 γ、φ、φ_0，以及墙体的高度 H 均已知时，P 的大小仅取决于破坏面的倾角 θ。由于图中破坏面的倾角 θ 是假设的，所以 AC 面不一定是真正破坏面，只有找出真正的破坏面，才能确定出主动土压力。由式（6.37）可以看出 P 随破坏面倾角的变化情况，当 $\theta=\varphi$ 时，有 $P=0$，当 $\theta=90^\circ+\varepsilon$ 时，仍有 $P=0$。所以当 θ 在 φ 和 $90^\circ+\varepsilon$ 之间变化时，P 将有一个极大值，这个极大值即为所求的主动土压力，事实上也可以把 P 看作是滑动块体在自重作用下克服滑动面 AC 上的摩擦力后而向前滑动的力，P 值越大，块体向下滑动的可能性也越大，所以产生最大 P 值的滑动面就是实际发生的真正滑动面。由于主动土压力是假定一系列破坏面计算出的土压力中的最大值，因此，将式（6.37）对 P 求导数，并令其等于零，即

$$\frac{\mathrm{d}P}{\mathrm{d}\theta} = 0$$

解出 θ，代入式（6.37）中，即得到作用在墙背的总库仑主动土压力计算公式为

$$E_a = \frac{1}{2}\gamma H^2 K_a \tag{6.38}$$

$$E_a = \frac{\cos^2(\varphi-\varepsilon)}{\cos^2\varepsilon\cos(\varepsilon+\varphi_0)\left[1+\sqrt{\dfrac{\sin(\varphi+\varphi_0)\sin(\varphi-\alpha)}{\cos(\varepsilon+\varphi_0)\cos(\varepsilon-\alpha)}}\right]^2} \tag{6.39}$$

式中：γ、φ 分别为墙后填土的重度和内摩擦角；H 为挡土墙的高度；ε 为墙背与竖直线间夹角，墙背仰斜时为正，墙背俯斜时为负；α 为填土表面与水平面间的倾角，在水平面以上为正，在水平面以下为负，如图 6.13 所示；φ_0 为墙背与填土间的摩擦角，决定于墙背面粗糙程度、填土性质、墙背面倾斜形状等，可参考下列数据选用：①砌体砌筑的阶梯形墙背，$\varphi_0=$（2/3～1）φ；②仰斜的混凝土墙或砌体墙背，$\varphi_0=$（1/2～2/3）φ；③竖直的混凝土或砌体墙背，$\varphi_0=$（1/3～1/2）φ；④俯斜的混凝土或砌体墙背，$\varphi_0=1/3\varphi$；⑤墙背光滑而排水不良，$\varphi_0=$（0～1/3）φ。

式（6.38）中的 K_a 为库仑理论的主动土压力系数，决定于 ε、α、φ、φ_0，具体数值可查表 6.2。

表 6.2　　　　主动土压力系数 K_a

墙背倾斜情况			填土与墙背摩擦角	主动土压力系数 K_a 土的内摩擦角 φ（°）					
		φ（°）	δ（°）	20	25	30	35	40	45
仰斜	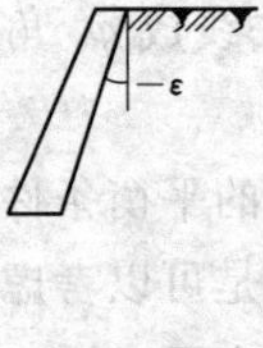	−15	$\frac{1}{2}\varphi$	0.357	0.274	0.208	0.156	0.114	0.081
			$\frac{2}{3}\varphi$	0.346	0.266	0.202	0.153	0.112	0.079
		−10	$\frac{1}{2}\varphi$	0.385	0.303	0.237	0.184	0.139	0.104
			$\frac{2}{3}\varphi$	0.375	0.295	0.232	0.180	0.139	0.104
		−5	$\frac{1}{2}\varphi$	0.415	0.334	0.268	0.214	0.168	0.131
			$\frac{2}{3}\varphi$	0.406	0.327	0.263	0.211	0.138	0.131

续表

墙背倾斜情况			填土与墙背摩擦角	主动土压力系数 K_a					
				土的内摩擦角 φ (°)					
		φ (°)	δ (°)	20	25	30	35	40	45
竖直		0	$\frac{1}{2}\varphi$	0.447	0.367	0.301	0.246	0.199	0.160
			$\frac{2}{3}\varphi$	0.438	0.361	0.297	0.244	0.200	0.162
俯斜	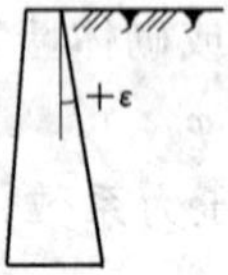	+5	$\frac{1}{2}\varphi$	0.482	0.404	0.338	0.282	0.234	0.193
			$\frac{2}{3}\varphi$	0.450	0.398	0.335	0.282	0.236	0.197
		+10	$\frac{1}{2}\varphi$	0.520	0.444	0.378	0.322	0.273	0.230
			$\frac{2}{3}\varphi$	0.514	0.439	0.377	0.323	0.277	0.237
		+15	$\frac{1}{2}\varphi$	0.564	0.489	0.424	0.368	0.318	0.274
			$\frac{2}{3}\varphi$	0.559	0.486	0.425	0.371	0.325	0.284
		+20	$\frac{1}{2}\varphi$	0.615	0.541	0.476	0.463	0.370	0.325
			$\frac{2}{3}\varphi$	0.611	0.540	0.479	0.474	0.381	0.340

由式（6.39）可以看出，主动土压力沿墙高呈直线规律分布，沿墙高的压强为 $\gamma z K_a$，如图 6.14（b）所示；沿墙背面的压强则为 $\gamma z K_a \cos\varepsilon$，如图 6.14（$a$）所示。总的主动土压力的大小等于压力分布图的面积，其方向与墙背面法线成 φ_0 角，其作用点在墙高的 1/3 处。

由于库仑土压力理论是根据滑动土体上力的平衡条件来确定土压力，所以与朗肯土压力理论相比，其优点是可以考虑填土面为倾斜，墙背为粗糙、倾斜的情况。若假设填土面水平，墙背竖直、光滑，即 $\varepsilon=0$，$\alpha=0$，$\varphi_0=0$，则 $K_a=\tan^2(45°-\varphi/2)$ 与

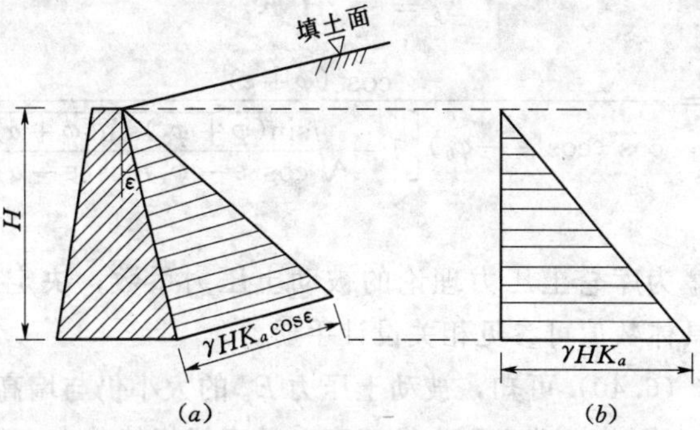

图 6.14　无粘性土的主动土压力

(a) 沿墙背分布；(b) 沿墙高分布

无粘性土朗肯土压力公式相比，两者完全相同。因此，朗肯土压力理论是库仑土压力理论在某种特定条件下的一个特例。

4.3　无粘性土被动土压力计算

当挡土墙在外力作用下向着填土方向挤压而使填土达到被动破坏状态时，墙后填土中将出现另一种破坏面，如图 6.15 所示，因此根据滑动平面的位移趋势和土体 ABC 上的静力平衡条件，与主动土压力计算原理相似，可得到作用在墙背上的总库仑被动土压力计算公式为

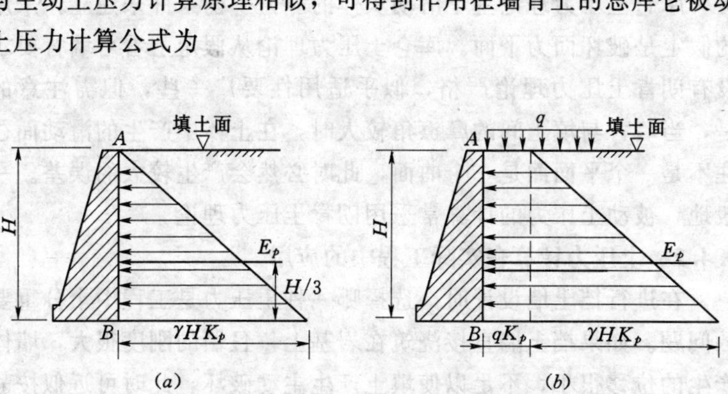

图 6.15　无粘性土被动土压力

(a) 无超载作用；(b) 有均布荷载作用

$$E_p = \frac{1}{2}\gamma H^2 K_p \tag{6.40}$$

$$E_p = \frac{\cos^2(\varphi+\varepsilon)}{\cos^2\varepsilon\cos(\varepsilon-\varphi_0)\left[1-\sqrt{\frac{\sin(\varphi+\varphi_0)\sin(\varphi+\alpha)}{\cos(\varepsilon-\varphi_0)\cos(\varepsilon-\alpha)}}\right]^2} \tag{6.41}$$

式中：K_p 为库仑土压力理论的被动土压力系数，决定于 ε、α、φ、φ_0，具体数值可参见相关设计手册。

由式（6.40）可知，被动土压力 E_p 的大小仍与墙高 H 的平方成正比，因此被动土压力沿墙高也呈直线规律分布。总的被动土压力的方向与墙背面法线成 φ_0 角，其作用点在墙高的 1/3 处。

4.4 土压力问题的讨论

4.4.1 朗肯与库仑土压力理论存在的主要问题

朗肯土压力理论基于土单元体的应力极限平衡条件建立，采用的假定是墙背面竖直、光滑，填土面为水平，而实际墙背不是光滑的，所以采用朗肯土压力理论计算出的土压力值与实际情况相比，有一定的误差，但偏于保守，即主动土压力偏大，被动土压力偏小。

库仑土压力理论基于滑动块体的静力平衡条件来建立，采用的假定是破坏面为平面。库仑土压力理论从假定上看对墙背要求没有朗肯土压力理论严格，似乎适用性要广一些，但需注意的是，当墙背与填土间的摩擦角较大时，在土体中产生的滑动面往往不是一个平面而是一个曲面，此时必然会产生较大的误差。一般地，被动土压力的计算常采用朗肯土压力理论。

4.4.2 土压力计算在实际工程中的应用

在进行挡土墙设计时，选择哪一种土压力是工程中十分重要的问题。如果挡土墙直接浇筑在岩基上，且墙的刚度很大，墙体产生的位移很小，不足以使填土产生主动破坏，此时可近似按静止土压力计算。此外，对于地下结构的侧墙，若刚度大，且墙顶无法位移，也可认为墙上作用的为静止土压力。

如果挡上墙在墙后填土自重等作用下产生离开填土方向的位移，并且使墙后填土达到了极限平衡状态，可按主动土压力计算。实验研究表明，当挡土墙的位移达到墙高的 0.1%～0.3%，填土就可能发生主动破坏，而这是一般的挡土墙都容易达到的。因此通常情况下挡土墙的土压力可按主动土压力计算。

如果挡土墙在外力作用下产生向着填土方向挤压的位移，并且使墙后填土达到了极限平衡状态，可按被动土压力计算。但实验表明，欲使填土发生被动破坏，挡土墙位移量需达到墙高的 2%～5%，而这是工程中所不允许的。所以在验算挡土墙的稳定性时，并不采用被动土压力的全部，通常取其 30%。

第 5 节　边坡稳定性分析

在工程建设中经常会遇到边坡稳定性问题，边坡指具有倾斜坡面的岩土体。由于地质作用自然形成的边坡称为天然边坡，如山坡、江河的岸坡等。天然边坡的稳定性由组成坡体的工程地质、水文地质条件和岩土体力学性质决定；经过人工挖、填形成的坡面通常称为人工边坡，如基坑、渠道、土石坝、路堤等的边坡，其稳定性受土的性质、施工质量、地下水等控制。

由于边坡表面倾斜，在岩土体自重及其他外力作用下，整个岩土体都有从高处向低处滑动的趋势。边坡丧失其原有稳定性，一部分岩土体相对于另一部分岩土体发生滑动的现象，称为滑坡。土坡的简单外形及滑体组成如图 6.16 所示。土坡在发生滑动之前，一般在坡顶首先开始明显的下沉并出现裂缝，坡脚附近

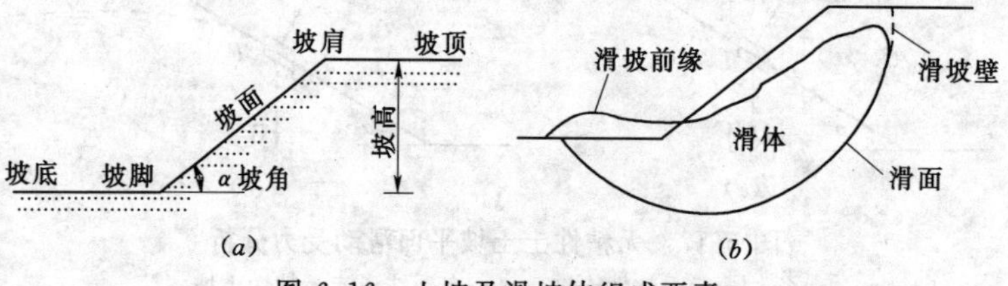

图 6.16　土坡及滑坡体组成要素

的地面则有较大的侧向位移并微微隆起。随着坡顶裂缝的开展和坡脚侧向位移的增加，部分土体突然沿着某一个滑动面急剧下滑，造成滑坡事故。

土坡滑动失稳的原因一般有以下两种情况：

(1) 外界力的作用破坏了土体内原来的应力平衡状态。例如路堑或基坑的开挖，是由于土自身的重力发生变化，从而改变了土体原来的应力平衡状态；又如路堤的填筑或土坡面上作用有堆料、车辆荷载时，土坡内部的应力状态也将发生改变；另外，地震力、土中的渗流力或邻近打桩施工扰力等的作用，也都会破坏土体原有的应力平衡状态，促使土坡坍塌。

(2) 土的抗剪强度由于受到外界各种因素的影响而降低，导致土坡失稳破坏。例如由于外界气候等自然条件的变化，使土时干时湿、收缩膨胀、冻结、融化等，从而使土体变松，强度降低；土坡内因雨水的浸入使土湿化，强度降低；土坡附近因施工引起的震动，如打桩、爆破等，以及地震力的作用，引起土的液化或触变，使土的强度降低。

5.1 无粘性土土坡稳定性分析

5.1.1 一般情况下的无粘性土土坡

对于均质的无粘性土土坡，无论是干坡还是在完全浸水条件下，由于无粘性土土粒间无粘结力，因此，只要位于坡面上的土单元体能够保持稳定，则整个土坡就是稳定的。图 6.17 (*a*) 为一均质无粘性土土坡，坡角为 α，现从坡面上任取一侧面竖直、底面与坡面平行的土单元体，假定不考虑该单元体两侧应力对稳

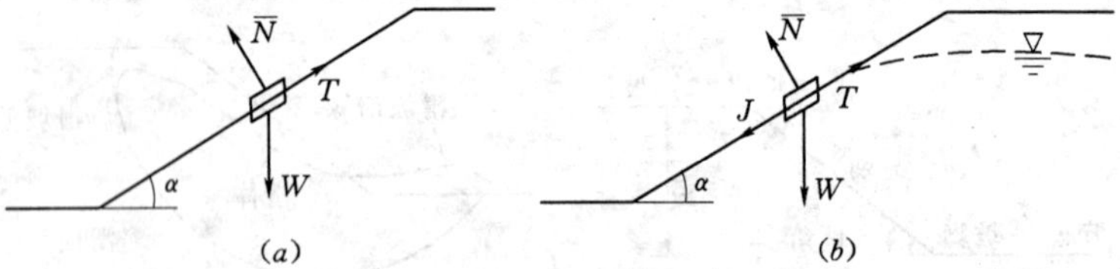

图 6.17 无粘性土土坡平面滑动受力分析

(*a*) 一般无粘性土坡；(*b*) 有顺坡渗流无粘性土坡

定性的影响。设单元体的自重为 W，则使它下滑的剪切力就只有 W' 在顺坡方向的分力 T，称为下滑力，其表达式为

$$T = W\sin\alpha$$

阻止土体下滑的力是此单元体与下面土体之间的抗剪力 $\overline{T}$，静力平衡时与 T 大小相等，其所能发挥的最大值为

$$T_f = \overline{N}\text{tg}\varphi = W\cos\alpha\text{tg}\varphi$$

式中：$\overline{N}$ 为单元体受到的法向支撑力，与自重在坡面法线方向的分力 N 大小相等；φ 是土的内摩擦角。

而无粘性土土坡稳定安全系数定义为最大抗剪力与下滑力之比，即

$$F_s = \frac{T_f}{T} = \frac{W\cos\alpha\text{tg}\varphi}{W\sin\alpha} = \frac{\text{tg}\varphi}{\text{tg}\alpha} \tag{6.42}$$

由此可见，对于均质无粘性土土坡，理论上只要坡角小于土的内摩擦角，土体就是稳定的。当 $F_s=1$ 时，土体处于极限平衡状态，此时土坡的坡角（也称休止角）就等于无粘性土的内摩擦角。

5.1.2　有渗流作用时的无粘性土土坡

水库蓄水或库水位突然下降，都会使坝体砂壳受到一定的渗流力作用，对坝体稳定性带来不利影响。此时在坡面上渗流逸出处以下取一单元体。它除了本身重量外，还受到渗流力 J 的作用，如图 6.17（b）所示。因渗流方向与坡面平行，渗流力的方向也与坡面平行，此时使土体下滑的剪力为

$$T + J = W\sin\alpha + J$$

而单元体所能发挥的最大抗剪力仍为 $T_f = W\cos\alpha\text{tg}\varphi$，于是安全系数就成为

$$F_s = \frac{T_f}{T + J} = \frac{W\cos\alpha\text{tg}\varphi}{W\sin\alpha + J}$$

对单位土体来说，当直接用渗流力来考虑渗流影响时，单位体积的土体自重就是浮重度 γ'，而单位体积的渗流力为

$$j = i\gamma_w$$

式中：γ_w 为水的重度；i 为考虑点的水力梯度。

因为是顺坡出流，$i=\sin\alpha$。于是上式即可写成：

$$F_s=\frac{\gamma'\cos\alpha\mathrm{tg}\varphi}{(\gamma'+\gamma_w)\sin\alpha}=\frac{\gamma'\mathrm{tg}\varphi}{\gamma_{sat}\mathrm{tg}\alpha} \tag{6.43}$$

式中：γ_{sat} 为土的饱和重度。

上式同没有渗流作用的公式（6.42）相比，安全系数相差 γ'/γ_{sat} 倍，此值接近于 1/2。因此，当坡面有顺坡渗流作用时，无粘性土土坡的稳定安全系数将几乎降低一半。

5.2　粘性土土坡稳定性分析

5.2.1　整体圆弧滑动稳定性分析

粘性土由于颗粒之间存在粘结力，发生滑坡时是整块土体向下滑动的，坡面上任一单元体的稳定条件不能用来代表整个土坡的稳定条件。若按平面应力问题考虑，将滑动面以上土体看作刚体，并以它为脱离体，分析在极限平衡条件下其上各种作用力，而以整个滑动面上的平均抗剪强度与平均剪应力之比来定义土坡的安全系数，即

$$F_s=\frac{\tau_f}{\tau} \tag{6.44a}$$

对于均质的粘性土土坡，其实际滑动面与圆柱面接近。计算时一般假定滑动面为圆柱面，截面为圆弧。其安全系数也可用滑动面上的最大抗滑力矩与滑动力矩之比来定义，其结果与公式（6.44a）的定义完全相同。对圆弧滑动，有

$$F_s=\frac{M_f}{M}=\frac{\tau_f\overset{\frown}{L}R}{\tau\overset{\frown}{L}R} \tag{6.44b}$$

式中：τ_f 为滑面的抗剪强度；τ 为滑面上的剪应力；$\overset{\frown}{L}$ 为滑弧长度；R 为滑弧半径。

图 6.18（a）所示为一均质粘性土土坡，AC 为假定的滑动面，圆心为 O，半径为 R。当滑面与坡面包围的滑体保持稳定时必须满足力矩平衡条件（滑弧上的法向反力 N 通过圆心），即

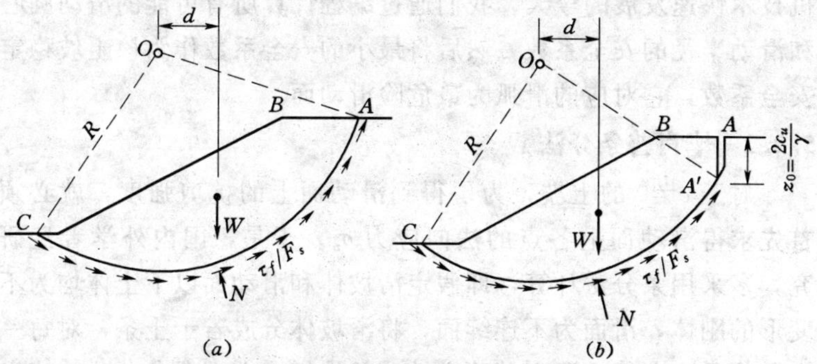

图 6.18　均质粘性土坡的整体圆弧滑动

$$\frac{\tau_f \widehat{L}}{F_s}R = Wd$$

故安全系数为

$$F_s = \frac{\tau_f \widehat{L} R}{Wd} \tag{6.45}$$

式中：W 为滑动体重量；$\widehat{L}$ 为滑弧弧长；d 为土体重力对滑弧圆心的力臂。

按照莫尔-库仑强度理论，一般情况下，土的抗剪强度 τ_f 由粘聚力 c 和摩擦力 $\sigma \mathrm{tg}\varphi$ 两部分组成。因此，它是随着滑动面上法向应力的变化而变化的，沿整个滑动面并非一个常数。但对饱和粘土来说，在不排水剪条件下，$\varphi_u = 0$，则 $\tau_f = c_u$。于是，上式即写为

$$F_u = \frac{c_u \widehat{L} R}{Wd} \tag{6.46}$$

这时，滑面上的抗剪强度为常数，用式（6.46）可直接进行边坡的抗滑稳定安全系数计算。这种稳定分析方法通常称为 φ_u 等于零分析法。

以上求出的 F_u，是任意假定的某个滑动面的抗滑安全系数，而我们要求的是与最危险滑动面相对应的最小安全系数。在计算

机技术快速发展的今天，我们通过编程计算所有可能的滑动圆心和滑动半径的安全系数，然后将最小的安全系数作为该土坡稳定安全系数，它对应的滑弧为最危险滑动面。

5.2.2　毕肖普条分法

对于 $c \neq 0$ 的土坡，为了得到滑动面上的抗剪强度，就必须首先求得滑动面上各点的法向应力 σ_n。于是，国内外学者经研究，多采用条分法计算，即假定滑坡体和滑动面以下土体均为不变形的刚体，滑面为不连续面，将滑坡体分成若干土条，对每一土条作受力分析，研究其稳定性，具体解法有瑞典条分法、毕肖普条分法、杨布条分法等，下面主要介绍毕肖普条分法。

毕肖普（Bishop，1955 年）假定各土条底部滑动面上的抗滑安全系数均相同，即等于整个滑动面的平均安全系数，取单位长度土坡按平面问题计算，如图 6.19 所示。设可能滑动面为一圆弧 AC，圆心为 O，半径为 R。将滑动土体 ABC 分成若干土条，而取其中任一条（第 i 条）分析其受力情况。作用在该土条上的力有以下几个：

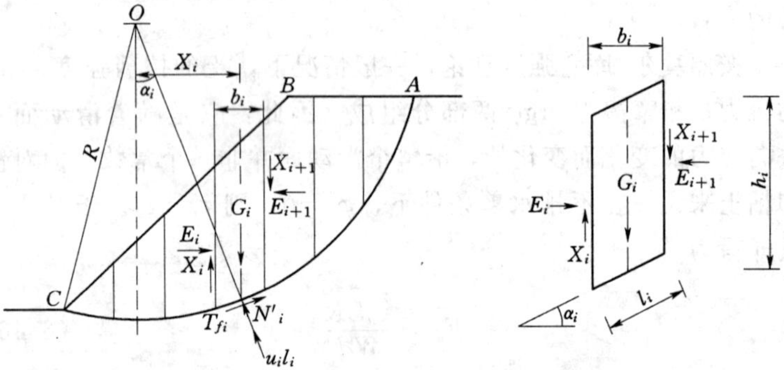

图 6.19　毕肖普条分法计算图

（1）土条自重 $G_i = \gamma b_i h_i$，其中 b_i、h_i 分别为该土条的宽度与平均高度。

（2）作用于土条底面的抗剪力 T_{fi}、有效法向反力 N'_i 及孔

隙水压力 $u_i l_i$，其中 u_i、l_i 分别为该土条底面中点处孔隙水压力和滑弧弧长。

(3) 作用于该土条两侧的法向力 E_i 和 E_{i+1}，以及切向力 X_i 和 X_{i+1}。

对 i 土条竖向取力的平衡得：

$$N'_i \cos\alpha_i = G_i + \Delta X_i - T_{fi}\sin\alpha_i - u_i b_i \tag{6.47}$$

当土坡尚未破坏时，土条滑动面上的抗剪强度只发挥了一部分，若以有效应力表示，土条滑动面上的抗剪力为

$$T_{fi} = \frac{\tau_{fi} l_i}{K} = \frac{c' l_i}{K} + N'_i \frac{\tan\varphi'}{K} \tag{6.48}$$

式中：c'为土的有效粘聚力；φ'为土的有效内摩擦角；K 为安全系数。

将 T_{fi} 代入式 (6.47)，可解得 N'_i 为

$$N'_i = \frac{1}{m_{\alpha_i}}\left(G_i + \Delta X_i - u_i b_i - \frac{c' l_i}{K}\sin\alpha_i\right) \tag{6.49}$$

$$m_{\alpha_i} = \cos\alpha_i\left(1 + \frac{\tan\varphi' \tan\alpha_i}{K}\right) \tag{6.50}$$

然后就整个滑动土体对圆心 O 求力矩平衡，此时相邻土条之间侧壁作用力的力矩将互相抵消，而各土条的 N'_i 及 $u_i l_i$ 的作用线均通过圆心，故有

$$K = \frac{\sum \frac{1}{m_{\alpha_i}}[c'b + (G_i - u_i b)\tan\varphi']}{\sum G_i \sin\alpha_i} \tag{6.51}$$

式 (6.51) 即为毕肖普条分法计算土坡安全系数的普遍公式，但由于 m_{α_i} 的计算式 (6.50) 中含有安全系数 K，故上述安全系数 K 仍需试算。通常试算时可先假定 $K=1$，由式 (6.50) 求出 m_{α_i}，再按式 (6.51) 求出 K，若计算的 K 与假定 K 值不等，则以计算的 K 值代入式 (6.50) 再求出新的 m_{α_i} 和 K，如此反复迭代，直至前后两次数值满足所要求的精度为止。通常迭代 3～4 次即可满足工程精度要求，且迭代总是收敛的。

毕肖普条分法考虑了土条两侧的作用力，计算结果比较合

理。分析时先后利用每一土条竖向力的平衡及整个滑动土体的力矩平衡条件，避开了 E_i 及其作用点的位置，并假定所有的 ΔX_i 均等于零，使分析过程得到了简化，但同样不能满足所有的平衡条件，还不是一个严格的方法，由此产生的误差约为2%～7%。

思考题与习题

一、选择题

1. 在挡墙设计时，是否允许墙体有位移？

(A) 不允许　(B) 允许　(C) 允许有较大位移

2. 地下室外墙面上的土应力应按何种土压力进行计算？

(A) 静止土压力　(B) 主动土压力

(C) 被动土压力

3. 如果土推墙而使挡土墙发生一定的位移，使土体达到极限平衡状态，这时作用在墙背上的土压力是何种土压力？

(A) 静止土压力　(B) 主动土压力

(C) 被动土压力

4. 按朗肯土压力理论计算挡土墙背面上的主动土压力时，墙背是何种应力平面？

(A) 最大主应力平面　(B) 最小主应力平面

(C) 滑动面

5. 挡土墙背面的粗糙程度，对朗肯土压力计算结果有何直接影响？

(A) 使土压力变大　(B) 使土压力变小

(C) 对土压力无影响

6. 符合朗肯土压力条件，挡土墙后填土发生主动破坏时，滑动面的方向如何确定？

(A) 与水平面夹角为 $45°+\varphi/2$

(B) 与水平面夹角为 $45°-\varphi/2$

(C) 与水平面夹角为 $45°$

7. 在粘性土中挖土，最大直立高度为多少？

(A) $z = 2c\tan\left(45° - \frac{\varphi}{2}\right)/\gamma$

(B) $z = 2c\cot\left(45° - \frac{\varphi}{2}\right)/\gamma$

(C) $z = 2c\tan\left(45° + \frac{\varphi}{2}\right)/\gamma$

8. 按库仑土压力理论计算土压力时，可把墙背面当作什么平面？

(A) 最大主应力平面　　(B) 最小主应力平面

(C) 滑动面

9. 若挡土墙的墙背竖直且光滑，墙后填土水平，粘聚力 $c=0$，采用朗肯解和库仑解，得到的主动土压力有何差异？

(A) 朗肯解较大　　(B) 库仑解较大

(C) 相同

10. 挡土墙后的填土应该密实些好，还是疏松些好？为什么？

(A) 填土应该疏松些好，因为松土的重度小，土压力就小

(B) 填土应该密实些好，因为土的 φ 大，土压力就小

(C) 填土的密实度与土压力大小无关

11. 三种土压力的相对大小为：被动土压力＞静止土压力＞主动土压力，是否这三种土压力都是极限状态的土压力？否则哪种土压力是属于弹性状态的土压力？

(A) 都是极限状态

(B) 主动土压力是弹性状态

(C) 静止土压力是弹性状态

12. 库仑土压力理论通常适用于哪种土类？

(A) 粘性土　(B) 砂类土　(C) 各类土

二、判断题

1. 库仑土压力理论假定土体的滑裂面是平面，计算结果对主动土压力偏差较小而被动土压力偏差较大。　(　　)

2. 墙后填土的固结程度越高，作用在墙上的总推力就越大。（　）

3. 边坡的安全系数在施工刚结束时最小，并随着时间的增长而增大。（　）

4. 当土坡内某一滑动面上作用的滑动力达到土的抗压强度时，土坡即发生滑动破坏。（　）

5. 在饱和粘性土地基上修筑路堤形成二边坡，当填土结束时，边坡的稳定性应采用有效应力和有效参数来分析。（　）

三、问答题

1. 何谓主动土压力、静止土压力和被动土压力？试举实际工程实例。

2. 试述三种典型土压力发生的条件。

3. 为什么主动土压力是主动极限平衡时的最大值？而被动土压力是被动极限平衡时的最小值？

4. 朗肯土压力理论和库仑土压力理论各采用了什么假定？分别会带来什么样的误差？

5. 朗肯土压力理论和库仑土压力理论是如何建立土压力计算公式的？它们在什么条件下具有相同的计算结果？

6. 试比较朗肯土压力理论和库仑土压力理论的优缺点和存在的问题。

四、计算题

1. 已知某挡土墙，墙高 4m，墙背竖直光滑，墙后填土面水平，土的 $c=0$，$\varphi=25°$，$K_0=1-\sin\varphi$，土的重度 $\gamma=18\text{kN/m}^3$。试求在下述三种情况下，作用在墙上土压力的合力及作用点位置：(1) 挡土墙的位移为 0；(2) 挡土墙被土推动，发生一微小位移；(3) 挡土墙向着土发生一微小位移。

2. 已知某挡土墙，墙背竖直光滑，墙后填土面水平，填土由两土层构成，4m 以上为粘土，$\gamma=17\text{kN/m}^3$，$c=10\text{kPa}$，$\varphi=20°$，$K_0=1-\sin\varphi$；4m 以下为砂层，$\gamma=18\text{kN/m}^3$，$c=0$，$\varphi=26°$，$K_0=1-\sin\varphi$。

（1）试问若墙不动，砂层顶面处和粘土层底面处的土压力各为多少？

（2）若墙被推动，则在4m深处砂层顶面标高上和粘土层底面标高上的土压力各为多少？

（3）若墙推土发生一位移，则在4m深处砂层顶面标高上和粘土层底面标高处的土压力各为多少？

3. 已知某挡土墙4m高，墙背竖直光滑，墙后填土面水平，填土 $c=10\text{kPa}$，$\varphi=20°$，$K_0=0.66$，$\gamma=17\text{kN/m}^3$，试求在下述三种情况下，作用在墙上土压力的合力及作用点的位置：（1）挡土墙没有位移；（2）挡土墙离填土发生微小位移；（3）挡土墙对着填土发生微小位移。

4. 已知某挡土墙4m高，墙背竖直光滑，墙后填土面水平，填土重度 $\gamma=17\text{kN/m}^3$，对填土进行了两次三轴试验，土样破坏时的大小主应力分别为：$\sigma_1=150\text{kPa}$、$\sigma_3=60\text{kPa}$ 和 $\sigma_1=200\text{kPa}$、$\sigma_3=82\text{kPa}$，试求：（1）作用在墙底标高上的主动土压力和墙上的主动土压力的合力；（2）作用在墙底标高上的被动土压力和墙上的被动土压力的合力。

5. 已知某挡土墙4m高，墙背竖直光滑，墙后填土面水平，填土重度 $\gamma=17\text{kN/m}^3$，对填土采样进行了两次直接剪切试验，试验结果：$p_1=100\text{kPa}$、$\tau_1=52\text{kPa}$ 和 $p_2=150\text{kPa}$、$\tau_2=73\text{kPa}$，试求：（1）主动破坏时，作用在墙顶下3m处的土压力和墙背上土压力的合力；（2）被动破坏时，作用在墙顶下3m处的土压力和墙背上土压力的合力。

6. 已知某挡土墙4m高，墙背竖直光滑，墙后填土面水平，填土的基本性质如下：含水率 $w=35\%$，孔隙比 $e=1.10$，土粒比重 $G_s=2.68$，$c=8\text{kPa}$，$\varphi=22°$，试求：（1）墙顶以下3.5m处的主动土压力和墙背所受主动土压力的合力；（2）墙顶以下3.5m处的被动土压力和墙背所受被动土压力的合力。

7. 已知某挡土墙4m高，墙背竖直光滑，墙后填土面水平，要求填土在最佳含水率 $w_{op}=20\%$情况下夯实至最大干重度 $\gamma_d=$

$14.5kN/m^3$，并测得 $c=8kPa$，$\varphi=22°$，试求：(1) 墙底处的主动土压力和墙背所受主动土压力的合力；(2) 墙底处的被动土压力和墙背所受被动土压力的合力。

8. 已知某挡土墙 4m 高，墙背竖直光滑，墙后填土面水平，墙后填土为中砂，含水率 $w=25\%$，孔隙比 $e=1.0$，土粒比重 $G_s=2.60$，$c=0$，$\varphi=30°$，若地下水位自墙底处上升到地面，求作用在墙背上的总压力合力和总压力合力的变化。(砂的强度指标 c、φ 不变，$\gamma_w=10kN/m^3$)

9. 已知某挡土墙 4m 高，墙背竖直光滑，墙后填土面水平，墙后填土为中砂，含水率 $w=25\%$，孔隙比 $e=1.0$，土粒比重 $G_s=2.60$，$c=0$，$\varphi=30°$，若地下水位自墙底处上升到地面，求作用在墙背上的主动土压力合力和主动土压力合力的变化。(砂的强度指标 c、φ 不变，$\gamma_w=10kN/m^3$)

10. 已知某挡土墙 4m 高，墙背竖直光滑，墙后填土面水平，墙后填土为中砂，含水率 $w=25\%$，孔隙比 $e=1.0$，土粒比重 $G_s=2.60$，$c=0$，$\varphi=30°$，若地下水位自墙底处上升 2m，试求：(1) 作用在墙底处主动土压力和主动土压力的变化；(2) 作用在墙底处的总压力及总压力的变化。

11. 已知某挡土墙 4m 高，墙背竖直光滑，墙后填土面水平，墙后填土为中砂，含水率 $w=25\%$，孔隙比 $e=1.0$，土粒比重 $G_s=2.60$，$c=0$，$\varphi=30°$，若地下水位自墙底处上升 2m，试求：(1) 作用在墙背上主动土压力合力及其作用点的位置；(2) 作用在墙背上总压力合力及其作用点的位置。

12. 已知某挡土墙 6m 高，墙背竖直光滑，墙后填土面水平，填土为粘性土，$\gamma=18kN/m^3$，$c=15kPa$，$\varphi=20°$，为测量作用在墙背上的主动土压力，试求土压力盒的最小埋置深度；若墙后土面上有一均布荷载 $q=10kPa$，此时土压力盒的埋置深度又是多少？

13. 已知某挡土墙 6m 高，墙背竖直光滑，墙后填土面水平，并有 15kPa 均布荷载，填土的孔隙率 $n=40\%$，土粒比重 $G_s=$

2.60，$c=0$，$\varphi=30°$，地下水位在地表处，$\gamma_w=10\text{kN/m}^3$，试求：(1) 墙底主动土压力；(2) 在墙背上的主动土压力合力及其作用点位置；(3) 墙背上的总压力合力及其作用点位置。

14. 已知某挡土墙6m高，墙背竖直光滑，墙后填土面水平，并有15kPa均布荷载，地下水位在地面下3m处，水上土的孔隙率$n=40\%$，$w=10\%$，土粒比重$G_s=2.65$，水下土的孔隙率$n=40\%$，水上、水下土的c、φ相同，$c=0$，$\varphi=30°$，求墙底处的主动土压力和总压力。($\gamma_w=10\text{kN/m}^3$)

15. 已知某挡土墙6m高，墙背竖直光滑，墙后填土面水平，墙后填土分两层，地表下2m范围内土层$\gamma_1=17\text{kN/m}^3$，$c_1=0$，$\varphi_1=32°$；2～5m内土层$\gamma_2=17\text{kN/m}^3$，$c_2=10\text{kPa}$，$\varphi_2=16°$。试求：(1) 第二层土顶面的主动土压力；(2) 主动土压力合力及作用点位置。

16. 已知某挡土墙6m高，墙背竖直光滑，墙后填土面水平，墙后填土分两层，地表下2m范围内土层$\gamma_1=16\text{kN/m}^3$，$c_1=12\text{kPa}$，$\varphi_1=30°$；2～5m内土层$\gamma_{sat}=20\text{kN/m}^3$，$c_2=10\text{kPa}$，$\varphi_2=25°$；地下水位在土层分界面处，试求：(1) 第一层土底面的主动土压力；(2) 第二层土顶面的主动土压力；(3) 主动状态时作用在墙背上总压力及作用点位置。

17. 已知墙高$H=5\text{m}$，墙背倾角$\varepsilon=10°$，填土为细砂，填土面水平($\beta=0$)，$\gamma=19\text{kN/m}^3$，$\varphi=30°$，$\delta=\frac{\varphi}{2}=15°$。按照库仑土压力理论，试求作用在墙上的主动土压力$E_a$。

18. 已知某无粘性土平面边坡，坡角$\beta=22°$沿坡面向下渗流。若土的内摩擦角$\varphi=30°$，土的重度$\gamma_{sat}=20\text{kN/m}^3$，有效重度$\gamma'=10\text{kN/m}^3$。试求边坡的安全系数。

19. 已知某均质河堤堤岸，坡度为1∶1，坡高为5.5m，土的性质为$\varphi=12.5°$，$c=15\text{kPa}$，孔隙比$e=0.9$，土粒比重$G_s=2.70$，查得稳定系数$N=10.47$，若河水水位在堤顶时，岸坡的安全系数为多少？

20. 已知某均质河堤堤岸，坡度为 1∶1，坡高为 6.5m，土的性质为 $\varphi=12.5°$，$c=15\text{kPa}$，孔隙比 $e=0.9$，土粒比重 $G_s=2.70$，查得稳定系数 $N=10.47$，若河水水位从堤顶骤降至堤底时，河堤安全系数为多少？

第7章　建筑场地工程地质勘察

第1节　建筑场地分级

岩土工程勘察一般可分为可行性研究勘察、初步勘察和详细勘察三个阶段。对于工程地质条件复杂或有特殊施工要求的重要工程，尚应增加施工勘察；对于面积不大，且工程地质条件简单的场地或有建筑经验的地区，可适当简化勘察阶段；对于建筑性质和总平面位置已定的工程，也可仅进行详细勘察。

岩土工程勘察的等级，应根据工程安全等级（见表7.1）、场地等级（见表7.2）和地基等级（见表7.3），综合分析确定岩土工程勘察等级（见表7.4）。

表7.1　工程安全等级

安全等级	破坏后果	工程类型	安全等级	破坏后果	工程类型	安全等级	破坏后果	工程类型
一级	很严重	重要工程	二级	严重	一般工程	三级	不严重	次要工程

表7.2　场地等级

场地等级	特点
一级	对建筑抗震危险的地段；不良地质现象强烈发育；地质环境已经或可能受到强烈破坏；地形地貌复杂
二级	对建筑抗震不利的地段；不良地质现象一般发育；地质环境已经或可能受到一般破坏；地形地貌较复杂
三级	地震设防烈度等于或小于6度，或对建筑抗震有利的地段；不良地质现象不发育；地质环境基本未受破坏；地形地貌简单

表 7.3 **地基等级（对开挖工程为岩土介质）**

场地等级	特　　点
一级	岩土种类多，性质变化大，地下水对工程影响大，且需特殊处理；多年冻土、湿陷、膨胀、盐渍、污染严重的特殊性岩土，以及其他情况复杂，需专门处理的岩土
二级	岩土种类较多，性质变化较大，地下水对工程有不利影响；除一级地基规定以外的特殊性岩土
三级	岩土种类单一，性质变化不大，地下水对工程无影响；无特殊性岩土

表 7.4 **岩土工程勘察等级划分**

<table>
<tr><th rowspan="2">勘察等级</th><th colspan="3">确定勘察等级的条件</th><th rowspan="2">勘察等级</th><th colspan="3">确定勘察等级的条件</th></tr>
<tr><th>工程安全等级</th><th>场地等级</th><th>地基等级</th><th>工程安全等级</th><th>场地等级</th><th>地基等级</th></tr>
<tr><td rowspan="3">一级</td><td>一级</td><td>任意</td><td>任意</td><td rowspan="3">二级</td><td>三级</td><td>一级</td><td>任意</td></tr>
<tr><td>二级</td><td>一级</td><td>任意</td><td>三级</td><td>任意</td><td>一级</td></tr>
<tr><td>二级</td><td>任意</td><td>一级</td><td>三级</td><td>二级</td><td>二级</td></tr>
<tr><td rowspan="3">二级</td><td rowspan="2">二级</td><td rowspan="2">二级</td><td rowspan="2">二级或三级</td><td rowspan="3">三级</td><td>二级</td><td>三级</td><td>三级</td></tr>
<tr><td>三级</td><td>二级</td><td>三级</td></tr>
<tr><td>二级</td><td>三级</td><td>二级</td><td>三级</td><td>三级</td><td>二级或三级</td></tr>
</table>

第 2 节　第四纪沉积物类型及其工程特点

第四纪沉积物从其堆积或沉积的条件来看可以分为两大类：一类为残积土；另一类为运积土。

2.1　残积土

残积土是指岩石经风化后仍留在原地未经搬运的堆积物。残积土的厚度和风化程度主要取决于气候条件和暴露时间。残积土的厚度受风化和搬运作用及岩体的构造作用的影响。由于残积土未经搬运的磨损作用，土层中所含的石块均带棱角。母岩质地优良，由物理风化生成的残积土，通常是坚固和稳定的。母岩质地不良或经化学风化的残积土，则大多松软，性质易变。残积土一般是良好的建筑土料，但作为建筑地基时要注意土性和厚度随不同位置的变异性，应进行详细的勘探工作。

2.2　运积土

运积土是指岩石风化后经流水、风和冰川以及人类活动等动力搬运离开生成地点后再沉积下来的堆积物。由于搬运的动力不同，分为冲积土、风积土、冰碛土和沼泽土等。

2.2.1　冲积土

冲积土是指降雨形成的地表径流流经地表时，冲刷、带动或搬运土粒，经过一段搬运距离后在较平缓的地带沉积下来的土层。冲积土的分布范围很广，其主要类型有山区河谷冲积土、山前平原冲积土、平原河谷冲积土、三角洲冲积土等。流水所能带走土粒的最大尺寸与其流速的平方成比例，水的流速又与水力坡降有关。大小不同的土粒随着河流流速的改变可堆积在不同的部位，形成一定的颗粒分选和不均匀性。

2.2.2　风积土

风积土是指由风力带动土粒经过一段搬运距离后沉积下来的堆积物。风积土的主要类型有砂土和黄土，常分布在干旱和半干旱地区。风所能带走的颗粒大小取决于风速，因此，颗粒随风向也有一定的分选，风积土没有明显层理，颗粒以带角的细砂粒和粉粒为主，同一地区颗粒较均匀，如湿陷性黄土。

2.2.3　冰碛土

由冰川剥落、搬运形成的堆积物称为冰川沉积土。其中，几乎未经流水搬运直接从冰层中搁置下来的称为冰碛土。其特征是不成层，所含颗粒粒径的范围很宽，小至粘粒和粉粒，大至巨大的漂石。粗颗粒的形状是次圆或次棱角的，有时还有磨光面。冰碛土具有密度大、压缩性小和强度大的良好工程地质性能，因此可作为理想的建筑物地基。

2.2.4 沼泽土

在沼泽地的沉积物称为沼泽土。其形成是在停滞或流动不畅的浅水地区，在条件合适的情况下生物大量繁殖。地层构造运动或环境变化使得大片植物被水或土覆盖，随着时间的推移植物完全或部分分解并腐烂变质，充分腐化的土称为腐殖土，其年代较久，未完全腐化还保留有植物残余物的称为泥炭土。泥炭土的特点通常呈海绵状，干密度很小，含水率极高，土质十分疏松，因而其压缩性高、强度很低而灵敏度很高。

第3节 工程地质勘察的任务和内容

3.1 可行性研究勘察

可行性研究勘察的目的是为了取得几个场址方案的主要工程地质资料，并对拟选场地的稳定性和适宜性做出岩土工程评价和方案比较。

选址阶段的勘察工作，主要侧重于收集区域地质、地形地貌、地震、矿产和附近地区的工程地质资料以及当地的建筑经验。在分析已有资料的基础上，通过踏勘，了解场地的地层岩性、地质构造、岩土性质、不良地质现象以及水文地质等工程地质条件。当工程地质条件复杂，已有资料不能满足要求时，应根据具体情况，进行工程地质测绘及必要的勘察工作。作为建设的场址，应尽可能避开下列地区或地段：

(1) 不良地质现象发育且对场地稳定性有直接危害或潜在威胁。

(2) 有地震危险的地段。

(3) 受洪水或地下水不利影响严重的场地。

(4) 地下有未开采的有价值矿藏或未稳定的地下采空区。

3.2 初步勘察

初步勘察的目的是对场地内各建筑地段的稳定性做出评价，并为确定建筑总平面布置、主要建筑物的地基基础方案以及不良地质现象的防治工程方案提供工程地质资料和依据。

初步勘察阶段的主要工作：初步查明地层及其构造、岩土物理力性质、地下水埋藏条件以及冻结深度；查明场地不良地质现象及其对场地稳定性的影响；当设计有抗震要求时，还应判定场地的地震效应。

根据《岩土工程勘察规范》（GB 50021—2001），初步勘察阶段的勘探线、勘察点间距可根据岩土工程勘察等级按表 7.5 确定，其中控制性勘探点宜占勘探点总数的 1/5～1/3。初步勘察的勘察孔深度可按表 7.6 确定，其中勘探孔包括钻孔、探井和原位测试孔等。

表 7.5　勘探线、点间距

岩土工程勘察等级	勘探线间距（m）	勘探点间距（m）
一级（复杂）	50～100	30～50
二级（中等复杂）	75～150	40～100
三级（简单）	150～300	75～200

表 7.6　勘探孔深度

岩土工程勘察等级	勘探孔类别	
	一般性勘探孔（m）	控制性勘探孔（m）
一级（重要工程）	≥15	≥30
二级（一般工程）	10～15	15～30
三级（次要工程）	6～10	10～20

3.3　详细勘察

详细勘察阶段，应对具体建筑物的地基做出岩土工程分析评价，并为基础设计、地基处理与加固、不良地质现象的防治提供工程地质资料；对需要基坑开挖与支护的工程，尚应进行专门的勘察工作。

详细勘察阶段的主要工作：查明建筑物范围内各层岩土的类别、结构、厚度、坡度及工程特性，对地基的稳定性和承载力做出评价，为不良地质现象的防治工程提供所需要的计算指标及资料，并查明地下水的埋藏条件和腐蚀性、地层的透水性和水位变化规律等情况。对于基坑开挖，尚应提供稳定计算和支护设计所需的岩土技术参数；对于可能采用桩基的场地，还应提供桩基设计所需的岩土技术参数。

表 7.7　详细勘察阶段勘探点间距

岩土工程勘察等级	间距（m）
一级（复杂）	10～15
二级（中等复杂）	15～30
三级（简单）	30～50

详细勘察的手段主要是以勘察、原位测试和室内土工试验为主，必要时可补充一些物探和工程地质测绘等工作。按照《岩土工程勘察规范》（GB 50021—2001），详细勘探点的间距可根据岩土工程勘察等级按表 7.7 确定。详细勘探孔深度一般宜控制地基压缩层计算度以下 1～2m 为原则，可按表 7.8 确定。当场地内有面积地面堆载或有软弱下卧层时，应适当加深勘探孔深度；对于基坑开挖工程，其勘察孔深度尚应满足开挖深度以及基坑各种极限状态验算的要求。

表 7.8　详细勘察阶段勘探孔深度

基础底面宽度 b（m）	勘察孔深度（m）		
	软土	一般粘性土、粉土及砂土	老堆积土、密实砂土及碎石土
$b \leqslant 5$	$3.5b$	$(3.0 \sim 3.5)\ b$	$3.0b$
$5 < b \leqslant 10$	$(2.5 \sim 3.5)\ b$	$(2.0 \sim 3.0)\ b$	$(1.5 \sim 3.0)\ b$
$10 < b \leqslant 20$	$(2.0 \sim 2.5)\ b$	$(1.5 \sim 2.0)\ b$	$(1.0 \sim 1.5)\ b$
$20 < b \leqslant 40$	$(1.5 \sim 2.0)\ b$	$(1.2 \sim 1.5)\ b$	$(0.8 \sim 1.0)\ b$
$b > 40$	$(1.3 \sim 1.5)\ b$	$(1.0 \sim 1.2)\ b$	$(0.6 \sim 0.8)\ b$

第 4 节　岩土工程勘察的方法

岩土工程勘察是为了查明场地土层的分布以及各土层的工程性质，主要有钻探、室内土工试验和原位测试三种方法。

4.1　钻探

钻探是岩土工程勘察中最常用的一种方法。钻探是利用钻探机具在地层中钻孔，以鉴别和划分地层，并沿孔深用取土器采取原状土试样，供室内进行土工试验分析。

对土层进行钻探，取土的数量及质量是非常重要的。取土试样的竖向间距，应按设计与施工要求、土层的均匀性和代表性确定，一般在主要受力层内宜每隔 1～2m 采取原状土试样 1 个，对于每个场地内每一主要土层的原状上试样不应少于 6 个。当土质不均匀或结构松散难以采取原状土试样时，应采用原位测试方法。

4.2　室内土工试验

从钻孔中取得原状土试样后，应立即封蜡，防止水分流失，注明试样的上下端及取样深度，并及时送实验室进行试验。

室内土工试验一般包括下列项目。

4.2.1　粘性土

粘性土测定液限、塑限、天然重度、天然含水量、比重、压缩性、渗透性和抗剪强度等。

4.2.2　粉土

粉土测定颗粒分析、液限、塑限、天然重度、天然含水量、比重、压缩性、渗透性和抗剪强度等。

4.2.3　砂土

砂土测定颗粒分析、天然重度、天然含水量、比重、压缩性、抗剪强度和自然休止角等。

4.2.4　碎石土

碎石土测定时，若有必要，可做颗粒分析；对含粘性土较多的碎石土，宜测定粘性土的天然含水量、液限和塑限；必要时，可做现场大体积重度试验。

4.2.5　岩石

岩石测定时，一般可测定饱和状态的无侧限抗压强度；必要时，还需测定抗冻性、吸水性等其他岩石物理力学性质指标。

在上述试验中，根据场地的复杂程度和设计与施工的特殊要求，以及地区经验，可适当增减试验项目。如对一级工程需测定土的动力性质时，可采用动三轴试验、动直剪试验和共振性试验。

4.3　原位测试

由于土的试样在采取、运送、保存和制备过程中，不可避免地会受到扰动，特别是高灵敏度的软粘土，因此，室内试验结果的精度会受到一定程度的影响。原位测试可在原位的应力条件、天然含水量下直接测定岩上的性质，所以其测试结果较为可靠。原位测试主要有如下几种方法。

4.3.1　静力触探试验

静力触探是借助静压力将一金属圆锥形触探头压入土层中，利用电测技术测得贯入阻力来判定土的力学性质。静力触探具有其独特的优越性，它能快速、连续地探测土层及其性质的变化，常在拟定桩基方案时采用。但静力触探也有其不足之处，它不能对土进行直接的观察和描述；测试深度有限（一般小于 50m）；对于含砾卵石的土、密实砂土均难以贯入。

静力触探的探头有单桥和双桥两种。单桥探头可测得探头的比贯入阻力 p_s；双桥探头可测得锥尖阻力 q_c 和侧壁摩阻力 f_s，利用 p_s、q_c 与 f_s，可以划分土层，也可以确定土的某些力学性质。

4.3.2　标准贯入试验

标准贯入试验是将质量为 63.5kg 的穿心锤，以 76cm 的落距自由下落，先打入 15cm 不计击数，以后打入土层 30cm 的锤击数即为标准贯入击数 $N_{63.5}$，并以此来判断土的性质。

由标准贯入试验测得的锤击数 $N_{63.5}$，可用于确定土的承载力，估计土的抗剪强度和粘性土的变形指标，判别粘性土的稠度、砂土的密实度以及估计地震时砂土液化的可能性。但在利用标准贯入试验结果时，还应考虑到一些影响锤击数 $N_{63.5}$ 的因素，因此需作相应的修正，如杆长的修正、土层自重压力和侧压力的修正、地下水位的修正等。

4.3.3　十字板剪切试验

十字板剪切试验是一种适合于原位测定饱和软粘土的不排水抗剪强度的方法。它是将一个十字形金属板插入钻孔的土层中(见图 5.12)，施以匀速的扭矩，直至土体破坏，从而求得土的不排水抗剪强度 C_u。

十字板剪切试验由于避免了采取土样的扰动，且直接在原位应力条件下测定土的抗剪强度，因此，它是一种有效的原位测试方法。与室内试验相比，原位十字板抗剪强度比室内试验测定值大，一般大 50%～80%，这与室内试验所用试样的应力状态以及不同程度的扰动有关。土的灵敏度愈大，埋深愈深，两者的差别也愈大；而且室内指标比较分散，无强度随深度而增大的变化规律，所以，十字板剪切试验对于结构性较强的软粘土特别具有明显的优越性。

4.3.4　载荷试验

载荷试验是一种最古老的原位测试方法，它是在现场的天然土层上，通过一定面积的荷载板向土层施加竖向静荷载，并测定压力 p 与沉降 s 的关系。载荷试验实质上是基础的模拟试验，根据 $p-s$ 曲线，可以测定土的变形模量，评定土的承载力。对于不能用小尺寸试样试验的填土、含碎石的土等，最适宜采用载荷试验，但应注意到载荷试验所用的荷载板面积小于实体基础的面积，所以载荷试验在深度的影响范围实际上也小于实体基础的影响范围。

对于密实砂、硬塑粘土等低压缩性土，其 $p-s$ 曲线通常有比较明显的起始直线段，一般采用直线段的比例界限点对应的荷载作为地基承载力的特征值。

对于中、高压缩性土，如松砂、填土、可塑粘土等，$p-s$ 曲线没有明显的转折点，则可根据经验，采用 $s/b=0.02$（b 为荷载板宽度）所对应的荷载 $p_{0.02}$ 作为地基承载力的特征值，对于砂土，可采用 $s/b=0.010\sim0.015$ 所对应的荷载作为地基承载力的特征值。

第5节 工程勘察报告的阅读

在岩土工程勘察过程中，通过收集、调查、勘察、室内试验和原位测试，获得了大量的原始资料，对这些资料还应进行整理、检查、分析、归纳和综合，最后以勘察报告书及有关图表的形式，完整、正确、全面又有针对性地反映所勘察场地的工程地质条件。

岩土工程勘察成果报告的内容，应根据任务要求、勘察阶段、地质条件和工程特点等具体情况确定，一般包括下列内容：

（1）勘察的目的、要求和任务。

（2）拟建工程概述。

（3）勘察方法和勘察工作布置。

（4）场地地形、地貌、地层、地质构造、岩土特性、地下水、不良地质现象描述与评价。

（5）场地稳定性与适宜性的评价。

（6）岩土参数的分析与选用。

（7）岩土利用、整治、改造方案。

（8）工程施工和使用期间可能发生的岩土工程问题的预测及监控、预防措施的建议。

（9）成果报告应附下列必要的图表：①勘察点平面布置图；②工程地质柱状图；③工程地质剖面图；④原位测试成果图表；⑤室内试验成果图表；⑥岩土利用、整治、改造方案的有关图表；⑦岩土工程计算简图及计算成果图表。

岩土工程勘察成果报告书一般分为绪论、一般部分、专门部分和结论等四部分。

5.1 绪论

绪论说明勘察单位以及勘察任务的来源、地点、目的、范围和采用工作方法，说明勘察工作量及勘察日期。在绪论中还应说明工程类型、规模、重要性及设计阶段，并明确要解决的主要问题。

5.2　一般部分

一般部分主要包括以下几个方面：

(1) 场地的基本情况：场地的自然历史条件、地貌特性、水文条件和地质条件等。

(2) 场地土层的分布及土性变化：根据现场勘探和现场描述的情况，对场地土层条件加以明确说明。必要时，可用一个或几个土层剖面图来说明土层的空间分布变化。

(3) 场地地下水位情况：地下水深度、变化范围以及水质特性，特别是对建筑材料的侵蚀性。

5.3　专门部分

这部分是整个报告的核心内容，包括对具体工程设计及施工所涉及的有关岩土问题进行论证和分析，并做出综合评价。例如，对各类建筑物地基土分别进行分析，提出可能的基础类型、基础埋深、基础尺寸，以及地基承载力，预计可能的沉降，提出基坑开挖支护、降低地下水的措施，对各种可能的基础方案进行分析比较，提出最优方案等。

5.4　结论

在这部分中把专门部分最主要的意见以结论的形式表达出来。结论应是清楚和明确的，不能含糊和模棱两可。在结论中还应指出存在的主要问题及今后有待进一步研究的建议。

在报告的最后，还应附有以上在岩土工程勘察成果内容中所提及的一些图表。

第 8 章　天然地基浅基础设计

第 1 节　概　　述

天然地基上的浅基础是基础设计中首选的基础类型，由于其经济、设计计算较简单，工期较短而被广泛应用。浅基础可按下列步骤进行设计：

（1）选择基础的材料、类型和平面布置。

（2）选择基础的埋置深度。

（3）确定地基承载力设计值。

（4）确定基础的底面积和底面尺寸。

（5）地基变形验算。

（6）基础结构设计。

（7）基础施工图绘制（包括施工说明）。

上述设计步骤是相互关联的，通常可按顺序逐项进行。当后面的计算出现不能满足设计要求（包括构造要求）的情况时，应返回前面（1）、（2）步骤，重新做出选择后再进行设计，直至完全满足设计要求为止。

第 2 节　天然地基上的浅基础设计

2.1　浅基础的类型和选择

基础类型的选择应遵照安全、适用、经济及便于施工的原则进行，设计时可根据工程地质条件、上部结构情况、材料供应与施工技术设备等因素综合确定。

2.1.1　刚性基础

刚性基础的材料通常采用砖、毛石、灰土、三合土、混凝土和毛石混凝土等。由这些材料建成的基础的共同特点是抗拉强度低，不能承受较大的弯曲应力，只有在保证其整体刚性的前提下才能正常工作。这类基础一般可作为六层或六层以下的一般民用建筑基础或墙承重的轻型厂房基础。

2.1.2　钢筋混凝土基础

钢筋混凝土基础主要有柱下单独基础、柱下条形基础、墙下条形基础、十字交叉基础、筏板基础和箱形基础等。这类基础具有强度高、耐久性和抗冻性好的特点，并且构造形式多，可满足不同建筑和结构功能要求，具有能与上部结构结合成整体、共同工作等优点。因此，目前这类基础应用非常广泛。钢筋混凝土基础的承载能力与基础形式关系密切，在相同的地基条件下箱形基础的承载能力最大，但其造价也最高，其次为筏板基础。因此，钢筋混凝土基础的选型应根据上部结构形式、荷载大小、建筑物对沉降要求、工程场地的地质条件和工程造价等因素综合决定。

2.2　基础埋置深度的选择

2.2.1　满足建筑物的使用功能要求

对建筑功能上要求设置地下室、地下车库或地下设备基础等的建筑物，其基础的埋深应根据建筑物的地下结构标高进行选定。

2.2.2　符合基础结构的布置要求

基础的高度由计算或构造要求决定，基础的埋深应大于基础结构的高度，即基础结构不能露出地面。

2.2.3　满足地基土的承载力和变形要求

基础的地基持力层应尽可能选择承载力高而压缩性小的土层。当持力层下存在软弱下卧层时，应同时考虑软弱下卧层的强度和变形要求。当场地土层的分布明显不均匀或荷载大小相差很大时，同一建筑物的基础也可采用不同的埋深。

2.2.4 考虑冻土地基的冻胀性和融陷性

冻土地基的基础最小理深按下式确定；

$$d_{min} = z_d - h_{max} \tag{8.1}$$

其中

$$z_d = z_o\psi_{zs}\psi_{zw}\psi_{ze}$$

式中：d_{min}为基础最小埋深，m；z_d 为设计冻深，m；z_o 为标准冻深，m；ψ_{zs}为土的类别对冻深的影响系数；ψ_{zw}为土的冻胀性对冻深的影响系数；ψ_{ze}为环境对冻深的影响系数；h_{max}为基底下允许残留冻土层的最大厚度。

上式中的各项参数均可参照《建筑地基基础设计规范》(GBJ 50007—2002) 中的有关规定的图表选用。

2.2.5 考虑场地的环境条件

基础应埋置在地表以下，其最小埋深为 0.5m，基础顶面至少应低于设计地面 0.1m。

当存在相邻建筑物时，新建筑物的基础埋深不宜大于原有建筑物基础。当埋深大于原有建筑物基础时，两基础间应保持一定的净距，其数值与荷载及土质条件有关，一般取相邻两基础底面高差的 1～2 倍。如果这些要求难于满足，应采取适当的施工措施保证相邻建筑物的安全。当基础附近有管道或坑道等地下设施时，基础的埋深一般应低于地下设施的底面。

2.3 地基承载力设计值的确定

2.3.1 地基承载力的确定原则

地基承载力的确定方法主要有现场原位测试方法、按规范承载力表确定的方法、理论公式计算方法及其他经验公式等方法。各种确定方法的选用应根据建筑物的安全等级并结合具体的工程条件，如表 8.1 所示，其中建筑物安全等级划分可查阅《建筑地基基础设计规范》(GB 50007—2002) 中的有关规定。当用几种方法综合确定地基承载力时，一般可慎重地采用最小值，也可根据地区的工程经验取用适当的值。

表 8.1 建筑物在不同安全等级下确定地基承载力的方法

<table>
<tr><th colspan="2">建筑物安全等级</th><th>地基承载力的确定方法</th></tr>
<tr><td colspan="2">一级</td><td>载荷试验、理论公式计算及其他原位测试方法综合确定，承载力表格仅作初步设计参考</td></tr>
<tr><td rowspan="2">二级</td><td>需进行变形验算</td><td>规范表格、其他原位测试方法并结合理论公式计算确定</td></tr>
<tr><td>不需作变形验算</td><td>规范表格或其他原位测试方法</td></tr>
<tr><td colspan="2">三级</td><td>规范表格或根据邻近建筑物的经验确定</td></tr>
</table>

2.3.2 地基承载力的理论计算公式

对于轴心荷载作用（偏心距 $e \leqslant 0.033b$）的基础，根据土的抗剪强度指标，地基承载力的计算公式为

$$f_a = M_b \gamma b + M_d \gamma_m d + M_c c_k \tag{8.2}$$

式中：f_a 为由土的抗剪强度指标确定的地基承载力特征值；M_b、M_d、M_c 均为承载力系数，根据土的内摩擦角标准值 φ_k 按表 8.2 确定；b 为基础底面宽度，当 $b>6$m 时按 6m 计算，当 $b<3$m 时按 3m 计算；d 为基础埋置的深度，m；c_k 为基底下一倍短边宽深度范围内土的粘聚力标准值；γ、γ_m 分别为基底下土的重复和基底以上土的加权平均重度。

表 8.2 承载力系数 M_b、M_d、M_c

φ_k	M_b	M_d	M_c	φ_k	M_b	M_d	M_c
0	0	1.00	3.14	22	0.61	3.44	6.04
2	0.03	1.12	3.32	24	0.80	3.87	6.45
4	0.06	1.25	3.51	26	1.10	4.37	6.90
6	0.10	1.39	3.71	28	1.40	4.93	7.40
8	0.14	1.55	3.93	30	1.90	5.59	7.95
10	0.18	1.73	4.17	32	2.60	6.35	8.56
12	0.23	1.94	4.42	34	3.40	7.21	9.22
14	0.29	2.17	4.69	36	4.20	8.25	9.97
16	0.36	2.43	5.00	38	5.00	9.44	10.80
18	0.43	2.72	5.31	40	5.80	10.84	11.73
20	0.51	3.06	5.66				

注 φ_k 为基底下一倍短边宽深度内土的内摩擦角标准值。

采用上述理论公式确定地基承载力设计值时，必须进行地基的变形验算。式（8.2）中的抗剪强度指标 c_k 和 φ_k，对一级建筑物应采用不固结不排水三轴压缩试验的结果，其他情况可采用直剪试验的固结快剪试验结果。

2.3.3 按规范承载力表确定地基承载力的方法

《建筑地基基础设计规范》(GB 50007—2002）提供了各类土的地基承载力数值，但在使用国家规范中的承载力表时，应结合本地区的工程经验进行合理取值，对于有地方性规范的地区，一般宜按地区性的承载力表选用。

2.3.4 地基承载力特征值的修正值

地基承载力特征值可按式（8.3）进行确定：

$$f_a = f_{ak} + \eta_b \gamma (b-3) + \eta_d \gamma_m (d-0.5) \qquad (8.3)$$

式中：f_a 为修正后的地基承载力特征值；f_{ak} 为地基承载力特征值；η_b、η_d 分别为基础宽度与深度的承载力修正系数，按基底下土类查表 5.3；其他符号意义同前。

2.3.5 按现场载荷试验确定地基承载力的方法

载荷试验是在现场设计基底标高处的天然土层上设置载荷板，然后在其上施加垂直荷载，测定载荷板上的压力与变形的关系，由规范确定该土层的地基承载力。参见《建筑地基基础设计规范》（GB 50007—2002）中附录 C。

2.3.6 其他原位测试经验公式

对静力触探、旁压试验和标贯试验的测试结果进行数值统计，并与相当数量的现场载荷试验资料进行对比，建立它们与地基承载力之间的经验关系。采用原位测试经验公式来确定地基承载力的方法具有地区性，如在上海等沿海地区可采用静力触探值估算地基承载力，具体可参见上海市标准《地基基础设计规范》（DBJ 08—11—89）。

2.4 基础底面尺寸的确定

基础底面的尺寸可以按照持力层承载力的设计值确定。当地基压缩层范围内存在软弱下卧层时，应进行软弱下卧层的承载力验算。在选择基础底面尺寸后，必要时还要对地基的变形和稳定性进行验算。按持力层承载力确定基底尺寸的步骤如下所示。

1. 基底压力计算

$$p(x,y)=\frac{F_k+G_k}{A}\pm\frac{M_x y}{I_x}\pm\frac{M_y x}{I_y} \tag{8.4}$$

式中：F_k 为相应于荷载效应标准组合时，上部结构的竖向力值；G_k 为基础自重和基础上的土重；I_x、I_y 分别为基础对 x、y 轴的惯性矩；M_x、M_y 分别为竖向荷载在 x、y 方向对基底形心的力矩（x、y 坐标轴通过基底形心）；A 为基础底面面积。

当只有一个方向存在偏心且偏心距 $e\leqslant l/6$ 时，基础边缘的最大与最小压力分别为

$$p_{\min}^{\max}=\frac{F_k+G_k}{A}\left(1\pm\frac{6e}{l}\right) \tag{8.5}$$

当偏心距 $e>l/6$ 时，基础边缘的最大压力应按下式计算：

$$p_{\max}=\frac{2(F_k+G_k)}{3la} \tag{8.6}$$

式中：l 为垂直于力矩作用方向的基础底面边长；a 为合力作用点至基础底面最大压力边缘的距离。

2. 地基承载力验算与基底尺寸的确定步骤

地基承载力的验算公式为

$$\left.\begin{aligned}p_k&\leqslant f_a\\ p_{k\max}&\leqslant 1.2f_a\end{aligned}\right\} \tag{8.7}$$

式中：p_k 为相应于荷载效应标准组合时，基础底面处的平均压力值；f_a 为修正后的地基承载力特征值。

当基础为轴心受压时，按下式计算基底面积：

$$A\geqslant\frac{F_k}{f-\gamma_G d} \tag{8.8}$$

式中：d 为基础的埋深；γ_G 为基础及上覆土的平均重度，可近

似取 $\gamma_G=20\text{kN/m}^3$。

当基础为偏心受压时，按下列步骤确定基底尺寸：

(1) 先按轴心受压情况，即按式 (8.8) 预估基底面积 A。

(2) 根据偏心距的大小，将预估面积适当增大，一般可增大5%～10%的基础厚度，即取基础宽度 b 为

$$b=(1.05\sim1.1)\sqrt{\frac{F_k}{n(f-\gamma_G d)}} \tag{8.9}$$

式中：n 为基础的长宽比。

(3) 计算基底的平均压力和边缘最大压力，并按式 (8.9) 验算，若不满足，则应重复前面的步骤对基底尺寸作进一步调整。

通常，基底的最小压力不宜出现负值，即要求偏心距 $e\leqslant l/6$，但对于低压缩性土及短暂作用的荷载，可适当放宽至 $e\leqslant l/4$。

3. 验算软弱下卧层的承载力

当地基压缩层范围内存在有软弱下卧层时，应按下式验算软弱下卧层承载力：

$$p_z+p_{cz}\leqslant f_{az} \tag{8.10}$$

式中：p_z 为相当于荷载效应标准组合时，软弱下卧层顶面处的附加压力值；p_{cz} 为软弱下卧层顶面处土的自重压力值；f_{az} 为软弱下卧层顶面处经深度修正后地基承载力特征值。

当上层土与下卧土层的压缩模量比值大于或等于 3 时，对于条形基础和矩形基础，式 (8.10) 中的 p_z 值可按下列公式简化计算：

对于条形基础，有

$$p_z=\frac{b(p_k-p_{cz})}{b+2z\text{tg}\theta} \tag{8.11}$$

对于矩形基础，有

$$p_z=\frac{lb(p_k-p_{cz})}{(b+2z\text{tg}\theta)(l+2z\text{tg}\theta)} \tag{8.12}$$

式中：b 为矩形基础和条形基础底边的宽度；l 为矩形基础底边的长度；p_{cz} 为基础底面处土的自重压力标准值；z 为基础底面至软弱下卧层顶面的距离；θ 为地基压力扩散线与垂直线的夹角，可按表 8.3 采用。

表 8.3　　　　地基压力扩散角 θ

E_{s1}/E_{s2}	z/b	
	0.25	0.50
3	6°	23°
5	10°	25°
10	20°	30°

注　1. E_{s1} 为上层土压缩模量；E_{s2} 为下层土压缩模量。

2. $z/b<0.25$ 时，一般取 $\theta=0°$，必要时，宜由试验确定，$z/b>0.25$ 时，θ 值不变。

2.5　地基的变形与稳定验算

2.5.1　地基的变形验算

建筑物的地基变形计算值，不应大于地基变形允许值，即

$$\Delta \leqslant [\Delta] \tag{8.13}$$

式中：Δ 为地基广义变形值，可分为沉降量、沉降差、倾斜和局部倾斜等，见图 8.1；$[\Delta]$ 为建筑物所能承受的地基广义变形的容许值，具体可参见《建筑地基基础设计规范》（GB 50007—2002）中的表 5.3.4。

在进行地基变形验算时，应符合下列规定：

(1) 建筑物是否应进行地基的变形验算需根据建筑物的安全等级以及长期荷载作用下地基变形对上部结构的影响程度来决定。

(2) 对于因建筑地基不均匀、荷载差异大及体形复杂等因素引起的地基变形，在砌体承重结构中应由局部倾斜控制；在框架结构和单层排架结构中应由相邻柱基的沉降差控制；在多层、高层建筑和高耸结构中应由倾斜值控制。

地基变形指标	图　例	计算方法
沉降量	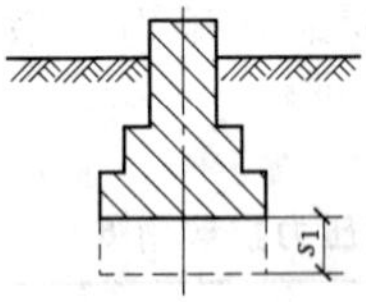	s_1 基础中点沉降值
沉降差	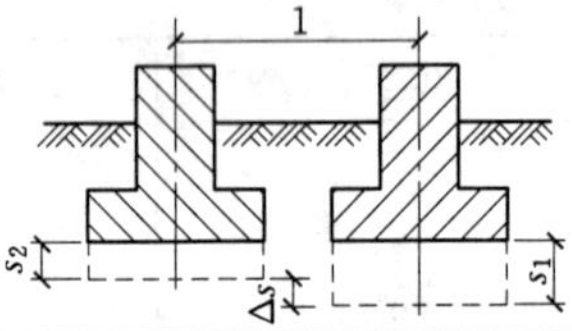	两相邻独立基础沉降值之差 $\Delta s = s_1 - s_2$
倾斜	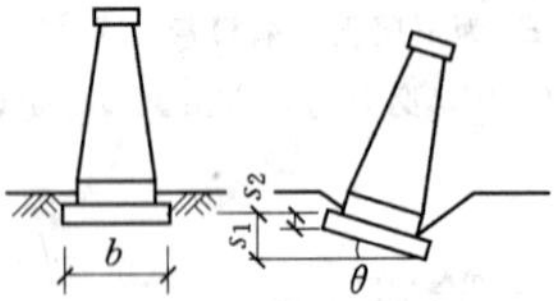	$\tan\theta = \dfrac{s_1 - s_2}{b}$
局部倾斜	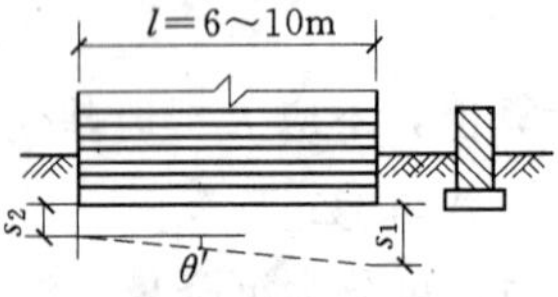	$\tan\theta' = \dfrac{s_1 - s_2}{l}$

图 8.1　建筑物的地基变形值

（3）在必要时应分别预估建筑物在施工期间和使用期间的地基变形值，以便预留建筑物有关部分之间的净空，考虑连接方法和施工顺序。一般建筑物在施工期间完成的沉降量，对于砂土可认为其最终沉降量已基本完成，对于低压缩性粘性土可认为已完成最终沉降量的 50%～80%，对于中压缩粘性土可认为已完成 20%～50%，对于高压缩粘性土可认为已完成 5%～20%。

（4）地基的最终沉降量可按下式计算：

$$s = \psi_s s' = \psi_s \sum_{i=1}^{n} \frac{p_0}{E_{si}} (z_i \overline{\alpha}_i - z_{i-1} \overline{\alpha}_{i-1}) \tag{8.14}$$

式中：s 为地基最终沉降量，mm；s' 为按分层总和法计算出的地基沉降量，mm；ψ_s 为沉降计算经验系数，根据地区沉降观测资料及经验确定，或采用表 8.4 的数值；n 为地基沉降计算深度 z_n 范围内所划分的土层数；p_0 为对应于荷载效应准永久组合时的基础底面处的附加压力，kPa；E_{si} 为基础底面下第 i 层土的压缩模量，按实际应力范围取值，MPa；z_i、z_{i-1} 分别为基础底面至第 i 层土、第 $i-1$ 层土底面的距离，m；$\overline{a}_i$、$\overline{a}_{i-1}$ 分别为基础底面计算点至第 i 层土、第 $i-1$ 层土底面范围内平均附加应力系数。

表 8.4　沉降计算经验系数

$\overline{E}_s$（MPa） / 基底附加压力	2.5	4.0	7.0	15.0	20.0
$p_0 \geqslant f_k$	1.4	1.3	1.0	0.4	0.2
$p_0 \leqslant 0.75 f_k$	1.1	1.0	0.7	0.4	0.2

注　$\overline{E}_s$ 为沉降计算深度范围内压缩模量的当量值，$\overline{E}_s = \sum A_i / \sum \dfrac{A_i}{E_{si}}$；$A_i$ 为第 i 层土附加应力系数沿土层厚度的积分值。

（5）地基沉降的计算深度 z_n，由下式条件确定：

$$\Delta s'_n \leqslant 0.025 \sum_{i=1}^{n} \Delta s'_i \tag{8.15}$$

式中：$\Delta s'_i$ 为在计算深度范围内，第 i 层土的计算沉降值；$\Delta s'_n$ 为由计算深度向上取厚度为 Δz 的土层计算沉降值，Δz 按表 8.5 确定。

表 8.5　计算厚度 Δz 值

b（m）	$b \leqslant 2$	$2 < b \leqslant 4$	$4 < b \leqslant 8$	$8 < b$
Δz（m）	0.3	0.6	0.8	1.0

当无相邻荷载影响且基础宽度在 1～30m 范围内时，基础中点的地基沉降计算深度也可按下列简化公式计算：

$$z_n = b(2.5 - 0.4\ln b) \tag{8.16}$$

式中：b 为基础宽度，m。

当计算深度范围内存在基岩时，z_n 可取至基岩表面；当存在相邻荷载时，计算地基沉降时应考虑相邻荷载影响，土中附加应力可按应力叠加原理采用角点法计算。

2.5.2 地基的稳定性验算

地基稳定性可用圆弧滑动面法进行验算。稳定安全系数 K 为最危险滑动面上各力对滑动中心所产生的抗滑力矩与滑动力矩的比值，并应符合下式要求：

$$K=\frac{M_R}{M_S}\geqslant 1.2 \tag{8.17}$$

式中：M_R 为抗滑力矩；M_S 为滑动力矩。

当滑动面为平面时，稳定安全系数 K 应提高为 1.3。

第3节 独 立 基 础

3.1 构造要求

柱下钢筋混凝土单独基础，应满足以下一些要求：

(1) 矩形单独基础底面的长边与短边的比值 l/b，一般取 1～1.5。

(2) 阶梯形基础每阶高度一般为 300～500mm。基础的阶数可根据基础总高度 H 设置，当 $300\text{mm}<H\leqslant 900\text{mm}$ 时，宜分为两级；当 $H>900\text{mm}$ 时，宜分为三级。采用锥形基础时，其顶部每边应沿柱边放出 50mm。

(3) 对于现浇柱基础，如果基础与柱不同时浇筑，则柱内的纵向钢筋可通过插筋锚入基础中，插筋的根数和直径应与柱内纵向钢筋相同。当基础高度 $H\leqslant 900\text{mm}$ 时，全部插筋伸至基底钢筋网上面，端部弯直钩；当基础高度 $H>900\text{mm}$ 时，将柱截面四角的钢筋伸到基底钢筋网上面，端部弯直钩，其余钢筋按锚固长度确定，锚固长度 l_m 可按下列要求采用：①轴心受压及小偏心受压，$l_m\geqslant 15d$；②大偏心受压且当柱的混凝土等级不低于 C20 时，$l_m\geqslant 25d$。

(4) 柱下钢筋混凝土单独基础的受力钢筋应双向配置。当基础宽度大于 3m 时，基础底板受力钢筋可缩短为 0.9l'交错布置，其中 $l'=l-50$mm（l 为基础底面长边长度）。

（5）预制钢筋混凝土柱与杯口基础的连接，应满足锚固长度的要求（一般为 20 倍纵向受力钢筋的直径）和吊装时柱的稳定性（即不小于吊装时柱长的 0.05 倍）。

3.2　设计计算

3.2.1　基础高度的确定

基础高度由柱边抗冲切破坏的要求确定，验算柱边抗冲切能力的计算简图如图 8.2 所示。设计时先假设一个基础高度 h，然后按下式验算抗冲切能力为

$$P_{j\max}A_1 \leqslant 0.6 f_t A_2 \tag{8.18}$$

式中：$P_{j\max}$为基底最大净反力设计值，在轴心荷载下即等于基底平均净反力设计值，kPa；A_1 为考虑冲切荷载时取用的多边形面积，m^2；f_t 为混凝土抗拉设计强度，kPa；A_2 为冲切截面的水平投影面积，m^2。

当不满足式（8.18）的抗冲切能力验算要求时，可适当增加基础高度 h 后重新验算，直至满足要求为止。

3.2.2　内力计算和配筋

当台阶的宽高比不大于 2.5，且偏心距不大于 $b/6$（b 为基础宽度）时，柱下单独基础在纵向和横向两个方向的任意截面Ⅰ—Ⅰ和Ⅱ—Ⅱ的弯矩可按下式计算：

$$\left.\begin{aligned} M_{\mathrm{I}} &= \frac{1}{12}a_1^2\left[(2l+a')\left(p_{j\max}+p_{j\mathrm{I}}-\frac{2G}{A}\right)+(p_{j\max}-p_{j\mathrm{I}})l\right] \\ M_{\mathrm{II}} &= \frac{1}{48}(l-a')^2(2b+b')\left(p_{j\max}+p_{j\min}-\frac{2G}{A}\right) \end{aligned}\right\} \tag{8.19}$$

式中：a'、b'、$p_{j\mathrm{I}}$ 和 G 的意义参见《建筑地基基础设计规范》(GB 50007—2002)。

柱下单独基础的底板应在两个方向配置受力钢筋，设计控制截面是柱边或阶梯形基础的变阶处，将此时对应的 a'、b'和 $p_{j\mathrm{I}}$ 值

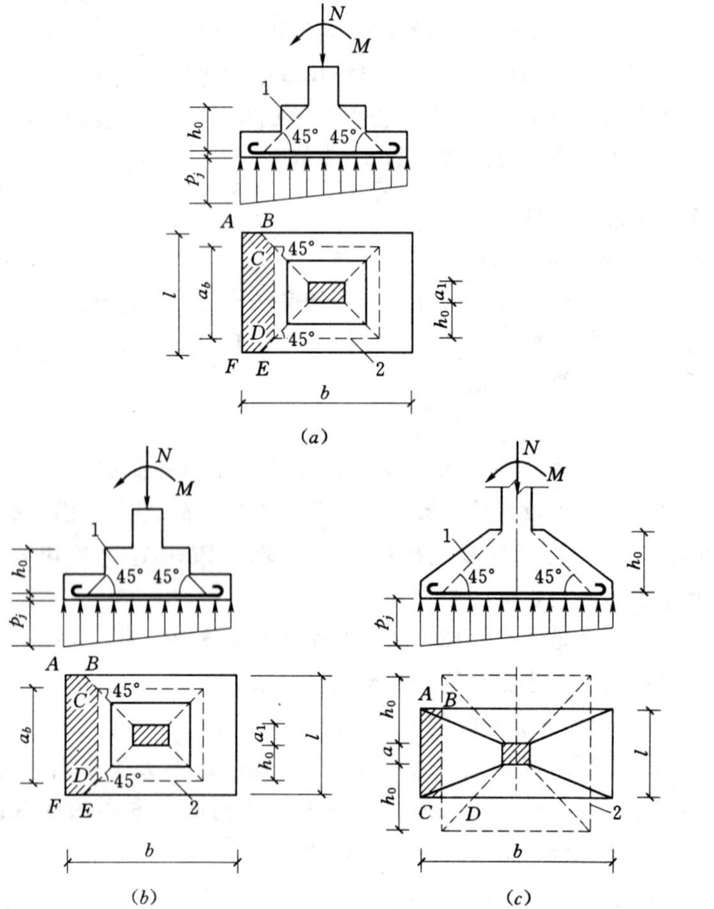

图 8.2 独立基础的抗冲切验算

代入上式，即可求出相应的控制弯矩值 M_{I} 和 M_{II}（kN·m）。底板长边方向和短边方向的受力钢筋面积 $A_{s\mathrm{I}}$ 和 $A_{s\mathrm{II}}$（mm^2）分别为

$$\left.\begin{aligned} A_{s\mathrm{I}} &= \frac{M_{\mathrm{I}}}{0.9 f_y h_0} \times 10^3 \\ A_{s\mathrm{II}} &= \frac{M_{\mathrm{II}}}{0.9 f_y (h_0 - d)} \times 10^3 \end{aligned}\right\} \tag{8.20}$$

式中：d 为钢筋直径，m；其他符号意义同前。

第4节　条形基础

4.1　墙下条形基础设计

4.1.1　设计原则

墙下钢筋混凝土条形基础的截面设计，除了基础底面尺寸的稳定外，还包括基础高度的确定和基础底板的配筋。在确定基础高度和对基础底板进行配筋时，可不考虑设计地面以下基础及上覆土的重力，因为由这些重力所产生的那部分地基反力与土的重力相抵消，当然，在基础底面尺寸或计算基础沉降时，基础和土的重力是要考虑的。

4.1.2　构造要求

（1）梯形截面基础的边缘高度，一般不宜小于200mm；梯形坡度 $i \leqslant 1:3$。当基础高度小于250mm时，可做成等厚度板。

（2）基础下的垫层厚度，宜为100mm。

（3）底板受力钢筋的最小直径不宜小于8mm，间距不宜大于200mm和小于100mm。当有垫层时，混凝土的保护层净厚度不宜小于35mm，无垫层时不宜小于70mm。对于纵向分布钢筋，可采用直径6～8mm，间距250～300mm。

（4）混凝土强度等级不宜低于C15。

（5）当地基软弱时，为了减小不均匀沉降的影响，基础截面可采用带肋梁的板，肋梁的纵向钢筋和箍筋可按经验确定。

4.1.3　设计计算

1. 确定条形基础底面宽度

2. 计算地基净反力

由基础顶面的荷载设计值所产生的地基反力，称为地基净反力，并以 p_j 表示。条形基础底面的地基净反力 $\overline{p}_j$（单位：kPa）为

$$\left.\begin{matrix} p_{j\max} \\ p_{j\min} \end{matrix}\right\} = \frac{N}{b} \pm \frac{6M}{b^2} \tag{8.21}$$

式中：荷载 N、M 均为单位长度数值，kN/m、kN·m/m。

3. 基础高度的确定

基础验算截面的剪力设计值 V_{I}（单位：kN/m）为

$$V_{\text{I}} = \frac{b_1}{2b}[(2b - b_{\text{I}})p_{j\max} + b_{\text{I}} p_{j\min}] \tag{8.22}$$

当荷载无偏心时，基础验算截面的剪力设计值 V_{I} 可简化为如下形式：

$$V_{\text{I}} = \frac{b_{\text{I}}}{b}N \tag{8.23}$$

式中：b_{I} 为验算截面Ⅰ距基础边缘的距离，m，当墙体材料为混凝土时，b_{I} 为基础边缘至墙脚的距离；当墙体材料为砖墙且墙脚伸出 1/4 砖长时，b_{I} 为基础边缘至墙脚距离加上 0.06m，即基础边缘至墙面的距离。

基础的有效高度 h_0（单位：m）由混凝土的抗剪切条件确定，即

$$h_0 \geqslant \frac{V_{\text{I}}}{0.07f_c} \tag{8.24}$$

式中：f_c 为混凝土轴心抗压强度设计值，kPa。

基础高度 h 为有效高度 h_0 加上混凝土保护层厚度，设计时，可初选基础高度 $h=b/8$。

4. 基础底板的配筋

基础验算截面弯矩设计值 M_{I}（单位：kN·m/m）为

$$M_{\text{I}} = \frac{1}{2}V_{\text{I}} b_{\text{I}} \tag{8.25}$$

每延米墙长的受力钢筋截面面积为

$$A_s = \frac{M_{\text{I}}}{0.9f_y h_0} \tag{8.26}$$

式中：A_s 为钢筋面积，m^2；f_y 为钢筋抗拉强度设计值，kPa。

4.2　柱下条形基础设计

4.2.1　构造要求

柱下条形基础的构造应符合下列要求：

（1）柱下条形基础的肋梁高度宜为柱距的 1/4～1/8（通常

取柱距的 1/6)。翼板厚度不宜小于 200mm。当翼板厚度为 200～250mm 时，宜用等厚度翼板；当翼板厚度大于 250mm 时，宜用变厚度翼板，其坡度 $i \leqslant 1:3$。

(2) 一般柱下条形基础沿纵向可取等截面，当柱截面边长较大时，应在柱位处将肋部加宽，使其与条形基础梁交接处的平面尺寸不小于规定要求。

(3) 柱下条形基础的两端应向边柱外延伸，延伸长度一般为边跨跨距的 0.25～0.30 倍。当荷载不对称时，两端伸出长度可不相等，以使其底形心与荷载合力作用点尽量一致。

(4) 基础梁顶面和底面的纵向受力钢筋配筋率应各不小于 0.2%，同时应有 2～4 根通长配筋，且其面积不得少于纵向钢筋总面积的 1/3。当梁高大于 700mm 时，应在肋梁的两侧加配纵向构造钢筋，其直径不小于 10mm，并用 ϕ8@400 的 S 形构造箍筋固定。在柱位处，应采用封闭式箍筋，箍筋直径不小于 8mm，当肋梁宽度≤350mm 时宜用双肢箍，当肋梁宽度在 350～800mm 时宜用四肢箍。条形基础肋梁部分的纵向分布钢筋可用 ϕ8@200～ϕ10@200。

(5) 柱下条形基础的混凝土强度等级可采用 C20。

4.2.2　设计计算内容

(1) 绘出条形基础梁的计算简图，包括荷载、尺寸等，如图 8.3 所示。

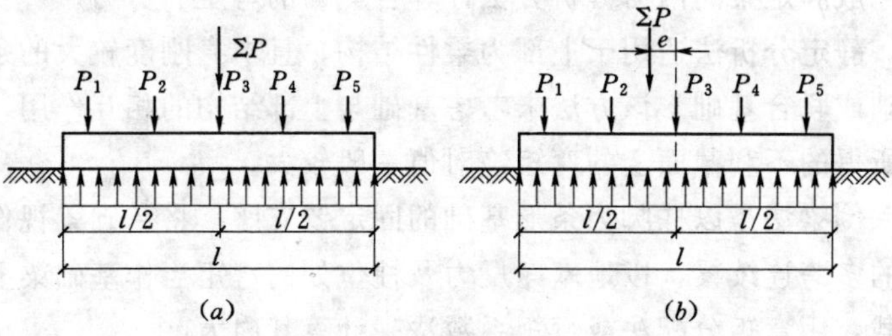

图 8.3　柱下条形基础简化计算简图

(2) 求荷载合力重心位置，其表达式为

$$x=\frac{\sum N_i x_i+\sum M_i}{\sum N_i} \tag{8.27}$$

(3) 确定基础梁的长度和悬臂尺寸。

(4) 按地基承载力设计值计算所需的条形基础底面积 A，从而确定底板宽度 b。

(5) 按墙下条形基础的设计方法确定翼板厚度及横向钢筋的配筋。

(6) 基础梁的纵向内力计算与配筋。

4.2.3 纵向内力计算方法概述

柱下条形基础的纵向内力计算一般有简化法（直线分布法）和弹性地基梁法。当地基持力层土质均匀，上部结构刚度较好，各柱距相差不大（小于20%），柱荷载分布较均匀，且基础梁的高度大于1/6柱距时，地基反力可认为是直线分布，基础梁的内力则按直线分布法计算。当不满足上述条件时，基础梁内力宜按弹性地基梁法计算。具体计算方法有以下两种。

1. 直线分布法

根据上部结构的刚度与变形情况，可分别采用静定分析法和倒梁法。

静定分析法是按基底反力的直线分布假设和整体静力平衡条件求出基底净反力，并将其与柱荷载一起作用于基础梁上，然后按一般静定梁的内力分析方法计算各截面的弯矩和剪力。

静定分析法适用于上部为柔性结构，且本身刚度较大的条形基础或联合基础。该方法未考虑基础与上部结构的相互作用，计算所得的不利截面上的弯矩绝对值一般较大。

倒梁法是以柱脚为条形基础的固定铰支座，将基础梁视作倒置的多跨连续梁，以地基净反力及柱位处的弯矩当作基础梁上的荷载，用弯矩分配法或弯矩系数法来计算其内力。

倒梁法适用于上部结构刚度很大，各柱之间沉降差异很小的情况。这种计算模式只考虑出现于柱间的局部弯曲，忽略了基础的整体弯曲，计算出的柱位处弯矩与柱间最大弯矩较均衡，因而所得的不利截面上的弯矩绝对值一般较小。

2. 弹性地基梁方法

这类方法中主要包括基床系数法和半无限弹性体法。

基床系数法假定地基每单位面积上所受的压力与其相应的沉降量成正比，而地基是由许多互不联系的弹簧所组成，某点的地基沉降仅由该点上作用的荷载所产生。通过求解弹性地基梁的挠曲微分方程，可求出基础梁的内力。

半无限弹性体法假定地基为半无限弹性体，将柱下条形基础看作放在半无限弹性体表面上的梁，而基础梁在荷载作用下，满足一般梁的挠曲线微分方程。在应用弹性理论求解基础梁的基本挠曲线微分方程时，引入基础梁与半无限弹性体满足变形协调的条件及基础梁的边界条件，求出基础梁的位移和基底压力，从而求出基础梁的内力。

第 5 节　十字交叉基础

5.1　构造要求

柱下交叉梁基础，也称十字交叉基础，其截面形式和构造要求与柱下条形基础相同。

5.2　设计计算

在柱下交叉梁的设计计算中，常将它看成是两个方向的柱下条形基础的叠加。因此，节点处荷载分配就显得十分重要。

5.2.1　节点荷载的分配原则

节点荷载应按下列原则进行分配：

（1）满足静力平衡条件，各节点分配在纵、横基础梁上的荷载之和，应等于作用在该节点上的荷载。

（2）满足变形协调条件，纵、横基础梁在交叉节点上的位移应相等。

5.2.2　节点荷载的初步分配

节点荷载通常可采用以下三种简化方法进行分配。

1. 边柱节点

$$N_x = \frac{4b_x S_x}{4b_x S_x + b_y S_y} N \tag{8.28}$$

$$N_y = \frac{4b_x S_y}{4b_x S_x + b_y S_y} N \tag{8.29}$$

其中 $$S_x = \sqrt[4]{\frac{4EI_x}{k_s b_x}}, S_y = \sqrt[4]{\frac{4EI_y}{k_s b_y}}$$

式中：b_x、b_y 分别为 x、y 方向的基础梁底面宽度；S_x、S_y 分别为 x、y 方向的基础梁弹性特征长度；I_x、I_y 分别为 x、y 方向的基础梁截面惯性矩；k_s 为地基的基床系数；E 为基础材料的弹性模量。

2. 内柱节点

$$N_x = \frac{b_x S_x}{b_x S_x + b_y S_y} N \tag{8.30}$$

$$N_y = \frac{b_y S_y}{b_x S_x + b_y S_y} N \tag{8.31}$$

式中：符号意义同前。

3. 角柱节点

节点荷载分配公式与内柱节点相同，但当角柱节点有一个方向伸出悬臂时，则

$$N_x = \frac{\beta b_x S_x}{\beta b_x S_x + b_y S_y} N \tag{8.32}$$

$$N_y = \frac{\beta b_y S_y}{\beta b_x S_x + b_y S_y} N \tag{8.33}$$

式中：β 值可查相关规范；其余符号意义同前。

5.2.3 节点荷载的调整

1. 调整前的地基平均反力

$$p = \frac{\sum N}{\sum A + \sum \Delta A} \tag{8.34}$$

式中：$\sum N$ 为交叉基础上竖向荷载的总和；$\sum A$ 为交叉基础支撑总面积；$\sum \Delta A$ 为交叉基础节点处重叠面积之和。

2. 地基反力增量

$$\Delta p = \frac{\sum \Delta A}{\sum A} p \tag{8.35}$$

3. x、y 方向分配荷载增量

$$\Delta N_x = \frac{N_x}{N} \Delta A \Delta p \tag{8.36}$$

$$\Delta N_y = \frac{N_y}{N} \Delta A \Delta p \tag{8.37}$$

式中：ΔA 为节点处重叠面积。

4. 调整后的分配荷载

$$N'_x = N_x + \Delta N_x \tag{8.38}$$

$$N'_y = N_y + \Delta N_y \tag{8.39}$$

第 6 节　筏 形 基 础

6.1　构造要求

（1）片筏基础可采用平板式或肋梁式两种形式。设计时应尽可能使荷载合力点位置。与筏基底面形心相重合。当偏心距较大时，可将筏板适当向外悬挑，但挑出长度不宜大于同一方向边跨柱距的 0.25 倍，同时宜将肋梁挑至筏板边缘。若肋梁不外伸，则筏板悬挑长度横向不宜大于 1.5m，纵向不宜大于 1.0m；若做成坡度，其边缘厚度不应小于 200mm。

（2）平板式筏基的厚度不宜小于 200mm，肋梁式筏板的厚度宜大于计算区段内最小板跨的 1/20，且不应小于 200mm。也可根据楼层数，初步按每层增加厚度 50mm 选取。肋梁高度宜大于或等于柱距的 1/6。

（3）筏板配筋率一般在 0.5％～1.0％为宜。受力钢筋最小直径不宜小于 8mm，一般不大于 12mm，间距为 100～200mm。分布钢筋直径取 8～10mm，间距为 200～300mm。当板厚小于或等于 250mm 时，可选取 ϕ10@200。

除计算配筋外，纵横方向支座钢筋尚应有一定的配筋率并通长配置。对墙下筏板，纵向为 0.15％，横向为 0.10％；对柱下筏板，两个方向均为 0.15%。对无外伸肋梁的双向外伸板角底面，应配置 5～7 根辐射状的附加钢筋。附加钢筋的直径与边跨板的主筋相同，钢筋外端间距不大于 200mm，且内锚长度（从肋梁外边缘起算）应大于板的外伸长度。

（4）筏板的混凝土强度等级可采用 C20，地下水位以下的地下室底板应考虑抗渗，并进行抗裂度验算。

6.2　设计计算

6.2.1　地基承载力验算

地基承载力验算公式同前。当地下水位较高时，地基承载力验算公式中的基底压力项应减去基础底面处的浮力，即

$$\left.\begin{aligned} p - p_w &\leqslant f \\ p_{\max} - p_w &\leqslant 1.2f \end{aligned}\right\} \tag{8.40}$$

其中

$$p_w = \gamma_w h_w$$

式中：p_w 为地下水位作用在基础底面上的浮力；h_w 为地下水位至基底的距离。

6.2.2　基础内力计算

1. 简化计算方法

当地基土层均匀，柱荷载和柱距相差都不超过 20%，且柱距符合下式要求时，可认为基底反力成直线分布，基础内力可按刚性板条法或“倒楼盖”法计算。

$$l \leqslant \pi \sqrt[4]{\frac{E_c I}{4bk_s}} \tag{8.41}$$

式中：l 为纵向或横向柱列中的平均柱距；E_c 为基础混凝土的弹性模量；b、I 分别为所取条带的宽度和截面惯性矩；k_s 为地基的基床系数。

框架体系下的筏板基础可按刚性板条法计算基础内力：首先将筏基在 x、y 方向从跨边到跨中分成若干条带，而后取出每一条带进行分析；然后设某条带的宽度为 b，长度为 L，条带内柱的总荷载为 $\sum N$，条带内地基净反力平均值为 $\overline{p}_j$，则两者平均值为

$$\overline{p} = \frac{\sum N + \overline{p}_j bL}{2} \tag{8.42}$$

柱荷载的修正系数为

$$a=\frac{\overline{p}}{\sum N} \tag{8.43}$$

修正后的基底平均净反力为

$$\overline{p}'_j=\frac{\overline{p}}{bL} \tag{8.44}$$

最后采用调整后的柱荷载及基底净反力，按独立的柱下条形基础计算基础内力。

当上部结构整体刚度很大时（板厚大于 1/6 开间或持力层压缩模量不大于 4MPa），可采用“倒楼盖法”计算基础内力，即将筏板作为楼盖，地基净反力作为荷载，底板按连续单向板或双向板计算，柱端作为支座，纵横肋梁按连续梁计算。用“倒楼盖法”计算基础内力时，在两端第一、第二开间内，应按计算增加 10%～20%的配筋量且上下均匀配置。

2. *数值分析方法*

对于片筏基础，目前常用的数值分析方法是有限单元法，其基本步骤如下：

(1) 将片筏基础离散成若干矩形板单元，同时将地基与基础的接触面也离散成相应的单元，并使地基单元的形心与板单元节点相重合。

(2) 以节点的变位为基本变量建立基础梁、板的刚度矩阵。

(3) 采用基床系数法或分层总和法建立地基的柔度矩阵。

(4) 将地基柔度矩阵与刚度矩阵集合成地基-基础的总刚度矩阵和总荷载列矩阵。

(5) 引入边界条件、变形协调条件和平衡条件求解矩阵方程，得出全部节点位移，通过回代可进一步求出基础内力和反力分布。

第 7 节　箱 形 基 础

7.1　构造要求

1. 采用箱形基础时，上部结构体形应力求简单、规则，平面布局尽量对称，基底平面形心应尽可能与上部结构竖向静力荷载重心相重合。当偏心较大时，可使箱形基础底板四周伸出不等长的短悬臂以调整底面形心位置，控制最大偏心距不大于偏心方向基础边长的1/6。

2. 箱形基础的高度一般取建筑物高度的1/8～1/12，或结构单元长度的1/16～1/18，并不小于3m。箱形基础的顶板厚度不宜小于200mm，底板厚度不宜小于300mm。

3. 箱形基础的墙体宜与上部结构的内外墙对正，并沿柱网轴线布置。箱基墙体的墙率应有充分的保证，平均每平方米基础面积上墙体长度不得小于400mm或墙体水平截面面积不得小于基础面积的1/10，其中纵墙配置不得小于墙体总配置量的60%，且有不少于三道纵墙贯通全长。箱基的外墙厚度不宜小于250mm，内墙厚度不宜小于200mm。

箱形基础的墙体应尽量不开洞或少开洞，并应避免开偏洞和边洞、高度大于2m的高洞，以及宽度大于1.2m的宽洞。两相邻洞口最小净间距不宜小于1m，否则洞间墙体应按柱子计算，并采取构造措施。墙体的开口系数α应符合下式要求：

$$\alpha=\sqrt{\frac{A_o}{A_w}}\leqslant 0.4 \tag{8.45}$$

式中：A_o为门洞开口面积；A_w为墙体面积即柱距与箱形基础全高的乘积。

4. 箱基的顶板、底板及内外墙一般采用双面双向分离式配筋。在墙体的配筋中墙身竖向钢筋不宜小于ϕ12@200，其他部位不宜小于ϕ10@200。顶板、底板配筋不宜小于ϕ14@200。在两片钢筋网之间应设置架立钢筋，架立筋间距小于或等于800mm。当箱基的墙体上部无剪力墙时，其顶部与底部宜配置两根不小于ϕ25的通长构造钢筋，钢筋的搭接和转角处的连接长度不应小于钢筋的受拉搭接长度。

5. 箱形基础的混凝土强度等级不应低于C20，并宜采用密实混凝土刚性防水，其抗渗等级不低于B_6。

7.2 设计计算

7.2.1 地基计算

(1) 地基强度验算：天然地基上箱形基础的持力层地基承载力验算方法与片筏基础基本相同。

(2) 地基变形验算，参见相关规范。

7.2.2 基底反力计算

箱形基础的基底反力可根据《高层建筑箱形基础设计与施工规程》(JGJ 6—80) 提供的实用方法进行计算。

对于地基土比较均匀，上部结构为框架结构且荷载比较匀称，基础底板悬挑部分不超出0.8m，可以不考虑相邻建筑物的影响以及满足各项构造要求的单栋建筑物箱形基础，可以将基础底面划分成40个区格（纵向8格横向5格），某i区格的基底反力按下式确定：

$$p_i = \frac{\sum P}{BL}\alpha_i \tag{8.46}$$

式中：$\sum P$为上部结构竖向荷载加箱形基础重；B、L分别为箱形基础的宽度和长度；α_i为相应于i区格的基底反力系数，可查阅《高层建筑箱形基础设计与施工规程》(JGJ 6—80) 中的相关图表。

当纵横方向荷载不很匀称时，应分别求出由于荷载偏心产生的纵横向力矩引起的不均匀基底反力，并将该不均匀反力与由反力系数表计算的反力进行叠加。力矩引起的基底不均匀反力按直线变化计算。对于不符合地基反力系数法适用条件的情况，可采用考虑地基与基础共同作用的方法计算。

7.2.3 基础的内力分析

1. 框架结构中的箱形基础

箱基的内力应同时考虑整体弯曲和局部弯曲作用。计算中基底反力可采用基底反力系数法确定。局部弯曲产生的弯矩应乘以0.8的折减系数后再叠加到整体弯曲的弯矩中。下面分别列出整体弯曲和局部弯曲的弯矩计算方法。

（1）箱形基础的整体弯曲弯矩计算。箱形基础承担的整体弯曲弯矩 M_g 可以采用将整体弯曲产生的弯矩 M，按基础刚度占总刚度的分配比例的形式求出，即

$$M_g = M\frac{E_gI_g}{E_gI_g + E_uI_u} \tag{8.47}$$

式中：M 为由整体弯曲产生的弯矩，可将上部结构的柱子和钢筋混凝土墙当作箱基梁的支点，按静定梁分析方法计算，箱形基础的自重按柔性均布荷载处理，并取 $g=G/L$；E_g 为箱形基础的混凝土弹性模量；I_g 为箱形基础横截面的惯性矩，按工字形截面计算，上、下翼比缘宽度分别为箱形基础顶板、底板全宽，腹板厚度为箱基在弯曲方向的墙体厚度总和；E_uI_u 为上部结构等效抗弯刚度。

（2）局部弯曲弯矩计算。顶板按室内地面设计荷载计算局部弯曲弯矩，底板局部弯曲弯矩的计算荷载为扣除底板自重后的基底反力。计算局部弯曲弯矩时可将顶板、底板当作周边固定的双向连续板处理。

2. 现浇剪力墙体系中的箱形基础

由于现浇剪力墙体系结构的刚度相当大，箱形基础的整体弯曲可不予考虑，其顶板和底板内力仅按局部弯曲计算。考虑到整体弯曲可能产生的影响，配筋量除符合计算要求外，纵向、横向支座钢筋尚有0.15%和0.10%的配筋率连通配置，跨中钢筋按实际配筋率全部连通。

7.2.4　基础的截面设计与强度验算

1. 顶板与底板

箱形基础的顶板配筋可按偏心受压构件设计，底板配筋可按偏心受拉构件设计，而作用在顶板和底板上的轴力 N_c 和 N_t 可按下式计算：

$$N_c = N_t = \frac{M}{zB} \tag{8.48}$$

式中：M 为箱形基础的截面计算弯矩；B 为箱形基础的宽度；z

为基础顶板与底板的中心距。

箱形基础顶板与底板厚度除根据荷载与跨度大小按正截面抗弯强度决定外，其斜截面抗剪强度应符合下式要求：

$$V_s \leqslant 0.07 f_c b w h_0 \tag{8.49}$$

式中：V_s 为板所承受的剪力减去刚性角范围内的反力荷载（刚性角为 45°）；f_c 为混凝土轴心抗压强度设计值；bw 为计算所取的截面单位板宽；h_0 为板的有效高度。

箱形基础底板的冲切强度按下式验算：

$$F_t \leqslant 0.6 f_t u_m h_0 \tag{8.50}$$

式中：F_t 为底板承受的冲切力；f_t 为混凝土抗拉强度设计值；u_m 为距荷载边为 $h_0/2$ 处的周长；h_0 为板的有效高度。

2. 内墙与外墙

箱形基础墙体承受的截面剪力 V 可近似由总剪力分配求得，即各横墙分配的剪力按所辖的底板面积计算，各纵墙剪力由纵墙的截面厚度和柱轴力进行分配求出。

除与剪力墙连接外，其墙身截面应按下式验算其抗剪强度：

$$V \leqslant 0.25 f_c A \tag{8.51}$$

式中：A、f_c 分别为墙身竖向有效截面面积和混凝土轴心抗压强度设计值。

对于箱形基础的外墙，在其上还有水平荷载的作用，包括土压力、水压力和由于地面均布荷载引起的侧压力等，故尚需进行受弯计算。此时可将墙身视为顶部和底部均固定的多跨连续板计算，而侧压力 p 一般可按静止土压力计算，计算公式如下：

地下水位以上，有

$$p = K_0 (q + \sum \gamma_i h_i) \tag{8.52}$$

地下水位以下，有

$$p = K_0 (q + \sum \gamma'_i h_i) + \gamma_w (h - h_w) \tag{8.53}$$

式中：K_0 为静止侧压力系数，与土的类别及密实度等因素有关，对于砂土一般可取 0.35～0.50，对于粘土一般可取 0.50～0.70；q 为地面荷载，kN/m^2；h_i 为计算点以上各土层的厚度，m；γ_w

为水的重度，一般可取 $10kN/m^3$；γ_i、γ'_i 分别为计算点以上土层的重度和有效重度，kN/m^3；h、h_w 分别为自室外算起的计算点深度和地下水位深度，m。

思考题与习题

一、选择题

1. 载荷实验可以获得哪个指标？

(A) 变形模量　(B) 临塑荷载

(C) 极限荷载　(D) 以上都正确

2. 以下基础形式中不需要按刚性角要求设计的是哪种基础？

(A) 墙下混凝土条形基础

(B) 墙下条形砖基础

(C) 毛石基础

(D) 柱下钢筋混凝土独立基础

3. 以下属于扩展基础的是哪一个？

(A) 柱下钢筋混凝土独立基础

(B) 墙下混凝土条形基础

(C) 毛石基础

(D) 墙下条形砖基础

4. 某中心受压矩形基础底面尺寸 $l\times b$，传至设计标高处竖向轴向荷载 F，基础埋深 d，地基土重度 γ，地基土净反力是多少？

(A) $(F+G)/(lb)$　(B) $F/(lb)$

(C) $[(F+G)/(lb)]-\gamma d$　(D) $[F/(lb)]-\gamma d$

5. 当基础受单向偏心荷载作用时，下列说法哪一个是正确的？

(A) 当偏心距 $e=l/6$ 时，基底压力呈梯形分布

(B) 当偏心距 $e\geqslant l/6$ 时，基底压力呈三角形分布

(C) 当偏心距 $e\leqslant l/6$ 时，基底压力呈梯形分布

（D）当偏心距 $e<l/6$ 时，基底压力呈三角分布

6. 可不进行地基变形计算的建筑物是哪一个？

（A）甲级建筑物　　（B）乙级建筑物

（C）部分丙级建筑物　　（D）丙级建筑物

7. 下列说法正确的是哪一个？

（A）地下水位下降只能影响土的自重应力分布，故不影响其压缩量

（B）地下水位下降，土的自重应力分布与深度不再为线性关系

（C）地下水位下降，土的自重应力分布图的斜率减小

（D）地下水位下降，土的自重应力分布图的斜率增大

8. 按地基压力扩散角的概念计算软弱下卧层顶面处的附加应力时，前提条件是什么？

（A）基础底面处传至软弱层顶面处的总压力的扩散前后数值不变

（B）附加压力在传递过程中数值不变

（C）基础底面处和软弱层顶面处的总压力在扩散后减小

（D）基础底面处和软弱层顶面处的总压力在扩散后增大

9. 当钢筋混凝土框架结构的柱距较小，柱网下地基软弱，柱荷载分布沿纵横柱列方向不均匀，此时应采用哪一种基础形式。

（A）柱下独立基础　　（B）柱下交叉条形基础

（C）箱型基础　　（D）柱下单独基础

10. 下列说法正确的是哪一个？

（A）基础工程设计包括基础设计和地基设计

（B）基础工程设计依据是上部结构荷载及分布

（C）地基工程设计是对基础的强度、刚度和耐久性的计算

（D）基础工程设计是对地基安全性的计算

11. 筏板基础不具备哪个特点？

(A) 埋深较浅　　(B) 基础空间刚度大

(C) 可调整不均匀沉降　　(D) 基底压力小

12. 补偿基础是通过改变下列（　）值来减小拟建建筑物的沉降的。

(A) 基底的总压力　　(B) 基底的附加压力

(C) 基底的自重压力　　(D) 基底尺寸

二、判断题

1. 浅基础的最终沉降量是由基础的形心开始算起，而深基础的最终沉降量是由承台底面开始算起。（　）

2. 控制建筑物的长高比、设置圈梁是有效减小不均匀沉降的构造措施。（　）

三、问答题

1. 天然地基上浅基础设计时，基础埋置深度如何选择？

2. 简述地基、基础、土之间的相互作用。

3. 简述天然地基上浅基础设计的内容和步骤。

4. 减轻建筑物不均匀沉降危害的具体有哪些措施？

四、计算题

1. 某厂房柱下矩形基础拟建在双层地基上，第一层为填土，$\gamma=18.50\text{kN/m}^3$，厚 1.2m，第二层为粘土层，$\gamma=19.30\text{kN/m}^3$，厚 8.0m，基础埋深 1.2m，基底长宽比取 1.2，已知柱的轴心荷载为 1900kN，试确定基底尺寸。（已知：粘土层地基承载力基本值 $f_0=205\text{kPa}$，$\psi_f=0.95$，$\eta_b=0.3$，$\eta_d=1.6$）

2. 某承重砖墙混凝土基础的埋深为 1.5m，上部结构传来的轴向压力 $N=200\text{kN/m}$。持力层为粉质粘土，其天然重度 $\gamma=17.5\text{kN/m}^3$，孔隙比 $e=0.843$，液性指数 $I_L=0.76$，承载力基本值为 166.67kPa（回归系数 $\varphi_f=0.90$），地下水位在基础底面以下，试设计此刚性基础，并绘出基础剖面图。（已知：$\eta_d=1.6$，$\eta_b=0.3$，允许宽高比为 1.0）

第9章　桩基础

天然地基上浅基础一般造价较低，施工简便，所以，在工程建设中应优先考虑采用。当基础沉降量过大或地基的稳定性不能满足设计要求时，就有必要采取一定的措施，如进行地基加固处理或改变上部结构，或选择合适的基础类型等。当地基上覆软土层很厚，即使采用一般地基处理仍不能满足设计要求或耗费巨大时，往往采用桩基础将建筑物的荷载传递到深处合适的坚硬土层上，以保证建筑物对地基稳定性和沉降量的要求。

桩基础又称桩基，它是一种常用而古老的深基础形式。我国很早就已成功地使用了桩基，如北京的御河桥、西安的坝桥、南京的古城墙和上海的龙华塔等都是我国古代桩基的典范。到了近代，特别是欧洲19世纪中叶开始的大规模桥梁、铁路和公路的建设，推动了桩基础理论和施工方法的发展。由于桩基础具有承载力高、稳定性好、沉降稳定快和沉降变形小、抗震能力强，以及能适应各种复杂地质条件等特点，在工程中得到了广泛应用。桩基础除了主要用来承受竖向抗压荷载外，还在桥梁工程、港口工程、近海采油平台、高耸和高层建筑物、支档结构、抗震工程结构以及特殊土地基如冻土、膨胀土等中，用于承受侧向土压力、波浪力、风力、地震力、车辆制动力、冻胀力、膨胀力等水平荷载和竖向抗拔荷载等。近年来，随着生产水平的提高和科学技术的发展，桩的种类和型式、施工机具、施工工艺以及桩基设计理论和设计方法等，都在高速发展。目前我国桩基最大入土深度已达107m，桩径已超过5m。

第1节 桩基础的分类

当确定采用桩基础后，合理地选择桩的类型是桩基设计中很重要的环节。分类的目的是为了掌握其不同的特点，以供设计桩基时根据现场的具体条件选择适当的桩型。桩可以按不同的方法进行分类，以下主要是《建筑桩基技术规范》（JGJ 94—94）推荐的分类方法。

1.1 桩基的分类

桩基础可以采用单根桩的形式以承受和传递上部结构荷载，这种独立基础称为单桩基础。但绝大多数桩基础的桩数是由两根或以上的多根桩组成桩群，由承台将桩群在上部联结成一个整体，建筑物的荷载通过承台分配给各根桩，桩群再把荷载传给地基，这种由两根或以上组成的桩基础称为群桩基础。群桩基础中的单桩称为基桩。

桩基础由桩和承台两部分组成（见图9.1）。根据承台与地面的相对位置，一般可分为低承台桩基和高承台桩基。当承台底面位于土中时，称为低承台桩基；当承台底面高出土面以上时，称为高承台桩基。在一般房屋建筑和水工建筑物中最常用的是低承台桩基；而高承台桩基则常用于桥梁工程、港口码头及海洋工程中。

1.2 桩的分类

桩基中的桩可以是竖直或倾斜的，工业与民用建筑大多以承受竖向荷载为主，而多用竖直桩。根据桩的承载性状、施工方法、桩身材料及桩的设置效应等，可把桩划分为各种类型。

1.2.1 按承载性状分类

桩的承载方式与浅基础的承载方式不一样。浅基础是把上部荷载在水平方向扩散到地基中去，而桩除了以桩端阻力的方式对上部荷载在水平方向进行扩散外，还在竖直方向以桩侧摩阻力的方式对上部荷载进行扩散。

桩在竖向荷载作用下，桩顶荷载由桩侧阻力和桩端阻力共同承受。但由于桩的尺寸、施工方法、桩侧和桩端地基土的物理力学性质等因素的不同，桩侧和桩端所分担荷载的比例是不同的，根据分担荷载的比例可把桩分为摩擦型桩和端承型桩（见图 9.2）。

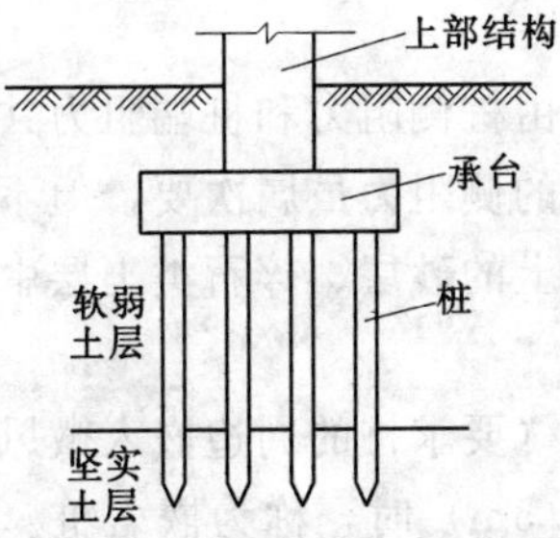

图 9.1　低承台桩示意图

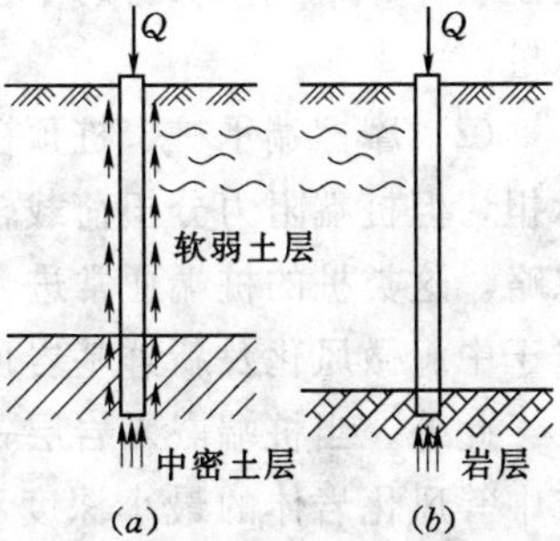

图 9.2　摩擦型桩和端承型桩
(a) 摩擦型桩；(b) 端承型桩

1. 摩擦型桩

在竖向极限荷载作用下，如果桩顶荷载全部或主要由桩侧阻力承担，这种桩称为摩擦型桩。根据桩侧阻力分担荷载的比例，摩擦型桩又分为摩擦桩和端承摩擦桩两类。

摩擦桩：桩顶极限荷载绝大部分由桩侧阻力承担，桩端阻力可忽略不计。以下桩可按摩擦桩考虑：桩长径比很大，桩顶荷载只通过桩身压缩产生的桩侧阻力传递给桩周土，桩端土层分担荷载很小；桩端下无较坚实的持力层；桩底残留虚土或沉渣的灌注桩；桩端出现脱空的打入桩等。

端承摩擦桩：桩顶极限荷载由桩侧阻力和桩端阻力共同承担，但桩侧阻力分担荷载较大。这类桩的长径比不很大，桩端持力层为较坚实的粘性土、粉土和砂类土时，除桩侧阻力外，还有一定的桩端阻力。端承摩擦桩所占比例很大。

2. 端承型桩

在竖向极限荷载作用下，如果桩顶荷载全部或主要由桩端阻力承担，这种桩称为端承型桩。根据桩端阻力分担荷载的比例，又可分为端承桩和摩擦端承桩两类。

(1) 端承桩：桩顶极限荷载绝大部分由桩端阻力承担，桩侧阻力可忽略不计。桩的长径比较小，桩端设置在密实砂类、碎石类土层中或位于中、微风化及新鲜基岩层中的桩可认为是端承桩。

(2) 摩擦端承桩：桩顶极限荷载由桩侧阻力和桩端阻力共同承担，但桩端阻力分担荷载较大。桩的侧阻力虽属次要，但不可忽略。这类桩的桩端通常进入中密以上的砂层、碎石类土层中或位于中、微风化及新鲜基岩顶面。

此外，当桩端嵌入岩层一定深度（要求桩的周边嵌入微风化或中等风化岩体的最小深度不小于0.5m）时，称为嵌岩桩。对于嵌岩桩，桩侧与桩端荷载分担比例与孔底沉渣及进入基岩深度有关，桩的长径比不是制约荷载分担的唯一因素。

1.2.2 按施工方法分类

根据桩的施工方法不同，主要可分为预制桩和灌注桩两大类。

1. 预制桩

预制桩桩体可以在施工现场预制，也可以在工厂制作，然后运至施工现场。预制桩可以是木桩，也可以是钢桩或预制钢筋混凝土桩等。预制桩可以经锤击、震动、静压或旋入等方式将桩设置就位。

在预制桩中，混凝土预制桩最为常见，混凝土预制桩的横截面有方形、圆形等多种形状。一般普通实心方桩的截面边长为300～500mm，桩长在25～30m以内，工厂预制时分节长度小于12m，沉桩时在现场连接到所需桩长。

大截面实心桩自重大，用钢量大，其配筋主要受起吊、运输、吊立和沉桩等各阶段的应力控制。采用预应力混凝土桩，则可减轻自重、节约钢材、提高桩的承载力和抗裂性。

预应力混凝土管桩采用先张法预应力工艺和离心成型法制作。经高压蒸汽养护生产的为PHC管桩，桩身混凝土强度等级大于C80；未经高压蒸汽养护生产的为PC管桩（强度为C60～C80）。建筑工程中常用的PHC、PC管桩的外径为300～600mm，每节长5～13m。桩的下端设置开口的钢桩尖或封口十字刃钢桩尖。

2. 灌注桩

灌注桩是直接在所设计桩位处成孔，然后在孔内下放钢筋笼（也有直接插筋或省去钢筋的）再浇灌混凝土而成。其横截面呈圆形，可以做成大直径和扩底桩。保证灌注桩承载力的关键在于桩身的成型及混凝土质量。灌注桩通常可分为以下几种：

（1）沉管灌注桩：利用锤击或振动等方法沉管成孔，然后浇灌混凝土，拔出套管，其施工程序如图9.3所示。

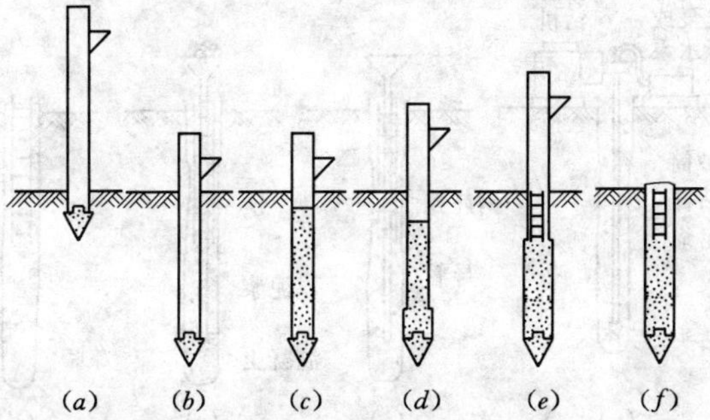

图9.3　沉管灌注桩的施工程序示意图

（a）打桩机就位；（b）沉管；（c）浇灌混凝土；（d）边拔管，边振动；（e）安放钢筋笼，继续浇灌混凝土；（f）成桩

锤击沉管灌注桩的常用桩径（预制桩尖的直径）为300～500mm，桩长常在20m以内，可打至硬塑粘土层或中、粗砂层。其优点是设备简单、打桩进度快、成本低。但在软、硬土层交界处或软弱土层处易发生缩颈（桩身截面局部缩小）现象，此时通常可放慢拔管速度，灌注管内混凝土的充盈系数（混凝土实际用

量与计算的桩身体积之比）一般应达1.10～1.20。此外，可能由于邻桩挤压或其他振动作用等各种原因使土体上隆，引起桩身受拉而出现断桩现象；或出现局部夹土、混凝土离析及强度不足等质量事故。

（2）钻（冲）孔灌注桩：钻（冲）孔灌注桩用钻机钻土成孔，然后清除孔底残渣，安放钢筋笼，浇灌混凝土。有的钻机成孔后，可撑开钻头的扩孔刀刃使之旋转切土扩大桩孔，浇灌混凝土后在底端形成扩大桩端，但扩底直径不宜大于3倍桩身直径。根据不同土质，可采用不同的钻、挖工具，常用的有螺旋钻机、冲击钻机、冲抓钻机等，其施工程序如图9.4所示。常用桩径为800mm、1000mm、1200mm等。其最大优点是入土深，能进入岩层，刚度大，承载力高，桩身变形小，并可方便地进行水下施工。

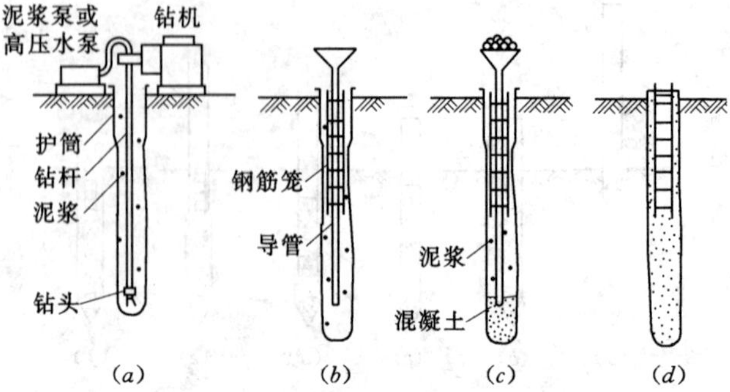

图9.4 钻孔灌注桩施工程序

(a) 成孔；(b) 下导管和钢筋笼；(c) 浇灌水下混凝土；(d) 成桩

（3）挖孔桩：挖孔桩可采用人工或机械挖掘成孔，逐段边开挖边支护，达到所需深度后再进行扩孔、安装钢筋笼及浇灌混凝土。挖孔桩一般内径应大于800mm，开挖直径大于1000mm，护壁厚大于10mm，分节支护，每节高500～1000mm，可用混凝土预制块或砖砌筑，桩身长度宜限制在40m以内。

挖孔桩可直接观察地层情况，孔底易清除干净，设备简单，噪音小，场区内各桩可同时施工，且桩径大、适应性强，比较经济。但由于挖孔时可能存在塌方、缺氧等危险，易造成安全事故，因此应严格执行有关安全操作的规定。此外难以克制流砂现象。

我国常用灌注桩的适用范围、桩径及桩长的参考值见表 9.1。

1.2.3　按桩的设置效应分类

随着桩的设置方法（打入或钻孔成桩等）不同，桩周土所受的排挤作用也很不同。排挤作用将使土的天然结构、应力状态和性质发生很大变化，从而影响桩的承载力和变形性质。这些影响统称为桩的设置效应。桩按设置效应可分为下列三类。

1. 非挤土桩

非挤土桩包括钻（冲或挖）孔灌注桩、机挖井形灌注桩及机动洛阳铲成孔灌注桩等。因设置过程中清除孔中土体，桩周土不受排挤作用，并可能向桩孔内移动，使土的抗剪强度降低，桩侧摩阻力有所减小。

2. 部分挤土桩

部分挤土桩包括冲击成孔灌注桩、预钻孔打入式预制桩、H型钢桩、开口钢管桩和开口预应力混凝土管桩等。在桩的设置过程中对桩周土体稍有排挤作用，但土的强度和变形性质变化不大，一般可用原状土测得的强度指标来估算桩的承载力和沉降量。

3. 挤土桩

挤土桩包括实心的预制桩、下端封闭的管桩、木桩以及沉管灌注桩等。在锤击和振动贯入过程中，挤土桩将桩位处的土体大量排挤开，使土的结构严重扰动破坏，对土的强度及变形性质影响较大。因此必须采用原状土扰动后再恢复的强度指标来估算桩的承载力及沉降量。

此外，按桩身材料的不同亦可把桩分为混凝土桩、钢桩、木桩及组合材料桩等。也可按桩径大小分为小直径桩（$d<$

表 9.1　常用灌注桩的桩径桩长及适用范围

成孔方法		桩径（mm）	桩长（m）	适用范围
泥浆护壁成孔	冲抓 冲击 回转钻	≥800	≤30 ≤50 ≤80	碎石土、砂类土、粉土、粘性土及风化岩。当进入中等风化和微风化岩层时，冲击成孔的速度比回转钻快
	潜水钻	500～800	≤50	粘性土、淤泥、淤泥质土及砂类土
干作业成孔	螺旋钻	300～800	≤30	地下水位以上的粘性土、粉土、砂类土及人工填土
	钻孔扩底	300～600	≤30	地下水位以上坚硬、硬塑的粘性土及中密以上砂类土
	机动洛阳铲	300～500	≤20	地下水位以上的粘性土、粉土、黄土及人工填土
沉管成孔	锤击	340～800	≤30	硬塑粘性土、粉土及砂类土，直径不小于 600mm 的可达强风化岩
	振动	400～500	≤24	可塑粘性土、中细砂
爆扩成孔		≤350	≤12	地下水位以上的粘性土、黄土、碎石土及风化岩
人工挖孔		≥100	≤40	粘性土、粉土、黄土及人工填土

250mm）、中等直径桩（250mm≤d<800mm）和大直径桩（d≥800mm）三种。

第2节 受力特征分析、破坏模式及质量检测

2.1 单桩受力特征分析

单桩工作性能的研究是单桩承载力分析理论的基础。通过桩土相互作用分析，了解桩土间的传力途径和单桩承载力的构成及其发展过程，以及单桩的破坏机理等，对正确评价单桩轴向承载力设计值具有一定的指导意义。

桩顶荷载一般包括竖向力、水平力和力矩。桩在竖向荷载作用下，桩身材料会产生弹性压缩变形，桩和桩侧土之间产生相对位移，因而桩侧土对桩身产生向上的桩侧摩阻力。如果桩侧摩阻力不足以抵抗竖向荷载，一部分竖向荷载会传递到桩底，桩底持力层也会产生压缩变形，桩底土也会对桩端产生阻力。通过桩侧摩阻力和桩端阻力，桩将荷载传给土体。

设桩顶竖向荷载为 Q，桩侧总摩阻力为 Q_s，桩端总阻力为 Q_p，取桩为脱离体，由静力平衡条件，得到下列关系式：

$$Q = Q_s + Q_p \tag{9.1}$$

当桩顶荷载加大到极限值时，式（9.1）改写为

$$Q_u = Q_{su} + Q_{pu} \tag{9.2}$$

式中：Q_u 为单桩竖向极限荷载；Q_{su} 为单桩总极限侧阻力；Q_{pu} 为桩端总极限阻力。

如图 9.5（b）所示的桩，竖向荷载 Q 在桩身各截面引起的轴向力 N_z，可以通过桩的静载试验，利用埋没于桩身内的测试元件量测得到，从而可以绘出轴力沿桩身的分布曲线如图 9.5（e）所示。该曲线称为荷载传递曲线。由于桩侧土的摩阻作用，轴向力 N_z 随深度 z 的增大而减小，其衰减的快慢反映了桩侧土摩阻作用的强弱。桩顶的轴向力 N_0。与桩顶竖向荷载 Q 相平衡，即 $N_0=Q$；桩端的轴向力 N_1 与总桩端阻力 Q_p 相平衡，故

总侧阻 $Q_s = Q - Q_p$。桩截面位移、桩侧摩阻力和轴力分布随桩深度的变化规律如图 9.5（*c*）～图 9.5（*e*）所示。

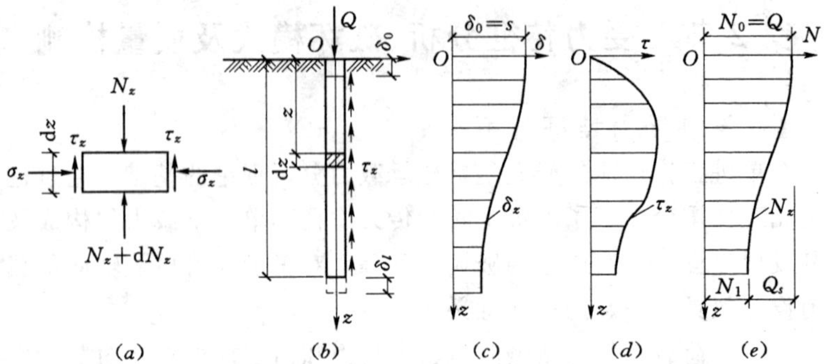

图 9.5　单桩轴向荷载传递

（*a*）微桩段的受力情况；（*b*）轴向受压的单桩；（*c*）截面位移；（*d*）摩阻力分布；（*e*）轴力分布

2.2　单桩的破坏模式

单桩在轴向荷载作用下，其破坏模式主要取决于桩周土的抗剪强度、桩端支承情况、桩的尺寸以及桩的类型等条件。轴向荷载下可能的单桩破坏模式如图 9.6 所示。

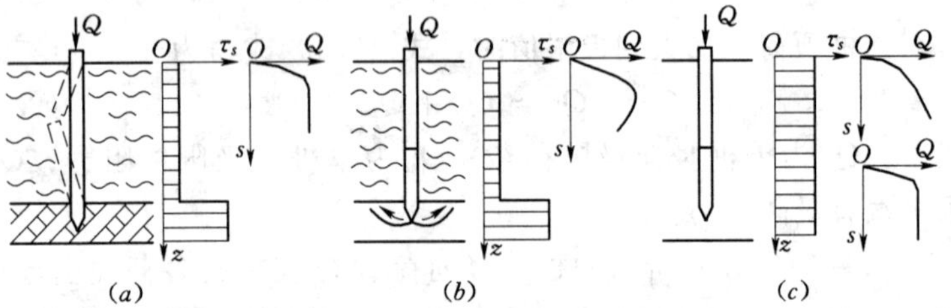

图 9.6　轴向荷载下基桩的破坏模式

（*a*）压屈破坏；（*b*）整体剪切破坏；（*c*）刺入破坏

2.2.1　压屈破坏

当桩底支承在坚硬的土层或岩层上，桩周土层极为软弱，桩身无约束或侧向抵抗力。桩在轴向荷载作用下，与细长压杆类似，出现纵向压屈破坏，其荷载-沉降关系曲线为“急剧破坏”的陡降型，其沉降量很小，具有明确的破坏荷载［见图 9.6（a）］。桩的承载力取决于桩身的材料强度。穿越深厚淤泥质土层中的小直径端承桩或嵌岩桩，以及细长的木桩等多属于此种破坏。

2.2.2　整体剪切破坏

当具有足够强度的桩穿过抗剪强度较低的土层，达到抗剪强度较高的土层，且桩的长度不大时，桩在轴向荷载作用下，由于桩底上部土层不能阻止滑动土楔的形成，桩底土体形成滑动面而出现整体剪切破坏。因为桩端较高强度的土层将出现大的沉降，桩侧摩阻力难以充分发挥，主要荷载由桩端阻力承受，所以 $Q-s$ 曲线为陡降型，呈现明确的破坏荷载［见图 9.6（b）］。桩的承载力主要取决于桩端土的支承力。一般打入式短桩、钻扩短桩等的破坏均属于此种破坏。

2.2.3　刺入破坏

当桩的入土深度较大或桩周土层抗剪强度较均匀时，桩在轴向荷载作用下将出现刺入破坏，如图 9.6（c）所示。此时桩顶荷载主要由桩侧摩阻力承担，桩端阻力极小，桩的沉降量较大。一般当桩周土质较软弱时，$Q-s$ 曲线为“渐进破坏”的缓变型［见图 9.6（c）］，无明显拐点，极限荷载难以判断，桩的承载力主要由上部结构所能承受的极限沉降 s_u 确定；当桩周土的抗剪强度较高时，$Q-s$ 曲线为陡降型，有明显拐点，桩的承载力主要取决于桩周土的强度。一般情况下的钻孔灌注桩多属于此种情况。

2.3　桩体质量检测技术

桩基础属于地下隐蔽工程，尤其是灌注桩，易出现缩颈、夹泥、断桩或沉渣过厚等多种形态的质量缺陷，影响桩身结构完整性和单桩承载力，因此必须进行施工监督、现场记录和质量检测，以减少隐患，保证质量。对于柱下单桩或大直径灌注桩工程，保证桩身质量就更为重要。目前已有多种桩身结构完整性的检测技术，常用的有下列几种检测方法。

2.3.1 开挖检查

只限于对所暴露的桩身进行观察检查。

2.3.2 钻芯法

钻芯法可检测混凝土桩的桩长、桩身强度、桩底沉渣厚度和持力层岩土性状，可判断桩身的完整性。在灌注桩桩身内钻孔（直径 100～150mm），取混凝土芯样进行观察和单轴抗压试验，了解混凝土有无离析、空洞、桩底沉渣和夹泥等桩身缺陷现象。有条件时也可采用钻孔电视直接观察孔壁孔底质量。

2.3.3 声波透射法

声波透射法可检测桩身缺陷程度及位置，判定桩身完整性类别。预先在桩中埋入 3～4 根金属管，利用超声波在不同强度（或不同弹性模量）的混凝土中传播速度的变化来检测桩身质量。试验时在其中一根管内放入发射器，而在其他管中放入接收器，通过不同深度处声波的传递时间来分析判断桩身质量。

2.3.4 动测法

动测检测包括锤击激振、机械阻抗、水电效应、共振等小应变动测和打桩分析仪（PDA）等大应变动测及桩身结构完整性分析仪等。对于等截面、质地较均匀的预制桩测试效果较可靠；而对于灌注桩的动测检验，目前也有相当多的实践经验，具有一定的可靠性。

第 3 节 单桩竖向承载力的计算

《建筑桩基技术规范》（JGJ 94—94）规定，建筑桩基采用以概率理论为基础，利用基本变量特征值和分项系数表达的实用极限状态设计表达式计算，桩基的极限状态分为以下两类：

（1）承载能力极限状态：对应于桩基达到最大承载能力导致整体失稳或发生不适于继续承载的变形。

（2）正常使用极限状态：对应于桩基达到建筑物正常使用所规定的变形限值或达到耐久性要求的某项限值。

根据建筑物因桩基损坏所造成的后果的严重性（危及人的生命、造成经济损失、产生社会影响等），将建筑桩基分为三个安全等级（见表 9.2），并要求进行如下计算和验算。

表 9.2　　建筑桩基安全等级

安全等级	破坏后果	建筑物类型
一级	很严重	重要的建筑或有特殊要求的建筑
二级	严重	一般的建筑
三级	不严重	次要的建筑

所有桩基均应进行承载能力极限状态计算，包括以下内容：

（1）桩基的竖向（抗压或抗拔）承载力和水平承载力计算，某些条件下尚应考虑桩、土、承台共同作用产生的承载力群桩效应。

（2）桩端平面以下软弱下卧层承载力验算。

（3）位于坡地、岸边的桩基整体稳定性验算。

（4）桩基抗震承载力验算。

（5）承台及桩身承载力计算（包括对混凝土预制桩吊运和锤击时的强度验算，以及软土或可液化土中细长桩的桩身压屈验算等）。

以下桩基还应进行变形验算，内容包括以下两方面：

（1）桩端持力层为软弱土的一、二级建筑桩基以及桩端持力层为粘性土、粉土或存在软弱下卧层的一级建筑桩基应验算沉降，并宜考虑上部结构与桩基的相互作用。

（2）受水平荷载影响较大或对水平变位要求严格的一级建筑桩基应验算水平变位。

桩基承载能力极限状态计算应采用荷载效应的基本组合地震作用效应组合。沉降验算应采用荷载效应的准永久组合。

3.1　单桩竖向承载力设计值的确定

（1）当根据静载荷试验确定单桩竖向极限承载力标准值 Q_{uk} 时，单桩竖向承载力设计值 R 由下式确定：

$$R=\frac{Q_{uk}}{\gamma_{sp}} \tag{9.3}$$

式中：γ_{sp} 为桩侧阻端阻综合分项系数，可查表 9.3。

（2）当采用静力触探与经验规范法确定单桩总极限侧阻力标准值 Q_{sk} 和总极限端阻力标准值 Q_{pk} 时，单桩竖向承载力设计值 R 由下式确定：

$$R=\frac{Q_{sk}}{\gamma_s}+\frac{Q_{pk}}{\gamma_p} \tag{9.4}$$

式中：γ_s、γ_p 分别为桩侧阻抗力分项系数和桩端阻抗力分项系数，可查表 9.3。

表 9.3　桩侧阻抗力分项系数和桩端阻抗力分项系数表

桩型与工艺	$\gamma_s=\gamma_p=\gamma_{sp}$		γ_c
	静载试验法	经验参数法	
预制桩、钢管桩	1.60	1.65	1.70
大直径灌注桩（清底干净）	1.60	1.65	1.65
泥浆护壁钻（冲）孔灌注桩	1.62	1.67	1.65
干作业钻孔灌注桩（d<0.8m）	1.65	1.70	1.65
沉管灌注桩	1.70	1.75	1.70

3.2　单桩竖向极限承载力特征值的确定

《建筑桩基技术规范》(JGJ 94—94）推荐了单桩竖向极限承载力特征值的表达式，对预制桩和直径 d<800mm 的灌注桩，单桩竖向极限承载力标准值 Q_{uk} 可按下式计算：

$$Q_{uk}=Q_{sk}+Q_{pk} \tag{9.5}$$

$$Q_{sk}=u\sum q_{sik}l_i \tag{9.6}$$

$$Q_{pk}=q_{pk}A_p \tag{9.7}$$

式中：Q_{sk} 为单桩总的侧阻力标准值，kN；Q_{pk} 为单桩总极限端阻力标准值，kN；q_{sik} 为桩侧第 i 层土的极限侧阻力标准值，kPa，采用当地经验取值，如无当地经验值时，可根据成桩方法与工艺按表 9.4 取值；q_{pk} 为极限端阻力标准值，kPa，采用当地经验取值，如无当地经验值时，根据成桩方法与工艺按表 9.5 取值；

A_p 为桩端横截面面积，m^2；u 为桩横截面周长，m；l_i 为桩在第 i 层土中的长度，m。

第 4 节　群　桩　效　应

在实际工程中，除少量大直径桩基础外，一般都是群桩基础。荷载下的群桩基础，各桩的承载力发挥和沉降性状往往与相同情况下的单桩有显著差别，承台底产生的土反力也将分担部分荷载。因此，在桩基的设计计算时，必须考虑到群桩的工作特点。

4.1　群桩的工作特点

对于群桩基础，作用于承台上的荷载实际上是由桩和地基土共同承担，由于承台、桩、地基土的相互作用情况不同，使极端、桩侧阻力和地基土的阻力因桩基类型而异。

4.1.1　端承型群桩基础

由于端承型桩基持力层坚硬，桩顶沉降较小，桩侧摩阻力不易发挥，桩顶荷载基本上通过桩身直接传到桩端处土层上。而桩端处承压面积很小，各桩端的压力彼此互不影响（见图 9.7），因此可近似认为端承型群桩基础中各基桩的工作性状与单桩基本一致；同时，由于桩的变形很小，桩间土基本不承受荷载，群桩基础的承载力就等于各单桩的承载力之和；群桩的沉降量也与单桩基本相同，即群桩效应系数 $\eta=1$。

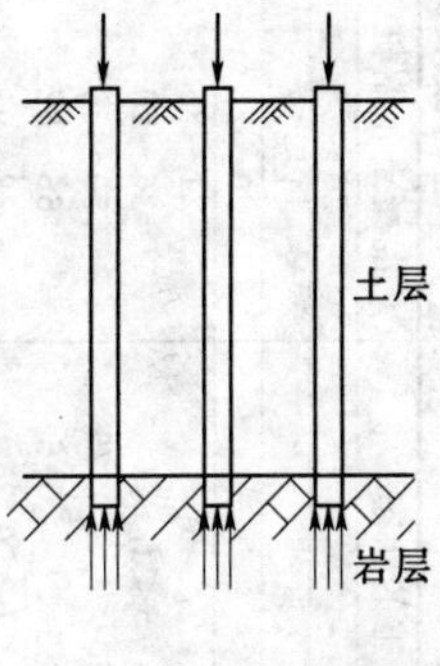

图 9.7　端承型群桩基础

4.1.2　摩擦型群桩基础

摩擦型桩基主要通过每根桩侧的摩擦阻力将上部荷载传递到桩周及桩端土层中。一般假定桩侧摩阻力在土中引起的附加应力 σ_z 按某一角度 α 沿桩长向下扩散分布，至桩端平面处，压力分布如图 9.8 中阴影部分所示。当桩数少，桩中心距 S_a 较大时，如 $S_a>6d$ 时，桩端平面处各桩传来的压力互不重叠或重叠不多

表 9.4 桩的极限侧阻力标准值 q_{sik}

土的名称	土的状态	混凝土预制桩	水下钻（冲）孔桩	沉管灌注桩	干作业钻孔桩
填　土		20～28	18～26	15～22	18～26
淤　泥		11～17	10～16	9～13	10～16
淤泥质土		20～28	18～26	15～22	18～26
粘性土	$I_L>1$	21～36	20～34	16～28	20～34
	$0.75<I_L\leqslant 1$	36～50	34～48	28～40	34～48
	$0.50<I_L\leqslant 0.75$	50～66	48～64	40～52	48～62
	$0.25<I_L\leqslant 0.5$	66～82	64～78	52～63	62～76
	$0<I_L\leqslant 0.25$	82～91	78～88	63～72	76～86
	$I_L\leqslant 0$	91～101	88～98	72～80	86～96
红粘土	$0.7<a_w\leqslant 1$	13～32	12～30	10～25	12～30
	$0.5<a_w\leqslant 0.7$	32～74	30～70	25～68	30～70
粉　土	$e>0.9$	22～44	22～40	16～32	20～40
	$0.75\leqslant e\leqslant 0.9$	42～64	40～60	32～50	40～60
	$e<0.75$	64～85	60～80	50～67	60～80
粉细砂	稍　密	22～42	22～40	16～32	20～40
	中　密	42～63	40～60	32～50	40～60
	密　实	63～85	60～80	50～67	60～80
中　砂	中　密	54～74	50～72	42～58	50～70
	密　实	74～95	72～90	58～75	70～90
粗　砂	中　密	74～95	74～95	58～75	70～90
	密　实	95～116	95～116	75～92	90～110
砾　砂	中密、密实	116～138	116～135	92～110	110～130

注　1. 对于尚未完成自重固结的填土和以生活垃圾为主的杂填土，不计算其侧阻力。

2. a_w 为含水比，$a_w=w/w_L$。

3. 对于预制桩，根据土层埋深 h，将 q_{sik} 乘以下表修正系数。

土层埋深 h（m）	$\leqslant 5$	10	20	$\geqslant 30$
修正系数	0.8	1.0	1.1	1.2

表 9.5 极限端阻力标准值 q_{pk}

土的名称	土的状态＼桩型	预制桩入土深度（m）				水下钻（冲）孔桩入土深度（m）			
		$h\leqslant 9$	$9<h\leqslant 16$	$16<h\leqslant 30$	$h>30$	5	10	15	$h>30$
粘性土	$0.75<I_L\leqslant 1.00$	210～840	630～1300	1100～1700	1300～1900	100～150	150～250	250～300	300～450
	$0.50<I_L\leqslant 0.75$	840～1700	1500～2100	1900～2500	2300～3200	200～300	350～450	450～550	550～750
	$0.25<I_L\leqslant 0.5$	1500～2300	2300～3000	2700～3600	3600～4400	400～500	700～800	800～900	900～1000
	$0<I_L\leqslant 0.25$	2500～3800	3800～5100	5100～5900	5900～6800	750～850	1000～1200	1200～1400	1400～1600
粉土	$0.75<e\leqslant 0.9$	840～1700	1300～2100	1900～2700	2500～3400	250～350	300～500	450～650	650～850
	$e\leqslant 0.75$	1500～2300	2100～3000	2700～3600	3600～4400	550～800	650～900	750～1000	850～1000
粉砂	稍密	800～1600	1500～2100	1900～2500	2100～3000	200～400	350～500	450～600	600～700
	中密、密实	1400～2200	2100～3000	3000～3800	3800～4600	400～500	700～800	800～900	900～1100
细砂	中密、密实	2500～3800	3600～4800	4400～5700	5300～6500	550～650	900～1000	1000～1200	1200～1500
中砂		3600～5100	5100～6300	6300～7200	7000～8000	850～950	1300～1400	1600～1700	1700～1900
粗砂		5700～7400	7400～8400	8400～9500	9500～10300	1400～1500	2000～2200	2300～2400	2300～2500
砾砂	中密、密实	6300～10500				1500～2500			
角砾、圆砾		7400～11600				1800～2800			
碎石、卵石		8400～12700				2000～3000			

续表

土的名称	土的状态 \ 桩型	沉管灌注桩入土深度（m）				干作业钻孔桩入土深度（m）		
		5	10	15	>15	5	10	15
粘性土	$0.75<I_L\leqslant1.00$	400～600	600～750	750～1000	1000～1400	200～400	400～700	700～950
	$0.50<I_L\leqslant0.75$	670～1100	1200～1500	1500～1800	1800～2000	420～630	740～950	950～1200
	$0.25<I_L\leqslant0.50$	1300～2200	2300～2700	2700～3000	3000～3500	850～1100	1500～1700	1700～1900
	$0<I_L\leqslant0.25$	2500～2900	3500～3900	4000～4500	4200～5000	1600～1800	2200～2400	2600～2800
粉土	$0.75<e\leqslant0.90$	1200～1600	1600～1800	1800～2100	2100～2600	600～1000	1000～1400	1400～1600
	$e\leqslant0.75$	1800～2200	2200～2500	2500～3000	3000～3500	1200～1700	1400～1900	1600～2100
粉砂	稍密	800～1300	1300～1800	1800～2000	2000～2400	500～900	1000～1400	1500～1700
	中密、密实	1300～1700	1800～2400	2400～2800	2800～3600	850～1000	1500～1700	1700～1900
细砂	中密、密实	1800～2200	3000～3400	3500～3900	4000～4900	1200～1400	1900～2100	2200～2400
中砂	中密、密实	2800～3200	4400～5000	5200～5500	5500～7000	1800～2000	2800～3000	3300～3500
粗砂	中密、密实	4500～5000	6700～7200	7700～8200	8400～9000	2900～3200	4200～4600	4900～5200
砾砂	中密、密实	5000～8400				3200～5300		
角砾、圆砾	中密、密实	5900～9200						
碎石、卵石	中密、密实	6700～10000						

注 1. 对于砂土和碎石类土，要综合考虑土的密实度、桩端进入持力层的深度比 h_b/d 确定；土愈密实，h_b/d 愈大，取值愈高。

2. 表中沉管灌注桩系指带预制桩尖沉管灌注桩。

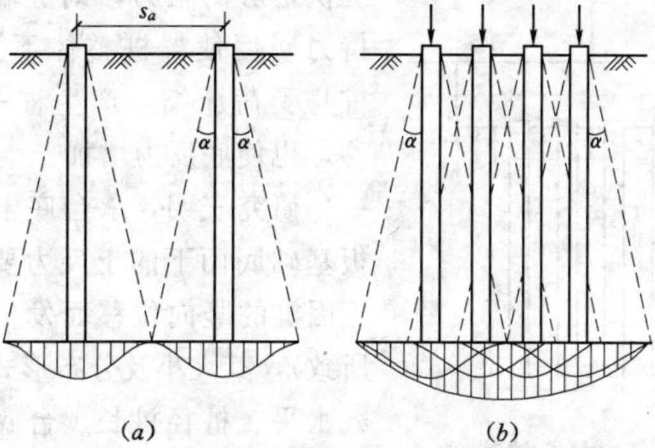

图 9.8　摩擦型群桩桩端平面上的压力分布

[见图 9.8 (a)]，此时群桩中各桩的工作情况与单桩的一致，故群桩的承载力等于各单桩承载力之和。但当桩数较多，桩距较小时，例如常用桩距 S_a = (3～4) d 时，桩端处地基中各桩传来的压力将相互重叠 [见图 9.8 (b)]。桩端处压力比单桩时大得多，桩端以下压缩土层的厚度也比单桩要深，此时群桩中各桩的工作状态与单桩的截然不同，其承载力小于各单桩承载力之总和，沉降量则大于单桩的沉降量，即所谓群桩效应。显然，若限制群桩的沉降量与单桩沉降量相同，则群桩中每一根桩的平均承载力就比单桩时要低，即群桩效应系数 $\eta<1$。

群桩基础中桩的极限承载力确定极为复杂，其与桩的间距、土质、桩数、桩径、入土深度以及桩的类型和排列方式等因素有关。

目前，工程上考虑群桩效应的方法有两种：一种是以概率极限设计为指导，通过实测资料的统计分析对群桩内每根桩的侧阻力和端阻力分别乘以群桩效应系数，这种方法称为群桩分项效应系数法；另一种是将承台、桩和桩间土看作实体基础，进行基础下地基承载力和变形验算，这种方法称为实体基础法。

在荷载作用下，由桩和承台底地基土共同承担荷载的桩基（见图 9.9)。承台底分组荷载的作用随桩群相对于地基土向下位移幅度的加大而增强。为了保证台底与土保持接触而不脱开，并

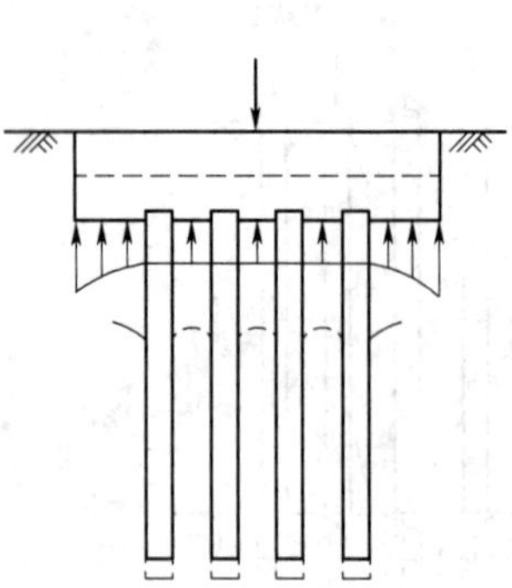

图 9.9　复合桩基

提供足够的阻力，则桩端必须贯入持力层促使群桩整体下沉。此外，桩身受荷压缩，产生桩-土相对滑移，也使底反力增加。

研究表明，承台底土反力比平板基础底面下的土反力要低（桩侧土因桩的竖向位移而发生剪切变形所致），其大小及分布形式随桩顶荷载水平、桩径桩长、台底和桩端土质、承台刚度以及桩群的几何特征等因素的变化而变化。通常，台底分担荷载的比例为10%～30%。

通过对群桩工作特点的分析得以下结论：对于端承桩和桩中心距 $s>6d$ 的摩擦群桩，群桩的竖向承载力等于各单桩承载力之和，沉降量也与独立单桩基本一致，仅需验算单桩的竖向承载力和沉降即可。而对于桩的中心距 $s<6d$ 的摩擦群桩，除了验算单桩的承载力外，还须验算群桩的承载力和沉降。

4.2　群桩分项效应系数法

群桩分项效应系数法是属于以概率理论为基础的极限状态设计法。在桩基设计承载力的表达式上，与传统的桩基设计方法有两点主要区别：一是不再采用单一安全系数 k，而代之以采用侧阻、端阻或侧阻端阻综合抗力分项系数 γ_s、γ_p、γ_{sp} 和承台底土的抗力分项系数 γ_c；二是根据桩群-土-承台相互作用特性，在大量试验结果的基础上，经统计分析，引入了各项群桩效应系数，即桩侧阻力群桩效应系数 η_s、桩端阻力群桩效应系数 η_p、桩侧阻端阻综合群桩效应系数 η_{sp}，以及承台底土阻力群桩效应系数 η_c，其定义分别为

$$\eta_s=\frac{\text{群桩中基桩的平均极限侧阻力}}{\text{单桩平均极限侧阻力}}=\frac{q_{sm}}{q_{su}}$$

$$\eta_p=\frac{\text{群桩中基桩的平均极限端阻力}}{\text{单桩平均极限端阻力}}=\frac{q_{pm}}{q_{pu}}$$

$$\eta_{sp}=\frac{\text{群桩中基桩的平均极限承载力}}{\text{单桩极限承载力}}=\frac{Q_{um}}{Q_u}$$

$$\eta_c=\frac{\text{群桩承台底平均极限阻抗力}}{\text{承台底地基土极限承载力标准值}}=\frac{\sigma_{uk}}{f_{uk}}$$

第 5 节　桩基承载力和沉降验算

5.1　桩基承载力

对于桩数超过三根的非端承桩的群桩基础，宜考虑群桩效应对桩基承载力的影响，此时群桩基础中的单桩承载力设计值 R' 按下式计算：

按静力触探与经验参数估算法，为

$$R'=\frac{\eta_s Q_{sk}}{\gamma_s}+\frac{\eta_p Q_{pk}}{\gamma_p}+\frac{\eta_c Q_{ck}}{\gamma_c} \tag{9.8}$$

按静载荷试验方法，有

$$R'=\frac{\eta_{sp} Q_{uk}}{\gamma_{sp}}+\frac{\eta_c Q_{ck}}{\gamma_c} \tag{9.9}$$

其中　$\eta_c=\eta_c^i A_c^i/A_c+\eta_c^e A_c^e/A_c$

式中：Q_{ck} 为桩基承台底面地基土总极限阻力特征值；η_s、η_p、η_{sp} 分别为桩侧阻群桩效应系数、桩端阻群桩效应系数和桩侧阻端阻综合群桩效应系数，按表 9.6 采用；η_c 为承台底土阻力群桩效应系数；A_c^i、A_c^e 分别为承台内区（外围桩边包络线）和外区的净面积；η_c^i、η_c^e 分别为承台区、外区土阻力群桩效应系数，按表 9.7 采用。

表 9.6　侧阻、端阻群桩效应系数及侧阻端阻综合群桩效应系数

效应系数		S_a/d（粘性土）				S_a/d（粉土、砂土）			
		3	4	5	6	3	4	5	6
η_s	≤0.20	0.80	0.90	0.96	1.00	1.20	1.10	1.05	1.00
	0.40	0.80	0.90	0.96	1.00	1.20	1.10	1.05	1.00
	0.60	0.79	0.90	0.96	1.00	1.09	1.10	1.05	1.00
	0.80	0.73	0.85	0.94	1.00	0.93	0.97	1.03	1.00
	≥1.00	0.67	0.78	0.86	0.93	0.78	0.82	0.89	0.95

续表

效应系数		S_a/d（粘性土）				S_a/d（粉土、砂土）			
		3	4	5	6	3	4	5	6
η_p	≤0.20	1.64	1.35	1.18	1.06	1.26	1.18	1.11	1.06
	0.40	1.68	1.40	1.23	1.11	1.32	1.25	1.20	1.15
	0.60	1.72	1.44	1.27	1.16	1.37	1.31	1.26	1.22
	0.80	1.75	1.48	1.31	1.20	1.41	1.36	1.32	1.28
	≥1.00	1.79	1.52	1.35	1.24	1.44	1.40	1.36	1.33
η_{sp}	≤0.20	0.93	0.97	0.99	1.01	1.21	1.11	1.06	1.01
	0.40	0.93	0.97	1.00	1.02	1.22	1.12	1.07	1.02
	0.60	0.93	0.98	1.01	1.02	1.13	1.13	1.08	1.03
	0.80	0.89	0.95	0.99	1.03	1.01	1.03	1.07	1.01
	≥1.00	0.84	0.89	0.94	0.97	0.88	0.91	0.96	1.00

注　1. 当 $S_a/d>6$ 时，取 $\eta_s=\eta_p=\eta_{sp}=1$；桩基两向的 S_a 不等时，S_a/d 取均值。

2. 当桩侧为成层土时，η_s 可按主要土层或分别按各土层类别取值。

3. 对于孔隙比 $e>0.8$ 的非饱和粘性土和松散粉土、砂类土中的挤土群桩，表列系数可提高 5%，对于密实粉砂、砂类土中的群桩，表列系数宜降低 5%。

表 9.7　承台内、外区土阻力群桩效应系数

S_a/d ＼ B_e/l	η_c^i				η_c^e			
	3	4	5	6	3	4	5	6
≤0.20	0.11	0.14	0.18	0.21				
0.40	0.15	0.20	0.25	0.30				
0.60	0.18	0.25	0.31	0.37	0.63	0.75	0.88	1.00
0.80	0.21	0.29	0.36	0.43				
≥1.00	0.24	0.32	0.40	0.48				

注　B_e、l 分别为承台宽度和桩的入土长度。

当桩基重要性系数为 γ_0 时，设计原则为

轴心荷载作用时

$$\gamma_0 Q \leqslant R \tag{9.10}$$

偏心荷载作用时

$$\left.\begin{aligned}\gamma_0 Q_{\max} &\leqslant 1.2R' \\ \gamma_0 \overline{Q} &\leqslant R'\end{aligned}\right\} \tag{9.11}$$

5.2 群桩的沉降计算

当桩中心距 $S_a \leqslant 6d$ 时，可采用等效作用分层总和法（计算简图见图 9.10）计算桩基内任意点的最终沉降量 s，其表达式为

$$s = \psi\psi_e \sum_{j=1}^{m} p_{oj} \sum_{i=1}^{n} \frac{z_{ij}\bar{a}_{ij} - z_{(i-1)j}\bar{a}_{(i-1)j}}{E_{si}} \tag{9.12}$$

式中：ψ 为桩基沉降计算经验系数，当无当地经验时，对于非软土地区和软土地区桩端有良好持力层时取 $\psi=1$，对于软土地区且桩端无良好持力层时，则当桩长 $l \leqslant 25\text{m}$，取 $\psi=1.7$，当桩长 $l > 25\text{m}$，取 $\psi=(5.9l-20)/(7l-100)$；ψ_e 为桩基等效基础系数，可根据《建筑桩基技术规范》(JGJ 94—94)确定；m 为角点法计算对应的矩形荷载分块数；n 为桩基沉降计算深度范围内划分的土层数；p_{oj} 为角点法计算对应的第 j 块矩形底面长期效应组合的附加压力；E_{si} 为桩端平面以下第 i 层土的压缩模量；z_{ij}、$z_{(i-1)j}$ 分别为桩端平面第 j 块荷载至第 i 层土、第 $i-1$ 层土底面的距离；$\bar{a}_{ij}$，$\bar{a}_{(i-1)j}$ 分别为桩端平面第 j 块荷载至第 i 层土、第 $i-1$ 层土底面深度范围内的平均附加应力系数。

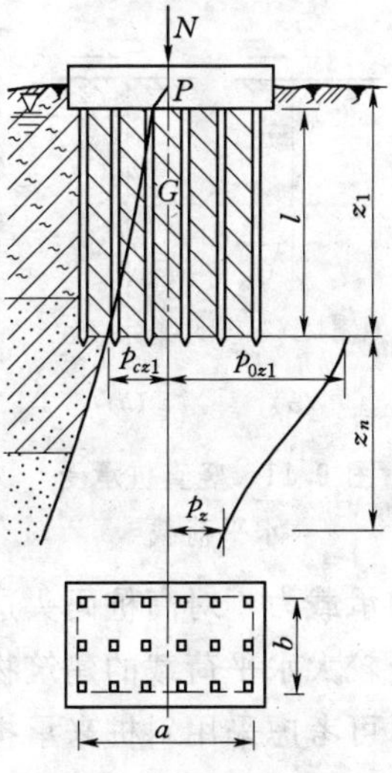

图 9.10 桩基沉降计算简图

桩端平面下压缩层厚度 z_n 可按应力比法确定，z_n 即为 $0.2\sigma_c$（σ_c 为土的自重应力）和附加应力（$\sigma_z = a_p$）。沿深度分布曲线的交点至基础底面的距离，如图 9.10 所示，其中附加应力系数 a 可按《建筑地基基础设计规范》(GB 50007—2002) 附录 K 采用。

第 6 节 桩的水平承载力的确定

建筑工程中的桩基础大多以承受竖向荷载为主，但在风荷

载、地震荷载、机械制动荷载或土压力、水压力等作用下，也将承受一定的水平荷载。尤其是桥梁工程中的桩基，除了满足桩基的竖向承载力要求之外，还必须对桩基的水平承载力进行验算。

6.1 水平荷载作用下单桩的工作特点

桩能够承担水平荷载的能力称为单桩水平承载力。竖直桩的水平承载力主要依靠周围土体的水平抵抗。短桩由于入土浅，而表层土的性质一般较差，桩的刚度远大于土层的刚度，在水平荷载作用下整个桩身易被推倒或发生倾斜［见图 9.11 (*a*)］，故桩的水平承载力很低。桩入土深度越大，土的水平抵抗能力也越大。长桩为一细长的杆件，在水平荷载作用下，桩将形成一端嵌固的地基梁，桩的变形呈波浪状［见图 9.11 (*b*)］，沿桩长向深处逐渐消失。如果水平荷载过大，桩将会在土中某处折断。因此，桩的水平承载力对于长桩来说，由桩的水平位移和桩身弯矩所控制，而短桩则由水平位移和倾斜控制。

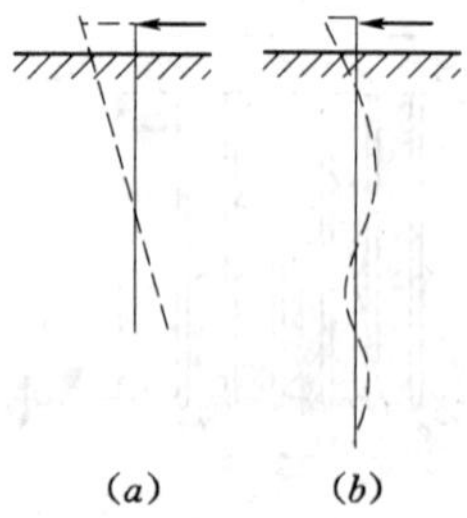

图 9.11 竖直桩承受水平荷载

竖直单桩的水平承载力远小于其竖向承载力，对高桩码头这类以承受水平荷载为主的桩基或其他承受较大水平荷载的建筑物桩基，仅用竖直桩不合适也不经济，这时可考虑采用斜桩来承担水平荷载，其作用实际上是将竖直桩所产生的弯矩，转换为受压或受拉的形式。一般认为，外荷载合力 R 与竖直线所成的夹角 $\theta<5°$ 时用竖直桩；当 $5°<\theta<15°$ 时用斜桩；当 $\theta>15°$ 或受双向荷载时宜采用树枝桩。

6.2 单桩水平承载力的确定

单桩水平承载力的大小要取决于桩身的强度、刚度、桩周土的性质、桩的入土深度以及桩顶的约束条件等因素。目前确定单桩水平承载力的途径有两类：一类是通过水平静载荷试验，另一类是通过理论计算，二者中以前者更为可靠。

对于受横向荷载较大的一级建筑物桩基，单桩的横向承载力设计值应通过单桩水平静载荷试验确定。

试验时，一般采用千斤顶施加水平力，力的作用线应通过工程桩基承台底面标高处，千斤顶与试桩接触处宜设置一球形铰座，以保证作用力能水平通过桩身轴线。桩的水平位移宜用大量程百分表量测，固定百分表的基准桩与试桩的净距不少于一倍试桩直径。

根据试验结果，可绘制水平荷载-位移梯度（$H_0-\Delta x_0/\Delta H_0$）曲线，如图 9.12 所示。试验资料表明，上述曲线中通常有两个特征点，所对应的桩顶水平荷载即为临界荷载 H_{cr} 和极限荷载 H_u（亦即单桩水平极限承载力）。H_{cr} 为相当于桩身开裂、受拉区混凝土不参加工作时的桩顶水平力，一般可取 $H_0-\Delta x_0/\Delta H_0$ 曲线的第一直线段的终点所对应的荷载。H_u 为相当于桩身应力达到强度极限时的桩顶水平力，一般可取 $H_0-\Delta x_0/\Delta H_0$ 曲线的第二直线段终点所对应的荷载。

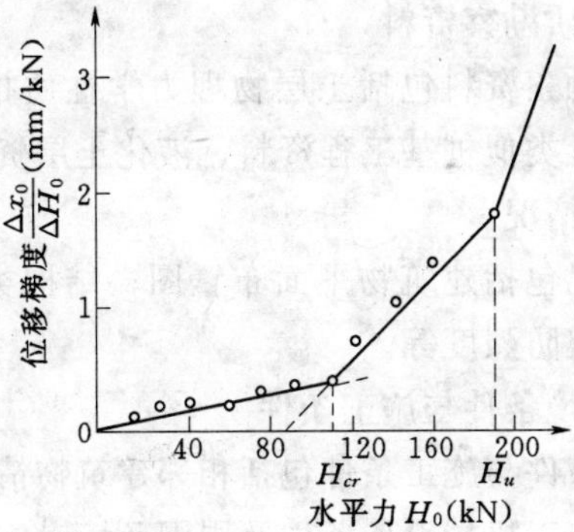

图 9.12 单桩 $H_0-\Delta x_0/\Delta H_0$ 曲线

根据水平静载试验，单桩水平承载力设计值 R_h（kN）为

$$R_h=\frac{H_u}{\gamma_h} \tag{9.13}$$

式中：γ_h 为水平抗力分项系数，取 1.6。

第7节 桩基础的设计

7.1 桩基础设计的基本原则

（1）根据桩基的使用功能和受力特征进行桩基的承载力计算；对桩数超过三根的非端承桩复合桩基，宜考虑由桩群、土、承台相互作用产生的承载力群桩效应。

（2）对桩身及承台承载力进行计算；对于桩身露出地面或桩侧为可液化土、极限承载力小于50kPa（或不排水抗剪强度小于10kPa）土层中的细长桩尚应进行桩身压屈验算；对于混凝土预制桩尚应按施工阶段的吊装、运输和锤击作用进行强度验算。

（3）当桩端平面以下存在软弱下卧层时，应验算软弱下卧层的承载力等。

7.2 桩基设计需收集的基本资料

7.2.1 工程地质勘察资料

工程地质勘察资料包括土层物理力学性质指标、地下水位、试桩资料或邻近类似桩基工程资料、液化土层资料等。

7.2.2 建筑物情况

建筑物情况包括建筑物平面布置图、结构类型、安全等级、变形要求和抗震防烈度等。

7.2.3 建筑环境条件与施工条件

建筑环境条件与施工条件包括相邻建筑物情况、地下管线与构筑物分布、施工机械设备条件及周围环境对施工的要求等。

7.3 桩基的设计的内容及步骤

7.3.1 桩的类型与成桩工艺选择

桩型与成桩工艺选择应根据建筑结构类型、荷载性质、桩的使用功能、穿越土层的性质、桩端持力层土类、地下水位、施工设备、施工环境、施工经验和制桩材料供应条件等，选择经济合理、安全适用的桩型和成桩工艺。

7.3.2 桩基持力层的选择

一般应选择压缩性低而承载力高的较硬土层作为桩基持力层。当地基中存在多层可供选择的桩基持力层时，应根据桩基承载力、桩位布置和桩基沉降的要求并结合有关经济指标综合评价确定。

桩端全断面进入持力层的深度，对于粘土、粉土不宜小于 $2d$。当存在软弱下卧层时，桩基以下硬持力层厚度不宜小于 $4d$。当持力层较厚且施工条件许可时，桩端全断面进入持力层的深度宜达到桩端阻力的临界深度，砂与碎石类土的临界深度为（3～10）d，随其密度提高而增大；粉土、粘土的指数的临界深度为（2～6）d，随土的孔隙比和液性指数的减小而增大。

7.3.3 桩截面的选择

桩的截面主要根据上部荷载等情况选定，一般情况下可根据上部结构荷载大小、楼层数、现场施工条件及经济指标等初步确定桩径或桩的边长，然后验算其截面的桩庄强度。常用的桩截面与楼层数的经验数值关系如表 9.8 所示。

表 9.8　楼层数与桩截面（mm）的经验数值表

楼层数 / 桩型	≤10	10～20	20～30	30～40
预制桩	300～400	450～550	450～550	500～550（预应力） ϕ800（钢管桩）
灌注桩	ϕ500	ϕ600～800	ϕ650～1000	ϕ800～1200

7.3.4 单桩竖向承载力设计值的确定

单桩竖向承载力设计值 R 应根据桩基的设计等级分别采用不同的方法。对三级建筑桩基可采用经验参数估算法；对二级建筑桩基可采用静力触探与经验参数估算法，并参照相邻试桩资料综合确定；对一级建筑桩基应采用现场载荷试验，并结合静力触探等原位测试方法综合确定。

7.3.5 桩数的初步确定与桩的平面布置

桩数 n 可根据荷载情况按下面的公式初步确定：

当荷载为轴心荷载时，有

$$n \geqslant \frac{N+G}{R} \tag{9.14}$$

当荷载为偏心荷载时，有

$$n \geqslant (1.1 \sim 1.2)\frac{N+G}{R} \tag{9.15}$$

式中：N 为作用于桩基承台顶面的竖向力设计值；G 为桩基承台和承台上土的自重设计值，地下水位以下取有效重度计算。

桩的平面布置应根据上部结构形式与受力要求，结合承台平面尺寸情况布置成矩形或梅花形等形式。

7.3.6 桩基的受力验算

1. 中心荷载作用

单桩受力情况为

$$N = \frac{F+G}{n} \tag{9.16}$$

设计要求为

$$\gamma_0 N \leqslant R \tag{9.17}$$

2. 偏心荷载作用

各桩受力情况为

$$N_i = \frac{N+G}{n} \pm \frac{M_x y_i}{\sum y_i^2} \pm \frac{M_y x_i}{\sum x_i^2} \tag{9.18}$$

设计要求为

$$\left.\begin{aligned} \gamma_0 N_{\max} &\leqslant 1.2R \\ \gamma_b \overline{N} &\leqslant R \end{aligned}\right\} \tag{9.19}$$

式中：$N_{\max}$ 和 $\overline{N}$ 分别为单桩受力的最大值和平均值；γ_0 为桩基重要性系数；其他符号意义同前。

7.3.7 群桩承载力验算

群桩承载力验算包括持力层承载验算与软弱下卧层强度验算两部分。

当桩中心距 $s_a \leqslant 6d$ 时，可按下列公式验算软弱下卧层强度：

$$\sigma_z + \gamma_i z \leqslant f_z \tag{9.20}$$

$$\sigma_z = \frac{\gamma_0(N+G) - 2(A_0 + B_0)\sum q_{sik} l_i}{(A_0 + 2t\mathrm{tg}\theta)(B_0 + 2t\mathrm{tg}\theta)} \tag{9.21}$$

式中：σ_z 为作用于软弱下卧层顶面的附加应力；γ_i 为软弱层顶面以上各土层的加权平均重度；q_{sik} 为桩侧第 i 层土的极限侧阻力特征值；f_z 为软弱下卧层经深度修正的地基承载力设计值；z、t 分别为地面和桩端平面至软弱层顶面的深度；A_0、B_0 分别为桩群外缘矩形面积的长、短边长；θ 为桩端硬持力层压力扩散角。

7.3.8　群桩的沉降计算

当桩中心距 $s_a \leqslant 6d$ 时，可采用等效作用分层总和法计算桩基内任意点的最终沉降量 s。

7.3.9　桩身结构强度验算

1. 混凝土预制桩

(1) 吊运过程中的桩身结构强度验算。在国家标准图集《预制钢筋混凝土方桩》(04G361) 中，给出了各类预制方桩的配筋与构造详图，它们均按桩在吊运、运输、就位过程中可能产生的最大内力进行了强度与抗裂度验算，故设计时可根据桩的截面与长度等直接从图集中选用。

(2) 使用荷载下桩身结构强度验算。使用荷载下桩身结构强度验算与地区经验有关，根据上海地区的经验验算要求如下：

$$R_i \leqslant (0.33 \sim 0.40) A_p f_{ck} \tag{9.22}$$

2. 灌注桩

对灌注桩主要进行使用荷载下桩身结构强度的验算，验算公式为

$$R_i \leqslant 0.33 A_p f_{ck} \tag{9.23}$$

7.3.10　承台设计

承台设计主要分为受弯验算、冲切验算、斜截面抗剪验算

等，具体计算可参见《建筑桩基技术规范》(JGJ 94—94)，此处不再赘述。

思考题与习题

一、选择题

1. 下面属挤土桩的是哪一种?

(A) 钢筋混凝土预制桩 (B) 钢管桩

(C) 钻孔灌注桩 (D) 沉管灌注桩

2. 桩基承台的宽度与哪一条件无关?

(A) 承台混凝土强度 (B) 构造要求最小宽度

(C) 边桩至承台边缘的距离 (D) 桩的平面布置形式

3. 群桩的破坏模式主要由哪种因素确定?

(A) 桩数 (B) 承台尺寸

(C) 桩间距和土质 (D) 桩身材料强度

4. 在竖向极限荷载作用下，桩顶荷载主要由桩侧阻力承受，桩端阻力分担荷载的比例不超过50%的桩称为什么?

(A) 摩擦桩 (B) 端承摩擦桩

(C) 摩擦端承桩 (D) 端承桩

二、判断题（如有错误，请指出并改正）

1. 桩基础能提供较高的承载力和较小的沉降量，所以一般在基础设计中，首选桩基础。 ( )

2. 浅基础的最终沉降量是由基础的形心开始算起，而深基础的最终沉降量是由承台底面开始算起。 ( )

3. 桩侧摩阻力随深度的变化规律是：深度越深，桩侧摩阻力越小。 ( )

三、问答题

1. 简述桩基础设计的内容和步骤。

2. 简述桩、土和承台之间的相互作用。

3. 简述软弱下卧层验算的原理和方法步骤。

四、计算题

1. 某柱基础荷载设计值为 $F_V=823\text{kN}$，$F_H=14\text{kN}$，$M=57.7\text{kN}\cdot\text{m}$，持力层和下卧层承载力的回归修正系数 Ψ_s 分别为 0.92 和 0.95。基础埋深 2.2m，底面积为 2.0m×2.5m，地基土情况分布如下：第一层为杂填土，$h_1=1.5\text{m}$，$\gamma_1=16.0\text{kN/m}^3$；第二层为粉质粘土，$h_2=4.0\text{m}$，$\gamma_2=19.8\text{kN/m}^3$，$d_s=2.75$，$e=0.780$，$E_{s2}=7.5\text{MPa}$，第三层为淤泥质粘土，$h_3=5\text{m}$，含水量 $w=42\%$，$E_{s3}=2.5\text{MPa}$，地下水位为 −2.2m，验算下卧层的承载力是否满足要求。（已知：粉质粘土的应力扩散角为 23°，当淤泥质粘土含水量 $w=42\%$时，查表得地基承载力基本值为 $f_0=86\text{kPa}$，$\eta_b=0$，$\eta_d=1.1$）

2. 某场区从天然地面起往下的土层分布是：（1）粉质粘土，厚度 $h_1=3\text{m}$，含水量 $w_1=28\%$，塑限 $w_L=18\%$，液限 $w_P=35\%$；（2）粉土，厚度 $h_2=6\text{m}$，孔隙比 $e=0.9$；（3）中密的中砂，厚度 $h_3=3\text{m}$。试确定各土层的混凝土预制桩桩周土极限摩阻力特征值和预制桩桩端极限端阻力特征值（按桩入土深度 10m 考虑）。若采用截面边长为 400mm×400mm 的预制桩，承台底面在天然地面以下 1.0m，桩端进入中密中砂的深度为 1.0m，试确定单桩承载力设计值。（已知：$0.5<I_L<0.75$，q_{sik} 为 50～66kPa；$0.75<e<0.9$，q_{sik} 为 42～64kPa；中密中砂时，$9<h<16$，q_{pk} 为 5100～6300kPa；$\gamma_s=\gamma_p=\gamma_{sp}=1.65$）

第10章　软土地基和特殊土地基处理

我国幅员辽阔，由于自然地理环境的不同，分布着各种各样的岩土，其抗剪强度、压缩性、透水性等也因岩土种类的不同有着很大的差异。在各类岩土中，有不少为软弱土或不良土，如软粘土、冲填土、杂填土、饱和松散粉细砂、湿陷性黄土、膨胀土和冻土等。随着我国国民经济的发展，越来越多的新建工程可能会遇到不良地质条件，因此，需要对天然土层进行人工处理，以满足建筑物对地基的要求。地基处理即为提高地基承载力，改善其变形或渗透性而采取的人工处理地基的方法。本章主要对地基处理的原理和作用、地基处理方案选择以及常用的地基处理设计方法进行介绍。

第1节　地基处理的对象和目的

地基处理的对象主要是软弱地基和特殊土地基。

1.1　软弱地基

我国《建筑地基基础设计规范》（GB 50007—2002）中规定，软弱地基是指主要由淤泥、淤泥质土、冲填土、杂填土或其他高压缩性土层构成的地基。

1.1.1　软土

淤泥及淤泥质土统称为软土。软土的特性是含水量高、孔降比大、渗透系数小、压缩性高、抗剪强度低。在外荷载作用下，软土地基承载力低，地基变形大，不均匀变形也大，且变形稳定历时较长，在比较深厚的软土层上，建筑物基础的沉降往往持续数年甚至数十年之久。软土地基是在工程实践中遇到最多的需要人工处理的地基。

1.1.2　冲填土

冲填土是指在整治和疏浚江河航道时，用挖泥船通过泥浆泵将夹有大量水分的泥砂吹到江河两岸而形成的沉积土，亦称为冲填土。冲填土的工程性质主要取决于颗粒组成、均匀性和排水固结条件，例如以粘性土为主的冲填土往往是欠固结的，其强度较低且压缩性较高，一般需经过人工处理才能作为建筑物地基；而以砂性土或其他粗颗粒土为主的冲填土，其性质基本与砂性土相类似，可按砂性土考虑是否需要进行地基处理。

1.1.3　杂填土

杂填土是由人类活动所形成的建筑垃圾、工业废料和生活垃圾等无规则堆填物。杂填土的成分复杂，组成的物质杂乱，分布极不均匀，结构松散且无规律性。杂填土的主要特性是强度低、压缩性高和均匀性差，即使在同一建筑场地的不同位置，其地基承载力和压缩性也有较大的差异。杂填土未经人工处理一般不宜作为持力层。

1.1.4　其他大孔隙比土

饱和松散粉细砂及部分粉土，在机械振动、地震等动力荷载的重复作用下，有可能会产生液化或震陷变形，另外，在基坑开挖时，也可能会产生流砂或管涌，因此，对于这类地基土，往往需要进行地基处理。

1.2　特殊土地基

特殊土地基大部分带有地区性特点，包括湿陷性黄土、膨胀土和冻土等。

1.2.1　湿陷性黄土

凡在上覆土的自重应力作用下，或在上覆土自重应力和附加应力共同作用下，受水浸湿后土的结构迅速破坏而发生显著附加沉陷的黄土，称为湿陷性黄土。由于黄土浸水湿陷而引起的建筑物不均匀沉降是造成黄土地区事故的主要原因，因此，当黄土作为建筑物地基时，应首先判别黄土是否具有湿陷性，再考虑是否需要进行地基处理，以及如何处理。

1.2.2 膨胀土

膨胀土是指颗粒成分主要由亲水性粘土矿物组成的粘性土。它是一种吸水膨胀和失水收缩的高塑性粘土，具有较大胀缩性。当利用膨胀土作为建筑物地基时，如果不进行地基处理，往往会对建筑物造成危害。

1.2.3 冻土

冻土是指气候在负温条件下，其中含有冰的各种土。季节性冻土是指该冻土在冬季冻结、夏季融化的土层。多年冻土或永久冻土是指冻结状态持续三年以上的土层。季节性冻土因其周期性的冻结和融化，对地基的不均匀沉降和地基的稳定性影响较大，也需要进行地基处理。

对软弱土和特殊土进行地基处理，其目的就是为了提高地基的强度和保证地基的稳定性，降低地基的压缩性，减少地基的沉降和不均匀沉降，防止地震时地基土的振动液化，以及消除特殊性土的湿陷性、胀缩性和冻胀性。

第2节 地基处理方法的分类

地基处理方法的分类多种多样，按时间可分为临时处理和永久处理；按处理深度可分为浅层处理和深层处理；按处理土性对象可分为砂性土处理和粘性土处理、饱和土处理和非饱和土处理；按地基处理作用机理可分为置换、夯实、挤密、排水、胶结、加筋和冷热等处理方法。其中最根本的是根据地基处理作用机理进行分类，其具体分类、加固原理及适用范围如表10.1所示。

第3节 地基处理方案的选择

3.1 调查研究

在选择地基处理方案前，首先应开展必要的调查研究，从而为合理确定具体的地基处理方法提供充分依据，其调查研究的主要内容有以下方面。

3.1.1　建筑结构条件

对于结构条件，主要应了解建筑物的体型、刚度、结构受力体系、建筑材料和使用要求，荷载大小、分布和种类，基础类型、布置和埋深，基底压力、天然地基承载力以及变形容许值等。

3.1.2　工程地质条件

地质条件对于地基处理方法的选择是至关重要的，应充分了解和掌握该场地的地形、地质成因、地基成层状况；软弱土层厚度、不均匀性和分布范围；持力层位置及状况；地下水及地基土的物理和力学性质。

各种软弱地基的性状是不同的，现场地质条件随着场地的位置不同也是多变的。即使是同一土质条件，也可能具有多种地基处理方案。

若根据软弱土层厚度确定地基处理方案，当软弱土层厚度较薄时，可采用简单的浅层加固的方法，如换土垫层法；当软弱土层厚度较厚时，则可按加固土的特性和地下水位的高低采用排水固结法、水泥土搅拌法、挤密桩法、振冲法或强夯法等。

若遇砂类土地基，如果主要考虑解决砂土液化问题，则一般可采用强夯法、振冲法、挤密桩法或注浆法等。

若遇软土层中夹有薄砂层，则一般不需要设置竖向排水井，而可直接采用堆载预压法；另外，根据具体情况也可采用挤密桩法等。

若遇淤泥质土地基，由于其透水性差，一般应采用竖向排水井和堆载预压法、真空预压法、土工合成材料、水泥土搅拌法等。

若遇杂填土、含粉细砂的冲填土或湿陷性黄土地基，在一般情况下可采用深层密实法。

3.1.3　周围环境影响

在选择地基处理方案时还应考虑场地的环境影响，并予以妥

表 10.1 地基处理方法的分类及加固原理和适用范围

分类	处理方法	加固原理	适用范围
换土垫层法	机械碾压法	挖除浅层软弱土或不良土，分层碾压或夯实土，按回填的材料可分为砂垫层、碎石垫层、粉煤灰垫层、干渣垫层、灰土垫层、素土垫层等。可提高持力层的承载力，减少沉降量，消除或部分消除土的湿陷性或胀缩性。防止土的冻胀作用，以及改善土的抗液化性能	适用于处理浅层软土地基、湿陷性黄土地基、膨胀土地基、季节性冻土地基、素填土和杂填土地基
	重锤夯实法		适用于地下水位以上稍湿的粘性土、砂土、湿陷性黄土、杂填土以及分层填土地基
	平板振动法		适用于处理无粘性土或粘粒含量少和透水性好的杂填土地基
	强夯挤淤法	采用边强夯、边填碎石、边挤淤的方法，在地基中形成碎石墩体，可提高地表承载力和减少沉降	适用于厚度较小的淤泥和淤泥质土地基，应通过现场试验才能确定其适用性
深层密实法	挤密法	通过挤密或振动使深层土密实，并在振动或挤密过程中，回填碎石、砾石、砂、石灰、土、灰土等材料，形成碎石柱、砂桩、砂石桩、石灰桩、土桩、灰土桩等，与桩间土一起组成复合地基，从而提高地基承载力，减少沉降量，消除或部分消除土的湿陷性或液化性	砂桩挤密法和振动水冲法一般适用于杂填土和松散砂土，对于软土地基经试验证明加固有效时方可使用。 土桩和灰土桩挤密法一般适用于地下水位以上深度小于 10m 的湿陷性黄土或人工填土。 石灰桩适用于软弱粘性土和杂填土
	强夯法	利用强大的夯击能，迫使深层土液化和动力固结而使土体密实	适用于碎石土、砂土、素填土、杂填土、低饱和度的粉土与粘性土以及湿陷性黄土
排水固结法	堆载预压法真空预压法降水预压法电渗排水法	通过布置垂直排水井，改善地基的排水条件，并采取加压、抽气、抽水或电渗等措施，以加速地基上的固结和强度增长，提高地基土的稳定性，并使沉降提前完成	适用于处理厚度较大的饱和软土和冲填土地基，但需要预压的荷载和时间条件，对于厚度较大的泥炭层则要慎重对待

续表

分类	处理方法	加固原理	适用范围
加筋法	加筋土 土锚 土钉	在人工填土的路堤或挡墙内铺设土工聚合物、钢带、钢条、尼龙绳成玻璃纤维等作为拉筋，或在软弱土层上设置树根桩、碎石桩，使这种人工复合的土体，可承受抗拉、抗压、抗剪和抗弯等作用，用以提高地基承载力、增加地基稳定性和减少沉降	加筋土和土锚适用于人工填土的路堤和挡墙结构；土钉适用于土坡加固稳定
	土工聚合物		适用于砂土、粘性土和软土
	树根桩		适用于各类土
	碎石桩		适用于粘性土。对于软土，经试验证明施工有效时方可使用
热学法	热加固法	通过渗入地下的压缩热空气和燃烧物，依靠热传导而将细颗粒土加热到 100℃以上，则土的强度就会增加，压缩性随之降低	适用于非饱和粘性土、粉土和湿陷性黄土
	冻结法	采用液体氨或二氧化碳膨胀，或采用普通机械制冷设备与一个封闭式液压系统相连接的方法，使软而湿的土冻结，以提高土的强度和降低土的压缩性	适用于各类土，特别在软土地质条件；开挖深度大于 7～8m，以及低于地下水位的情况下，是一种有效的施工措施
化学加固法	灌浆法	通过注入水泥浆液或化学浆液，或将水泥等浆液进行喷射或机械搅拌等措施，使土粒胶结，用以提高地基承载力、减少沉降、增加稳定性和防止渗漏	适用于处理岩基、砂土、粉土、淤泥质粘土、粉质粘土、粘土和一般填土
	高压喷射注浆法		适用于处理淤泥、淤泥质土、粘性土、粉土、黄土、砂土、人工填土等地基。当土中含有较多的大粒径块石、坚硬粘性土、大量植物根茎或有过多的有机质时，应根据现场试验结果确定其适用程度
	水泥土搅拌法		适用于处理淤泥、淤泥质土、粉土和含水量较高，且地基承载力特征值不大于 120kPa 的粘性土地基。当用于处理泥炭土或地下水具有侵蚀性时，宜通过试验确定其适用程度

善处理。

采用强夯法和振动砂桩密实法，施工时的振动、噪音和挤土对邻近建筑物和居民会产生影响和干扰。

采用真空预压法或降水预压法，往往会使邻近建筑物及周围地区产生附加沉降。

采用高压喷射注浆法或石灰桩，有时会污染周围环境。

3.1.4 施工条件

施工条件主要考虑用地条件、工期、工程用料等。

3.2 地基处理方案的确定

地基处理方案的确定，可按下列步骤进行：

(1) 根据场地地质条件、工程结构类型、荷载大小和使用要求，并结合周围环境、材料情况、施工条件、工期和造价等因素，初步选定几种可供考虑的地基处理方案。

(2) 对初步选定的几种地基处理方案，分别从预期处理效果、材料来源及消耗、机具条件、施工进度、对周围环境影响等方面，进行技术经济分析和对比，从中选择最佳的地基处理方案，但任何一种地基处理方法都有它的适用范围和局限性，因此，也可采用两种或几种地基处理方法的综合处理方案。如对于冲填土地基的场地，可采用真空预压联合碎石桩的地基处理方案，经真空预压加固后的地基容许承载力可达到约130kPa，在联合碎石桩后，地基容许承载力可进一步提高到200kPa左右，从而可满足设计对地基承载力较高的要求。

工程实践表明，在软土地基上进行地基处理的同时，若能采取加强上部结构整体性和刚度的方法，则可以减少地基的不均匀沉降，从而收到技术经济方面的显著效果。

(3) 对已选定的地基处理方案，根据建筑物的安全等级和场地复杂程度，可在有代表性的场地上进行相应的现场实体试验，以调试机械设备和确定施工工艺、用料及配合比等施工参数，并检验设计参数和加固处理效果。现场实体试验最好安排在初步设计阶段进行，以便及时提供或调整施工设计图所必需的参数，从而优化设计，节省投资。

在进行地基处理设计时，对加固后的地基，除应满足地基承载力要求外，还应满足有关工程对地基土的变形要求。软弱地基虽经加固，但还是有一定数量的沉降和不均匀沉降，因而验算加固后地基的沉降仍是十分重要的工作。当处理深度未贯穿压缩层下限，而在压缩层范围内又存在软弱下卧层时，则还需验算软弱下卧层的承载力和变形。

第 4 节　地基处理方法分述

4.1　换填法

换填法是将基础底面下一定深度范围内的软弱土层部分或全部挖去，然后换填强度较大的砂、碎石、灰土、粉煤灰、干渣等性能稳定且无侵蚀性的材料，并分层夯压至要求的密实度。换填法可有效地处理荷载不大的建筑物地基问题，常可用作为地基浅层处理的方法。

换填法处理地基时换填材料所形成的垫层，按其材料的不同，可分为砂垫层、砂石垫层、碎石垫层、素土垫层、灰土垫层、粉煤灰垫层和干渣垫层等。对于不同材料的垫层，虽然其应力分布有所差异，但测试结果表明，其极限承载力还是比较接近的，并且不同材料垫层上建筑物的沉降特点也基本相似，故各种材料垫层的设计都可近似按砂垫层方法进行。但对于湿陷性黄土、膨胀土和季节性冻土等特殊土采用换填法进行地基处理时，因其主要目的是为了消除或部分消除地基土的湿陷性、胀缩性和冻胀性，所以在设计时所考虑解决问题的关键也应有所不同。

4.1.1　换填法的加固机理和适用范围

换填法处理地基的加固机理主要有以下几个方面。

1. 提高地基承载力

地基中的剪切破坏是从基础底面开始的，并随着基底压力的增大而逐渐向纵深发展。因此，若以强度较大的砂或其他填筑材料代替软弱土层，就可提高地基承载力，从而避免地基破坏。

2. 减少地基沉降量

基础下地基浅层部分的应力较大，其沉降量一般在地基总沉降中所占的比例也是比较大的，所以若以密实的砂或密实填筑材料代替浅层软弱土，就可减少地基的大部分沉降量。另外，由于密实垫层对应力的扩散作用，使作用在下卧土层上的压力较小，因此也相应减少了下卧土层的沉降量。

3. 加速软弱土层的排水固结

由于砂或碎石等垫层材料的透水性大，当软弱土层受压后，垫层可作为良好的排水面，使基础下面的孔降水压力得以迅速消散，加速垫层下软弱土层的固结，从而提高地基土强度。

4. 防止地基土冻胀

由于粗颗粒垫层材料的孔隙较大，不易产生毛细管现象，因此可以防止寒冷地区土中结冰所造成的冻胀，此时，垫层底面尚应满足当地冻结深度的要求。

5. 其他

消除膨胀土的胀缩作用和消除湿陷性黄土的湿陷作用等。

在各类工程中，垫层所起的主要作用有时也是不同的，如建筑物基础下的垫层主要是起换土作用；而在路堤和土坝等工程，主要是利用垫层起排水固结作用。

换填法适用于淤泥、淤泥质土、湿陷性黄土、素填土、杂填土地基及暗沟、暗塘等的浅层处理。其具体适用范围如表 10.2 所示。

表 10.2 换填法的适用范围

垫层种类	适用范围
砂（砂石、碎石）垫层	适用于一般饱和、非饱和的软弱土和水下黄土地基处理。不宜用于湿陷性黄土地基，也不宜用于大面积堆载、密集基础和动力基础下的软土地基处理，砂垫层不宜用于地下水流速快和流量大地区的地基处理
素土垫层	适用于中小型工程及大面积回填和湿陷性黄土的地基处理

续表

垫层种类	适用范围
灰土垫层	适用于中小型工程，尤其是适用于湿陷性黄土的地基处理
粉煤灰垫层	适用于厂房、机场、港区陆和堆场等工程的大面积填筑
干渣垫层	适用于中小型建筑工程，尤其是适用地坪、堆场等工程的大面积地基处理和场地平整。对于受酸性或碱性废水影响的地基不得采用干渣垫层

4.1.2　换填法的设计与计算

换填法地基处理的设计内容主要是确定垫层的厚度、宽度和承载力，必要时还应进行地基的变形计算。对于换土垫层，根据建筑物对地基强度和变形的要求，既要求垫层有足够的厚度以置换可能被剪切破坏的软弱土层，又要求垫层有足够的宽度以防止垫层向两侧挤出；而对于排水垫层，则主要是在基础底面下设置厚度为 30cm 的砂、砂石或碎石等透水性大的垫层，以形成一个排水层，从而促使软弱土层的排水固结。

1. 垫层厚度的确定

垫层厚度 z（见图 10.1）应根据垫层底面下卧软弱土层的承载力来确定，即要求作用在垫层底面处土的自重压力与附加压力之和不大于下卧软弱土层的地基承载力，应满足下式要求：

$$p_z + p_{cz} \leqslant f_{az} \tag{10.1}$$

式中：p_z 为垫层底面处的附加压力，kPa；p_{cz} 为垫层底面处的自重压力，kPa；f_{az} 为垫层底面处经深度修正后的下卧土层地基承载力特征值，kPa。

垫层底面处的附加压力 p_z，除了可用弹性理论的土中应力公式进行计算外，常用的是按照压力扩散角的方法进行简化计算：

对于条形基础，有

$$p_z = \frac{b(p - p_c)}{b + 2z\mathrm{tg}\theta} \tag{10.2}$$

对于矩形基础，有

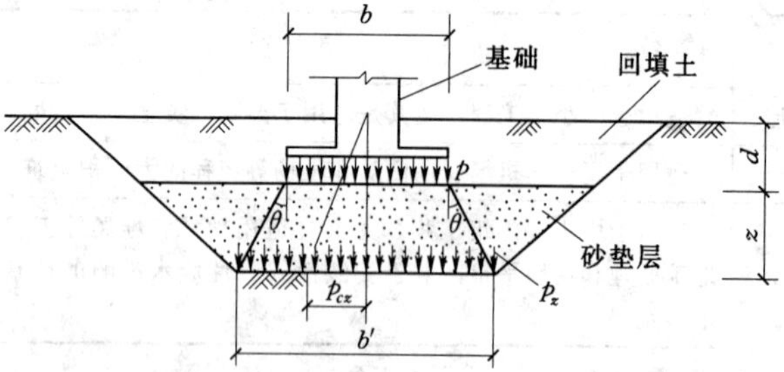

图 10.1　砂垫层剖面图

$$p_z = \frac{bl(p - p_c)}{(b + 2z\text{tg}\theta)(l + 2z\text{tg}\theta)} \tag{10.3}$$

式中：b 为矩形基础或条形基础底面的宽度，m；l 为矩形基础底面的长度，m；p 为基础底面压力，kPa；p_c 为基础底面处土的自重压力，kPa；z 为基础底面下垫层的厚度，m；θ 为垫层的压力扩散角，可按表 10.3 采用。

表 10.3　　垫层的压力扩散角 θ

z/b	换填材料		
	中砂、粗砂、砾砂、圆砾、角砾、卵石、碎石、矿渣	粉质粘土和粉煤灰（$8<I_P<14$）	灰　土
0.25	20°	6°	28°
≥0.50	30°	23°	28°

注　1. 当 $z/b<0.25$ 时，除灰土仍取 $\theta=28°$外，其余材料均取 $\theta=0°$。
2. 当 $0.25<z/b<0.50$ 时，θ 值可由内插求得。

2. 垫层宽度的确定

当确定垫层宽度时，应满足基础底面压力扩散的要求，同时还应考虑到垫层应有足够的宽度，以及垫层侧面土的强度条件，以防止垫层材料向侧边挤出而增加垫层的竖向变形量。

垫层的宽度可按下式压力扩散角的方法进行计算，或根据当地经验确定。

$$b' \geqslant b + 2z\mathrm{tg}\theta \qquad (10.4)$$

式中：b'为垫层底面宽度，m；θ 为垫层压力扩散角，可按表 10.3 采用，但当 $z/b<0.25$ 时，仍按 $z/b=0.25$ 取值。

3. 垫层承载力的确定

垫层的承载力取决于填筑材料的性质、施工机具能量的大小，以及施工质量的优劣等因素。由于理论计算方法不够完善，并且较难选取有代表性的计算参数，因此，目前还难以准确确定垫层的承载力，一般宜通过现场试验确定，也可通过取土分析、标贯试验、动力触探等多种测试手段取得的资料进行综合分析后确定。

4. 地基变形计算

采用换填法对地基进行处理后，由于垫层下软弱土层的变形，建筑物地基往往仍将产生较大的沉降量和差异沉降量，因此，在垫层的厚度和宽度确定后，对于重要的建筑物或垫层下存在软弱下卧层的建筑物，还应进行地基的变形计算。对于超出原地面标高的垫层或换填材料的密度高于天然土层密度的垫层，应及早换填，并应考虑其附加荷载对建筑物及邻近建筑物的影响。

换土垫层后的建筑物地基沉降量由垫层自身的变形量和下卧土层的变形量两部分所构成，即

$$s = s_1 + s_2 \qquad (10.5)$$

式中：s 为基础沉降量，cm；s_1 为垫层自身变形量，cm；s_2 为压缩层厚度范围内，自垫层底面算起的各土层压缩变形量之和，cm。

垫层自身的变形量 s_1 可按下式进行计算：

$$s_1 = \left(\frac{p + ap}{2}z\right)\bigg/E_s \qquad (10.6)$$

式中：p 为基础底面压力，kPa；z 为垫层厚度，cm；E_s 为垫层压缩模量，可通过静载荷试验确定，当无试验资料时，可选用 15～25MPa；a 为压力扩散系数。

下卧土层的变形量 s_2 可用分层总和法按下式进行计算：

$$s_2 = \psi p_z b' \sum_{i=1}^{n} \frac{\delta_i - \delta_{i-1}}{E_{si,1-2}} \tag{10.7}$$

式中：ψ 为沉降计算经验系数；p_z 为垫层底面处的附加压力，kPa，可按式（10.2）或式（10.3）计算；b'为垫层宽度，cm；δ_i、δ_{i-1}分别为垫层底面的计算点至第 i 层土和第 $i-1$ 层土底面的沉降系数；$E_{si,1-2}$为垫层底面下第 i 层土在 100～200kPa 压力作用时的压缩模量，kPa。

4.1.3 设计要点及设计施工说明

1. 垫层设计要点

（1）处理软土或杂填土的垫层。换填法处理软土或杂填土的主要目的，是置换基底下可能被剪切破坏的软弱土层或杂填土层，因此，垫层厚度主要取决于剪切破坏区域的大小及工程对消除剪切区深度的要求。若基底下为杂填土层，则垫层厚度取决于杂填土层的埋藏深度。对于换填后其垫层下仍存在软弱下卧层的情况，尚应满足软弱下卧土层的承载力要求及工程对地基变形的要求。

对于垫层宽度的大小，则必须满足基础底面压力扩散的要求，并避免垫层材料因向侧边挤出而增加垫层的竖向变形量。

（2）处理湿陷性黄土的垫层。换填法处理湿陷性黄土的主要目的是为了全部消除或部分消除黄土的湿陷量。其中素土垫层一般用于 4 层以下的民用建筑物，而灰土垫层可用于 6～7 层的民用建筑物。

垫层厚度取决于工程对消除黄土湿陷量的要求。如果要求全部消除湿陷量，对于非自重湿陷性黄土，应满足垫层底部总压力不大于下卧黄土层湿陷起始压力的要求；对于自重湿陷性黄土，则必须全部挖除，换填法仅适用于厚度不大的自重湿陷性黄土地基。

如果要求部分消除湿陷量，则应根据建筑物的重要性、基础形式和面积、基底压力大小以及黄土湿陷类型、等级等因素综合考虑。一般情况下，对于非自重湿陷性黄土，当垫层厚度等于基础宽度时，可消除湿陷量 80%以上；当垫层厚度等于 1.5 倍基础宽度时，可基本消除湿陷量；而灰土垫层的厚度宜大于1.5倍基础宽度。

2. 换填法的施工

为获得最佳夯压效果，宜采用垫层材料的最优含水量 w_{op} 作为施工控制含水量。对于素土和灰土垫层，含水量可控制在最优含水量 w_{op} ±2%的范围内；当使用振动碾压时，可适当放宽至最优含水量 w_{op} 的6%～20%范围内。对于砂石料垫层，当使用平板振动器时，含水量可取15%～20%；当使用平碾或蛙式夯时，含水量可取8%～12%；当使用插入式振动器时，砂石料则宜为饱和。对于粉煤灰垫层，含水量应控制在最优含水量 w_{op} ±4%的范围内。

垫层的分层铺填厚度和每层压实遍数宜根据垫层材料、施工机械设备及设计要求等通过现场试验确定。除接触下卧软土层的垫层底层应根据施工机械设备和下卧层土质条件的要求具有足够的厚度外，一般情况下，垫层的分层铺填厚度可取200～300mm，为保证分层压实质量，同时还应控制机械碾压速度。

垫层的质量必须分层控制及检验，并且以满足设计要求的最小密实度为控制标准。质量检验方法主要有环刀法和贯入测定法；另外，对于垫层填筑工程竣工质量验收还可用静载荷试验法、标准贯入法、轻便触探法、动测法和静力触探法等方法中的一种或几种方法进行检验。

4.2　预压法

预压法的设计理念是在建筑物建造之前，先在拟建场地上分级施加与其相当的荷载，使土体中的孔隙水排出并逐渐固结，地基沉降在加载预压期间基本完成或大部分完成，从而使建筑物在使用期间不致产生过大的沉降和不均匀沉降，同时提高地基土的承载力和稳定性。在我国沿海地区，内陆湖泊和河流各地分布着大量的软弱粘性土，其特点是含水量大、压缩性高、强度低、透水性差且有时埋藏深厚，这类软土地基通常需要采取处理措施，预压法是处理软土地基的一种有效方法。

4.2.1 预压法的加固机理和适用范围

预压法由排水系统和加压系统两部分共同组合而成。排水系统的主要作用在于改变地基原有的排水边界条件，缩短排水距离，当软土层较薄或土的渗透性较好且施工期允许较长时，可仅在地面上铺设一定厚度的砂垫层，然后加载；当软土层深厚且透水性很差时，可在地基中进一步设置砂井或塑料排水带，以增加排水通道，从而加快土体排水固结。而加压系统主要是指对地基施加预压并使地基土产生固结的荷载，其方法主要有堆载预压法和真空预压法两类，此外还有降水预压法、电渗排水预压法，以及其他联合方法等。

预压法适用于处理淤泥、淤泥质土和冲填土等饱和粘性土地基，特别适用于在持续荷载下体积会发生很大压缩且强度会增长的土类。当地基存在连续薄层砂时，在地基中设置砂井会起到很好的加速土体排水固结的效果，但砂井只能加速土体的主固结，而不能减少次固结，因此，对于有机质土和泥炭等次固结土，不宜采用砂井，克服次固结可利用超载的方法。真空预压法适用于能在加固区形成稳定负压边界条件的软土地基。

在工程上广泛使用且行之有效的预压地基处理方法是堆载预压法，而真空预压法、降水预压法和电渗排水预压法由于不会像堆载预压有可能引起地基土的剪切破坏，所以较为安全，但操作技术比较复杂。

4.2.2 预压法的设计内容

预压法设计，实质上就是根据上部结构荷载的大小、地基土性质和工期要求，合理处理排水系统和加压系统的关系，使地基在受压过程中排水固结，从而增加一部分地基强度，以满足逐渐加荷条件下地基稳定性的要求，并加速地基的固结沉降，缩短预压时间。其设计的主要内容有：选择并确定砂井或塑料排水带的直径、间距、深度和排列方式；确定预压荷载的大小、速率和时间；计算地基的固结度、强度增长、抗滑稳定和变形等。

1. 堆载预压

堆载预压，根据土质情况可分为单级加荷和多级加荷；根据堆载材料又可分为自重预压、加荷预压和加水预压。堆载一般用填土、砂石等散粒材料；对于油罐，通常利用充水对地基进行预压；对于堤坝等以稳定为控制的工程，则以其本身的重量有控制地分级加载；有时也采用超载预压的方法来减少堤坝等使用期间的沉降。

当天然地基的强度满足总预压荷载下地基的稳定性时，堆载预压可一次加荷，但由于软粘土地基的抗剪强度较低，因此，堆载预压往往必须分级逐渐加荷，待前期荷载下地基强度增加到足以施加下一级荷载时方可施加下一级荷载。

2. 真空预压

真空预压法地基处理，是先在需要加固的软土地基内设置砂井或塑料排水带等竖向排水体，然后在地面铺设砂垫层，并在其上覆盖不透气的密封膜使之与大气隔绝，通过埋设在砂垫层内的吸水管道，用真空装置进行抽气，从而在膜的内外产生一个气压差，这部分气压差即形成作用于地基上的荷载。真空预压的设计内容主要包括：密封膜内的真空度、加固土层要求达到的平均固结度、竖向排水体的尺寸、加固后的沉降计算以及工艺设计等。

3. 砂井设计

当软土层深厚且透水性很差时，应在地基中设置砂井或塑料排水带等竖向排水体，以缩短土中孔隙水排出的距离，从而加快土体的排水固结，增加地基土的强度。但对于泥炭土、有机质粘土等高塑性土层，由于其次固结沉降占相当大的部分，砂井或塑料排水带是没有效果的。

砂井设计包括砂井直径、间距、深度、排列方式、范围和砂料的选择，以及排水砂垫层材料和厚度的确定等。下面分别介绍各设计步骤。

(1) 砂井直径、间距和平面布置。砂井直径和间距主要取决于粘性土层的固结特性和施工期限的要求。为了加速土层的固结，从原则上讲，应采用“细而密”的砂井布置方案为佳。但是砂井直径过小，不仅施工困难，而且施工时砂井周围的土体就会受到扰动，强度会在一定程度上受到削弱，因此，砂井直径和间距均不宜过小。

砂井在平面上可布置成等边三角形或正方形，其中以等边三角形排列较为密集和有效。当砂井为正方形排列时，砂井的有效排水范围为正方形；当砂井为等边三角形排列时，砂井的有效排水范围为等边六角形。

一眼砂井的有效排水范围直径 d_e 和砂井间距 l 的关系可按下列规定取用：

等边三角形排列时，有

$$d_e = \sqrt{\frac{2\sqrt{3}}{\pi}}l = 1.05l \tag{10.8}$$

正方形排列时，有

$$d_e = \sqrt{\frac{4}{\pi}}l = 1.13l \tag{10.9}$$

砂井布置范围一般可由基础的轮廓线向外增大约 2～4m。

砂井的间距通常可按砂井的井径比 n 确定，砂井的井径比 n 的表达式为

$$n = \frac{d_e}{d_w} \tag{10.10}$$

式中：d_e 为砂井的有效排水范围直径；d_w 为砂井直径。

普通砂井的间距可按 $n=6\sim8$ 选用；袋装砂井或塑料排水带的间距可按 $n=15\sim20$ 选用。

(2) 砂井深度。砂井深度应根据压缩土层的厚度以及建筑物对地基稳定性和变形的要求确定，砂井长度一般为 10～25m。

对以地基抗滑稳定性控制的工程，如路堤、土坝、岸坡、堆料等，砂井深度至少应超过最危险滑动面 2m。

4.2.3 预压法的施工

1. 堆载预压法

(1) 砂井的灌砂量，应按井孔的体积和砂在中密时的干密度

计算，其实际灌砂量不得小于计算值的95%。

(2) 袋装砂井或塑料排水带施工时，平面井距的偏差应不大于井径，垂直度的偏差宜小于1.5%，拔管后带上的长度不宜超过500mm。

(3) 塑料排水带需接长时，应采用滤膜内芯板平搭接的连接方式，其搭接长度宜大于200mm。

(4) 在加载预压过程中，应通过沉降、边桩位移及孔隙水压力等的观测，严格控制加载速率，沉降每天不应超过10～15mm，边桩位移每天不应超过4～7mm，孔隙水压力系数u/p不应超过0.6。

(5) 当地面总沉降量大于预压荷载作用下最终计算沉降量的80%，地基总固结度也大于80%，并且地面沉降速率小于0.5～1.0mm/d时，可进行卸载。

2. 真空预压法

(1) 真空抽气在空抽时必须达到95kPa以上的真空吸力，每个加固场地至少应设置两台真空泵。

(2) 真空度可一次抽气至最大，当连续5d实测沉降速率小于或等于2mm/d时，可停止抽气。

(3) 为避免密封膜内的真空度在停泵后很快降低，应在真空管路中设置止回阀和截门。

(4) 滤水管宜设置在排水砂垫层中，其上应有100～200mm厚的砂覆盖层。

(5) 密封膜热合粘结时宜用两条膜的热合粘结缝的平搭接，搭接宽度应大于15mm。

(6) 密封膜宜铺设三层，并应对膜周边进行密封，当处理区外有充足水源补给透水层时，还应采取措施隔断透水层。

4.3 复合地基

当软弱地基不能满足建筑物对地基强度和变形的要求时，可采用置换或挤密的方法，在软弱地基中设置散体材料（砂、碎石等）或胶结材料（石灰土、水泥土等）构成加固桩柱体，与桩间土一起共同承受建筑物荷载，这类由两种不同强度介质组成的人工地基，称为复合地基。复合地基中桩柱体的作用与桩基础中桩的作用是不同的，复合地基中的桩柱体是地基整体的一个组成部分，起加固地基的作用，且不与基础刚性连接；而桩基础中的桩是一种基础形式，起传递上部结构荷载的作用，且与承台或上部结构刚性连接。

4.3.1　复合地基的加固机理和适用范围

复合地基是由桩和桩间土所组成的，其中桩的作用是主要的，因此，复合地基的类型可按桩的类型进行划分。按成桩材料分类主要有以下两类：

（1）散体材料类桩，如砂（砂石）桩、碎石桩等。

（2）水泥土类桩，如水泥土搅拌桩、旋喷桩等。

按成桩后桩体的强度分类主要有以下两类：

（1）柔性桩，如散体材料类桩。

（2）半刚性桩，如水泥土类桩。

1. 复合地基的加固机理

（1）桩体作用。由于复合地基中桩体的刚度比周围土体大，因此桩体上会产生应力集中现象，大部分荷载将由桩体承担，桩间土上的应力则相应减小，这样就使得复合地基承载力较原地基有所提高，沉降量有所减少。

（2）垫层作用。桩与桩间土组成的复合地基，在加固深度范围内形成复合层，可起到类似换土垫层均匀地基应力和增大应力扩散角等作用。

（3）挤密作用。对于砂桩、砂石桩、土桩、灰土桩等复合地基，由于施工过程中的振动、挤密等原因，可使桩间土起到一定的密实作用。

（4）加速固结作用。砂桩、砂石桩、碎石桩等具有良好的透水性能，可起到缩短土体排水距离的作用，从而加速地基的固结。

（5）加筋作用。复合地基中的桩体在地基中可提高土体的抗剪强度和土体的抗滑能力，从而起到加筋的作用。

2. 复合地基的适用范围

复合地基的适用范围如表 10.4 所示。

表 10.4　复合地基的适用范围

复合地基分类	处理方法	加固体材料	适用范围
柔性桩	振冲置换法	碎石、卵石、角砾、圆砾等材料	适用于处理不排水抗剪强度不小于 20kPa 的粘性土、粉土、饱和黄土和人工填土等地基
	振冲密实法		适用于处理砂土和粉土等地基
	土挤密桩法	质量较好的粘性土	适用于处理地下水位以上的湿陷性黄土等地基，以消除地基湿陷性为主要目的
	灰土挤密桩法	熟石灰与土的无水拌和	适用于处理地下水位以上的湿陷性黄土、素填土和杂填土等地基，以提高地基承载力为主要目的
	砂石桩法	砾砂、粗砂、中砂、圆砾、角砾、卵石、碎石等	适用于挤密松散砂土、素填土和杂填土等地基
半刚性桩	深层搅拌法	水泥和地基土的搅拌固结体	适用于处理淤泥、淤泥质土、粉土和含水量较高且地基承载力标准值不大于 120kPa 的粘性土等地基
	旋喷注浆法	水泥和地基土的混合固结体	适用于处理淤泥、淤泥质土、粘性土、粉土、黄土、砂土、人工填土和碎石土等地基

4.3.2　复合地基的设计内容

复合地基设计计算的主要内容有：桩体的直径、间距、深度和排列方式的选择；桩体承载力的确定；复合地基承载力的计算；复合地基变形的计算。

1. 桩长

对于复合地基中加固桩体长度（加固深度）的选择，应根据土层分布、工程要求等因素确定，当相对硬层的埋藏深度不大时，应按相对硬层的埋藏深度确定；当相对硬层的埋藏深度较大时，应按建筑物地基的变形量确定；在可液化地基中，桩长应按要求的抗震处理深度确定。

2. 布桩方式

布桩方式主要取决于基础的形式和底面尺寸。桩在基础平面内可以布置成方形、等边三角形等形式，不同的布桩方式对桩的置换作用是无影响的，但对桩间土的挤密作用有影响。

3. 置换率及桩距和桩径的选择

复合地基的面积置换率不仅影响地基处理的加固效果，还对工程造价有很大影响。置换率主要与桩距和桩径有关，因此，计算时可先确定桩的间距和直径，然后再计算置换率；亦可先根据天然土的指标和加固后要求达到的复合地基承载力，计算出所需的置换率，然后再换算出相应的桩距和桩径。面积置换率及桩距和桩径可按表 10.5 进行选择。

表 10.5　置换率及桩距和桩径的选择

复合地基处理方法	桩孔直径 d_p (m)	桩的间距 s	置换率 m
振冲置换法	0.8～1.2	1.5～2.5m	$m=\frac{d_p^2}{d_e^2}$
振冲密实法	0.6～0.9	1.8～2.5m	
土或灰土挤密桩法	0.3～0.6	等边三角形布置 $s=0.95d\sqrt{\frac{\bar{\eta}_c\rho_{d\max}}{\bar{\eta}_c\rho_{d\max}-\bar{\rho}_d}}$	
砂石桩法	0.3～0.8	松散砂土地基： 等边三角形布置 $s=0.95d_p\sqrt{\frac{1+e_0}{e_0-e_1}}$ 正方形布置 $s=0.85d_p\sqrt{\frac{1+e_0}{e_0-e_1}}$ 粘性土地基： 等边三角形布置 $s=1.08d_p\sqrt{\frac{\pi}{4m}}$ 正方形布置 $s=d_p\sqrt{\frac{\pi}{4m}}$	

续表

复合地基处理方法	桩孔直径 d_p (m)	桩的间距 s	置换率 m
深层搅拌法	0.5～0.8	根据天然土的指标和加固后要求达到的复合地基承力，计算出所需的置换率，然后再换算出相应的桩距	$m=\frac{A_p}{A_e}$
旋喷注浆法			

注　1. $\bar{\eta}_c$ 为地基挤密后，桩间土的平均压实系数，可取 0.93。

2. $\rho_{d\max}$为桩间土的最大干密度；ρ_d 为地基挤密前土的平均干密度。

3. e_0 为地基处理前砂土的孔隙比，可按原状土样试验确定，也可根据动力或静力触探试验等对比试验确定；e_1 为地基挤密后要求达到的孔隙比，$e_1=e_{\max}-D_r\ (e_{\max}-e_{\min})$；$e_{\max}$、$e_{\min}$分别为砂土的最大和最小孔隙比，可按国家标准《土工试验方法标准》(GB/T50123—1999) 的有关规定确定。

4. D_r 为地基挤密后要求砂土达到的相对密度，可取 0.70～0.85。

5. d_e 为等效影响圆直径，等边三角形布置，$d_e=1.05s$，正方形布置，$d_e=1.13s$，矩形布置，$d_e=1.13\sqrt{s_1 s_2}$；s_1、s_2 分别为桩的纵向间距和横向间距。

6. A_p 为桩的平均截面积；A_e 为单根桩承担的处理面积。

4. 单桩承载力计算

复合地基中的单桩承载力宜通过现场单桩载荷试验确定，也可通过计算确定。对于在复合地基中所形成的加固桩桩体，目前大多所采用的是散体材料（砂、碎石等）构成的柔性桩或胶结材料（石灰土、水泥土等）构成的半刚性桩两种形式，由于两种形式桩体的破坏模式不同，因此，其单桩承载力的计算方法也不同。

(1) 散体材料柔性桩的单桩承载力计算。散体材料柔性桩的破坏是以膨胀破坏为主要模式，其桩体单位截面积承载力特征值 f_{pk} 可按下式计算：

$$f_{pk}=\frac{1}{K}4c_u\mathrm{tg}^2\left(45°+\frac{\varphi_p}{2}\right) \tag{10.11}$$

式中：f_{pk} 为桩体单位截面积承载力特征值，kPa；c_u 为天然土不排水抗剪强度，kPa；φ_p 为桩柱体的内摩擦角，一般可取 35°～45°；K 为安全系数，一般取 2。

(2) 水泥土搅拌桩、旋喷桩等半刚性桩的单桩承载力计算。半刚性桩的破坏是以碎裂破坏和刺入破坏为主要破坏形式，因而其单桩承载力特征值 R_k^d 应分别按桩体材料强度和土对桩的支承力计算，并取其中较小值，即

$$R_k^d = f_{cuk} A_p \tag{10.12}$$

$$R_k^d = u_p \sum q_{si} l_i + \alpha A_p q_p \tag{10.13}$$

式中：R_k^d 为单桩竖向承载力标准值，kPa；f_{cuk} 为与桩身加固体配比相同的室内试块的无侧限抗压强度平均值，kPa，对于水泥土桩，取 90d 龄期的强度，对于旋喷桩，取 28d 龄期的强度；A_p 为桩的平均截面积，m^2；u_p 为桩的平均周长，m；l_i 为桩周第 i 层土的厚度，m；q_{si} 为桩周第 i 层土的摩擦力标准值，kPa，对于旋喷桩，可采用钻孔灌注桩侧壁摩擦力标准值，对于搅拌桩，淤泥可取 5～8kPa，淤泥质土可取 8～12kPa，粘性土可取 12～15kPa；q_p 为桩端天然地基土的承载力标准值，kPa，可按《建筑地基基础设计规范》(GB 50007—2002) 中的有关规定确定；α 为桩端天然地基土承载力的折减系数，对于搅拌桩，取 0.4～0.6，其他情况可取 1。

5. 复合地基承载力计算

复合地基承载力特征值 f_{spk} 可通过现场复合地基载荷试验确定，也可按下式计算：

$$f_{spk} = m f_{pk} + \beta(1 - m) f_{sk} \tag{10.14}$$

式中：f_{spk} 为复合地基承载力特征值，kPa；f_{pk} 为桩体单位截面承载力特征值，kPa，$f_{pk} = R_k^d / A_p$；f_{sk} 为桩间天然地基土承载力特征值，kPa；m 为面积置换率；β 为桩间上承载力折减系数，对于散体材料柔性桩取 $\beta=1$，对于水泥土搅拌桩，当桩端土为软土时取 $\beta=0.5$～1.0，当桩端土为硬土时取 $\beta=0.1$～0.4，当不考虑桩间软土的作用时取 $\beta=0$，对于旋喷桩可取 $\beta=0.2$～0.6，当不考虑桩间软土的作用时取 $\beta=0$。

对于散体材料柔性桩，当为小型工程的粘性土地基时，其复合地基承载力特征值 f_{spk} 也可按下式计算：

$$f_{spk}=[1+m(n-1)]f_{sk} \quad (10.15)$$

或

$$f_{spk}=[1+m(n-1)]3S_v \quad (10.16)$$

式中：n 为桩土应力比，无实测资料时可取 2～4，原土强度低时取大值，原土强度高时取小值；S_v 为桩间土的十字板抗剪强度，kPa，也可用处理前地基土的十字板抗剪强度代替。

在设计时，可根据要求达到的复合地基承载力，按下式计算复合地基的面积置换率 m 及总桩数 N，即

$$m=\frac{f_{spk}-\beta f_{sk}}{f_{pk}-\beta f_{sk}} \quad (10.17)$$

$$N=\frac{mA}{A_p} \quad (10.18)$$

式中：A 为地基加固面积，m^2；其他符号意义同前。

6. 软弱下卧层强度验算

当复合地基下存在软弱下卧层时，除复合地基的承载力应满足设计要求外，尚需对软弱下卧层强度进行验算。其验算方法是将复合地基与软弱下卧层视为双层地基，且桩与桩间土能有效地结合为一体，用压力扩散角方法进行验算，即要求作用在软弱下卧层顶面处的附加压力与复合地基自重压力之和不大于软弱下卧层的地基承载力，应满足下式要求：

$$p_z+p_{cz}\leqslant f_z \quad (10.19)$$

式中：p_z 为软弱下卧层顶面处的附加压力，kPa；p_{cz} 为软弱下卧层顶面处的复合地基自重压力，kPa；f_z 为软弱下卧层顶面处经深度修正后的地基承载力设计值，kPa。

软弱下卧层顶面处的附加压力 p_z，可按下式压力扩散角的方法进行简化计算：

当为条形基础时，有

$$p_z=\frac{b(p-p_c)}{b+2z\mathrm{tg}\theta} \quad (10.20)$$

当为矩形基础时，有

$$p_z = \frac{bl(p - p_c)}{(b + 2z\mathrm{tg}\theta)(l + 2z\mathrm{tg}\theta)} \tag{10.21}$$

式中：b 为矩形基础或条形基础底面的宽度，m；l 为矩形基础底面的长度，m；p 为基底平均压力设计值，kPa；p_c 为基础底面处土的自重压力，kPa；z 为基础底面至软弱下卧层顶面的距离，m；θ 为复合地基压力扩散角，可按表 10.6 采用。

表 10.6　　复合地基的压力扩散角 θ

z/b	E_{sp}/E_s			备　注
	3	5	10	
<0.25	0°	0°	0°	E_{sp} 为复合地基压缩模量，E_s 为软弱下卧层压缩模量
0.25～0.50	6°	10°	20°	
≥0.50	23°	25°	30°	

软弱下卧层顶面处的复合地基自重压力 p_{cz}，可按下式计算：

$$p_{cz} = \gamma_p(d + z) \tag{10.22}$$

式中：γ_p 为复合地基平均重度，kN/m³；d 为基础埋深，m。

4.3.3　设计要点及施工

1. 设计要点

(1) 复合地基设计方法的选择。不同的复合地基，具有不同的优势、弱点和适用条件，并且其造价和工期也不相同，因此，在选择复合地基处理方案时，应根据工程要求、岩土特性和技术能力三方面因素，通过技术经济分析对比确定，其一般性思路为：①所选择的复合地基能否适应场地岩土特性；②所选择的复合地基能否达到要求加固目标；③施工条件是否具备；④环境影响（振动、噪声、排污等）是否许可；⑤经济适应性（造价高低、工期长短、材料与能源）情况。

(2) 复合地基设计的基本程序。当经过技术经济分析比较决定采用某种复合地基方法后，其设计工作可按以下基本程序进行：①确定复合地基加固目标；②分析勘察资料；③了解当地施工条件；④确定桩长、布桩方式、桩径、桩距和置换率；⑤进行复合地基承载力和变形验算；⑥施工图设计；⑦反馈施工信息修正设计。

(3) 护桩。护桩（又称保护桩）是指位于基础底面范围之外的桩，对复合地基的加固效果起保证和提高作用。但由于设置护桩往往会明显增加工程量和造价，影响到复合地基的经济效益，因此应根据桩型、土质、基础形式以及建筑物重要性等具体条件综合考虑确定。

(4) 顶部垫层。在复合地基顶面可铺设一层厚约 0.3～0.5m 的砂砾料柔性垫层，以使基础压力经垫层扩散后能较均匀地作用于复合地基，但在整片基础或存在“硬壳层”及地下水位埋藏较浅的场地，或用旋喷桩加固已有建筑物地基等情况，一般都没有（也不可能）设置顶部垫层。

(5) 对复合地基质量检验的要求。对复合地基质量须进行抽样试验检查，其质量检验的内容、方法和数量可参见表 10.7 进行。

表 10.7　　复合地基质量检验内容

桩　型	检验内容	基　本　方　法	检测点数量
各种桩	复合地基承载力	多桩或单桩复合地基静载荷试验	总桩数的 0.25%～0.50%，且不应少于 3 根
	桩体密实度	动力触探，必要时可配合取芯采用和开挖检查	总桩数的 2%～4%，且不应少于 3 根
挤密桩	桩间土挤密效果	标准贯入、静力触探、动力触探、土工试验等	参考中等复杂场地详勘阶段的勘察点距离布置

思考题与习题

一、选择题

1. 换填法不适宜用于哪一类地基土？

(A) 湿陷性黄土 (B) 杂填土

(C) 深层松砂 (D) 淤泥质土

2. 下列哪种方法不属于化学加固法?

(A) 电渗法 (B) 粉喷桩法

(C) 深层水泥搅拌桩法 (D) 高压喷射注浆法

3. 地基加固方法哪几种属于复合地基加固?

a. 深层搅拌法 b. 换填法 c. 沉管砂石桩法

d. 加筋法 e. 真空预压法 f. 强夯法

(A) a和b (B) a和c (C) d和f (D) a和e

4. 砂井堆载预压法不适合于哪种类型的土?

(A) 砂土 (B) 杂填土

(C) 饱和软粘土 (D) 冲填土

5. 强夯法不适用于哪种地基土?

(A) 松散砂土 (B) 杂填土

(C) 饱和软粘土 (D) 湿陷性黄土

6. 对于松砂地基不适用的处理方法是哪一种?

(A) 强夯法 (B) 加筋法

(C) 挤密碎石桩法 (D) 真空预压法

7. 砂井或塑料排水板的作用是什么?

(A) 预压荷载下的排水通道 (B) 提供复合模量

(C) 起竖向增强体的作用 (D) 形成复合地基

8. 经大量工程实践和试验研究,CFG桩法中褥垫层的厚度一般取多少?

(A) 5~10cm (B) 10~30cm

(C) 30~50cm (D) 50~100cm

9. 在CFG桩法中,褥垫层的作用不应是哪一种?

(A) 利于排水

(B) 抗震和减震

(C) 调整桩、土竖向和水平荷载分担比

(D) 保证桩、土共同承担荷载

10. 在既有建筑物地基加固与基础托换技术中，下列哪种方法是通过地基处理改良地基土体，提高地基土体抗剪强度，改善压缩性，以满足建筑物对地基承载力和变形的要求。

(A) 树根桩　　(B) 锚杆静压桩

(C) 压力注浆　　(D) 灌注桩

二、问答题

1. 软弱土有哪些主要特点？
2. 试述地基处理方法的分类。
3. 选用地基处理方法时应遵循什么原则？
4. 换填法中的沉降如何计算？
5. 何谓最大干密度、最优含水量和压实系数？如何求得这些参数？
6. 试述砂桩、振冲和强夯对不同土质的加固机理和设计方法。
7. 复合地基的沉降量可由哪几种方法进行估算？
8. 试阐明砂井堆载预压加固地基的设计步骤。
9. 排水砂井与挤密砂桩的主要区别是什么？
10. 试论述各种地基处理方法的质量检验措施及其适用性。

主要参考文献

1 中华人民共和国国家标准．建筑地基处理技术规范（JGJ 79—2002）．北京：中国计划出版社，2002
2 中华人民共和国国家标准．岩土工程勘察规范（GB 50021—2001）．北京：中国建筑工业出版社，2001
3 中华人民共和国国家标准．建筑地基基础设计规范（GB 50007—2002）．北京：中国建筑工业出版社，2002
4 中华人民共和国国家标准．建筑桩基技术规范（JGJ 94—1994）．北京：中国建筑工业出版社，1994
5 高大钊主编．土力学与基础工程．北京：中国建筑工业出版社，1998
6 赵明华主编．土力学与基础工程．武汉：武汉工业大学出版社，2000
7 袁聚云，李镜培，楼晓明编著．基础工程设计原理．上海：同济大学出版社，2001
8 华南理工大学，东南大学，浙江大学，湖南大学编．地基及基础．北京：中国建筑工业出版社，1991
9 蔡伟铭，胡中雄编．土力学与基础工程．北京：中国建筑工业出版社，1991
10 陈仲颐，叶书麟主编．基础工程学．北京：中国建筑出版社，1990
11 叶书麟，韩杰，叶观宝编著．地基处理与托换技术（第二版）．北京：中国建筑工业出版社，1994
12 赵明华．基础工程．北京：高等教育出版社，2003
13 卢廷浩．土力学．南京：河海大学出版社，2002
14 李镜培．土力学．北京：高等教育出版社，2004
15 赵树德主编．土力学．北京：高等教育出版社，2001
16 东南大学，浙江大学，湖南大学，苏州城建环保学院编．土力学．北京：中国建筑工业出版社，2001
17 米祥友，徐前主编．注册岩土工程师专业考试辅导——习题、考题、解题．北京：地震出版社，2004
18 袁聚云，汤永净编著．土力学复习与习题．上海：同济大学出版社，2004

19 中华人民共和国行业标准．高层建筑岩土工程勘察规程（JGJ 72—2004）．北京：中国建筑工业出版社，2004

20 H G Poulos，E H Davis. Pile Foundation Analysis and Design. John Wiley and Sons，Inc.

21 Y K Cheung，D K Nag. Plates and Beams on Elastic Foundations：Linear and Nonlinear Bebavior，J. Geotechnique

出版者的话

尊敬的读者：

为适应国家建设发展的需要，为及时反映有关“新标准、新规程、新规范、新理论、新技术、新材料、新工艺、新方法”，为有志于在土木工程领域传播和推广科学技术知识的人士构筑学术出版平台，为渴求知识的读者在工作实践中的学习交流和继续教育创造机会，由中国水利水电出版社和知识产权出版社与清华大学土木工程系联手，倾力推出的“简明土木工程系列专辑”中的第一批出版物正式与您见面了。

在此，我们特别感谢您对本套专辑的热切关注。

为使您对本套专辑有更多的了解，以下一并列出2006～2007年已经出版和今后即将陆续出版的图书。如果您有什么要求，有什么意见和建议，真诚地希望和欢迎您随时与我们取得联系。具体联系方式详见版权页上的E-mail地址。

再次感谢您对本套专辑的支持与厚爱！

“简明土木工程系列专辑”
系列出版物

伟大的土木工程
岩土工程实用原位测试技术
客运站设计与智能化客运站
建筑消防系统
地下结构稳定性分析
建筑装饰材料
建筑工程结构荷载学
品味钢筋混凝土
工程优化技术
动力机器基础
轻钢结构新技术
土力学与地基基础
简明程序结构力学
空间钢结构新技术
高性能膨胀混凝土
水泥混凝土及外加剂
水电站设计的新进展
建筑抗震鉴定与加固
多高层钢结构住宅设计
浅基础设计及程序设计
弹性地基梁板实用计算
建筑的灾害与安全设防
钢-混凝土组合梁设计
自密实混凝土技术手册
城市生活垃圾处理工程
框架结构计算分析与设计实例
房屋改造工程原理与应用
火灾后建筑物鉴定与加固
基础隔震结构设计及施工指南
剪力墙结构的分析与设计
钢筋混凝土圆形容器设计
高楼顶钢塔动力性能与减振控制
结构原理与结构概念设计
桥梁施工技术及质量控制
城市污水处理及回用技术
预应力加固法理论与实践
土力学与地基基础应试要点
高层建筑基础实用设计方法
新型建筑防水材料实用手册
预应力混凝土圆池结构设计
建筑施工常见质量问题及对策
混凝土结构加固实用技术手册
抗氯盐高性能混凝土技术手册
区域性特殊土的地基处理技术
PKPM 系列程序在土木工程中的应用
高拱坝地质力学模型试验方法与应用
结构工程师常用计算数据速查手册
房屋建筑加固实用方法及其新技术
高层建筑结构地震响应的时程分析法
公路桥涵钢筋混凝土受弯构件的计算
工程事故与安全·结构裂损机理
工程事故与安全·后桩基础时代
工程事故与安全·结构加固技术
工程事故与安全·典型事故实例
工程事故与安全·结构方案论证
在役桥梁检测、可靠性分析与寿命预测
平面结构弹塑性地震响应分析软件 NDAS2D 及其应用
……